# 区块链
# 技术原理

主　编　**金　海**

副主编　**裴庆祺　盖珂珂　高　莹**

**微众银行**

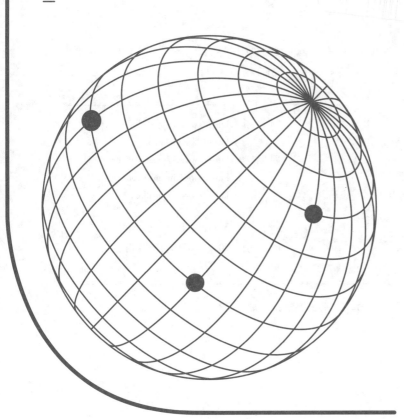

高等教育出版社·北京

内容提要

　　本书系统地梳理区块链的基本知识，循序渐进地讲述区块链体系概念、系统结构、核心原理。全书共分7章，主要内容包括区块链的基本概念、分布式系统、区块链架构、密码学技术、区块链共识算法、智能合约以及区块链的发展趋势。

　　本书为新形态教材，提供了丰富的配套资源，包括源代码、教学课件、拓展资料等。本书适合作为区块链工程专业"区块链技术原理""区块链技术"等导论课程的教材，也可作为信息安全、网络空间安全等专业的教材。

## 图书在版编目（CIP）数据

区块链技术原理／金海主编 . --北京 : 高等教育出版社，2022.6

　ISBN 978-7-04-057093-9

　Ⅰ.①区… Ⅱ.①金… Ⅲ.①区块链技术-教材
Ⅳ.①TP311.135.9

中国版本图书馆 CIP 数据核字（2021）第 200200 号

Qukuailian Jishu Yuanli

| | | | | | | | |
|---|---|---|---|---|---|---|---|
| 策划编辑 | 孙美玲 | 责任编辑 | 孙美玲 | 封面设计 | 姜　磊 | 版式设计 | 杨　树 |
| 插图绘制 | 黄云燕 | 责任校对 | 刘丽娴 | 责任印制 | 高　峰 | | |

| | | | |
|---|---|---|---|
| 出版发行 | 高等教育出版社 | 网　址 | http://www.hep.edu.cn |
| 社　址 | 北京市西城区德外大街4号 | | http://www.hep.com.cn |
| 邮政编码 | 100120 | 网上订购 | http://www.hepmall.com.cn |
| 印　刷 | 北京市密东印刷有限公司 | | http://www.hepmall.com |
| 开　本 | 787 mm×1092 mm　1/16 | | http://www.hepmall.cn |
| 印　张 | 15.75 | | |
| 字　数 | 320 千字 | 版　次 | 2022年6月第1版 |
| 购书热线 | 010-58581118 | 印　次 | 2022年6月第1次印刷 |
| 咨询电话 | 400-810-0598 | 定　价 | 40.00元 |

本书如有缺页、倒页、脱页等质量问题，请到所购图书销售部门联系调换

# 序

近年来，随着科技的快速发展，区块链技术已成为业界的研究热点。从技术层面来看，区块链涉及数学、密码学、计算机网络等诸多领域；从应用视角来看，简单来说，区块链是一个分布式的共享账本和数据库，目的是解决交易信任问题，具有去中心化、不可篡改、可追溯、公开透明等特点。通过运用密码学、共识机制、智能合约等技术与方法，区块链在分布式系统中实现基于去中心化信用的点对点交易。

我国高度重视区块链技术的创新与发展。2019 年 10 月，中共中央总书记习近平在主持中共中央政治局第十八次集体学习时强调，区块链技术的集成应用在新的技术革新和产业变革中起着重要作用。我们要把区块链作为核心技术自主创新的重要突破口，明确主攻方向，加大投入力度，着力攻克一批关键核心技术，加快推动区块链技术和产业创新发展。2020 年，区块链作为信息基础设施入围国家新型基础设施建设的宏观政策。

在我国政策的支持下，区块链技术得到了迅猛发展。高校方面，以清华大学、北京大学等为代表的高校相继成立区块链科研团队，组织教师开设区块链相关课程；企业方面，以微众银行为代表的一批高新技术企业大力开展联盟链底层技术研究，目前已取得可喜的成果。其中，由微众银行主导研发的 FISCO BCOS 区块链底层开源平台已经成为国内最大的联盟链底层开源平台之一，其高性能、高可用的技术特点以及业界领先的隐私保护解决方案已在多个领域得到大力应用，在业界引起强烈反响，引领行业快速发展。

高校作为人才培养的高地，将长期扮演重要的角色，科技人才特别是区块链人才的培养离不开高校与企业的共同参与。在这个形势下，本书作为高校区块链入门教材应运而生。本书深入阐述了区块链技术，并对 FISCO BCOS 的技术特点及相关开源组件进行了详细的分析，帮助读者快速了解掌握区块链技术，为高校区块链学科建设提供重要参考，亦对区块链从业人员及技术爱好者有所启发，为国家区块链行业发展做出应有的贡献。

金 海

2021 年 11 月

# 前　言

随着区块链技术的普及和发展，区块链人才培养也得到学术界和企业界的广泛关注，2020 年教育部批准设立区块链工程专业，2021 年已经有十几所高校开设该专业。目前区块链课程的教学资源不够丰富，教学内容不够全面。本书旨在普及区块链的基本知识，梳理区块链的知识体系，确保内容的基础性、系统性、完整性。循序渐进地讲述区块链体系概念、系统结构、区块链核心原理，并结合工程实践和一线专家对趋势的判断，确保知识的通用性、普适性与先进性。

第 1 章介绍区块链的基本概念、特性及分类，梳理区块链的发展脉络，并对区块链在信任重构、隐私与数据保护、价值互联网以及分布式商业中的价值进行分析探讨。第 2 章介绍分布式系统，主要包括分布式系统的一致性问题、CAP 原则与 BASE 理论、可扩展性问题、对等网络及 FISCO BCOS 链上信使协议 AMOP 的逻辑架构。第 3 章介绍区块链架构，主要介绍通用的区块链总体分层参考架构，包括基础层、核心层、管理层、应用层和用户层。第 4 章介绍密码学技术，主要包括哈希函数，区块链中常见的哈希算法、Merkle 树算法、公钥密码原理以及其在区块链中的应用，数字签名、比特承诺、零知识证明等高级密码技术和常用算法。第 5 章介绍区块链共识算法，通过讲解拜占庭将军问题引出共识算法需要满足的基本要求及常见的解决方案，还详细介绍了工作量证明算法、权益证明算法、实用拜占庭容错（PBFT）算法、Raft 共识算法等内容。第 6 章介绍智能合约，主要包括智能合约、可编程合约的定义和特点，并从智能合约在区块链中应用的顺序介绍比特币脚本，以及智能合约中常见的安全问题。第 7 章介绍区块链的发展趋势，主要包括分布式数字身份、跨链技术和隐私保护平台的典型发展趋势。

本书自规划编写以来，得到了多位专家学者的关注和大力支持。本书由华中科技大学金海担任主编，深圳前海微众银行股份有限公司（以下简称"微众银行"）参与内容规划和设计。第 1 章、第 3 章、第 6 章由西安电子科技大学裴庆祺编写，第 2

章、第 5 章由北京理工大学盖珂珂编写，第 4 章由北京航空航天大学高莹编写，第 7 章由微众银行相关人员编写。本书在编写过程中得到了微众银行马智涛、邱毅、范瑞彬、张开翔、赵振华、李辉忠、苏小康、蔚菡茵、李成博、胡朝新、石翔、贺双洪、韩丹、陈宇杰，西安西电链融科技有限公司卫佳等行业专家，以及北京理工大学张悦、肖强，北京航空航天大学伍前红、陈晓峰、张一余、徐武兴、李寒雨，武汉大学何德彪，北京邮电大学高志鹏等高校学者的大力支持，在此一并表示感谢。

由于作者水平有限，书中难免存在疏漏之处，敬请读者批评指正。

编　者

2021 年 10 月

# 目 录

第7章

区块链的发展趋势　•••••••••••••　**197**

# 第 1 章

# 区块链的基本概念

区块链（blockchain）技术是一种以比特币的出现为开端并被广泛讨论和研究的分布式账本技术。区块链技术起源于比特币的应用和推广，但其内涵已经远远超越了仅仅作为一种数字加密货币的用途，在可见的未来，区块链有可能给政务、金融、医药、食品安全等领域带来显著的改变。几乎所有的行业都热衷于讨论如何将这项技术运用其中，从而为行业找到创新点，达成增长。本章主要介绍区块链的定义与相关概念、区块链出现与发展的历史、区块链的分类方法、区块链技术的价值及意义。通过对区块链基本概念的深刻理解，尝试体会其可能在重新构建信任网络、调整社会成员之间的关系中所起的作用，同时为将来深入学习、研究打下基础。

教学课件：
第 1 章

## 1.1 基 本 概 念

### 1.1.1 区块链的定义

区块链是一项正在快速发展，而且会不断演化的包括密码学和分布式等技术的组合体，因其关注的问题天生具有跨学科属性，因而很难给出一个简单又确切的定义。

区块链拥有一个块链式的数据结构，将若干个最近经过密码学签名的交易（transaction）封装到区块（block）中，最新产生的区块都包含指向前一个区块的哈希（hash）值，哈希值像地址指针一样将不同时间产生的区块连接起来，形成块式链条。随着交易量的增加，这个链条不断增长。每一个区块都拥有一个时间戳和唯一标识（ID），唯一标识就是对区块自身的哈希取值，生成新区块时会包含上一个区块的唯一标识，这样也就形成了一个时间上顺序关联的块链式结构，区块链也得名于此。

区块链具有强大的防篡改功能，其防篡改性由网络的参与者们共同保证，可以在没有权威机构（如银行、机构、政府）参与的情况下以分布式方式实现。在区块链网络正常运行的情况下，交易一旦发布就无法更改。在其使用范围内，所有用户均能够共享账本中的交易记录。

很多情况下，也通俗地将区块链称为分布式账本。之所以如此称呼，是因为区块链一开始就处于一个多节点、分布式对等网络（distributed peer-to-peer network）环境中，节点之间是对等关系，每一个节点都拥有一套完整的账本数据备份。区块链网络通过共识算法自动保证所有节点的账本数据保持一致。如果某一个节点（记账节点）创建了一个新区块，其他节点会快速同步这个最新区块，保持账本数据最近的更新，因此从这个角度看，区块链也是一个共享的数据库。

下面给出几种区块链的定义，以便更好地理解区块链的概念和内涵。

**维基百科的定义：**

区块链是借由密码学串接并保护内容的串联文字记录。每一个区块包含了前一个区块的加密散列、相应时间戳以及交易信息，交易信息通常用默克尔树（Merkle Tree）算法计算的散列值表示，这样的设计使得区块内容具有难以篡改的特性。用区块链技术所串接的分布式账本能让双方有效记录交易，且可永久查验此交易。

**百度百科的定义：**

区块链是一个信息技术领域的术语。从本质上讲，它是一个共享数据库，存储于其中的数据或信息具有不可伪造、全程留痕、可以追溯、公开透明、集体维护等特征。基于这些特征，区块链技术奠定了坚实的"信任"基础，创造了可靠的"合作"机制，具有广阔的应用前景。

**美国国家标准与技术研究院（National Institute of Standards and Technology，NIST）的定义：**

区块链是一种相互协作、防止篡改的账本，用于维护交易记录。它将交易记录分成区块，每一个区块包含基于前一个区块数据的唯一标识，并通过此标识与前一区块相连。因此，如果修改了某一个区块的数据，其对应的唯一标识也随之发生变化，在后一个区块中将会观察到这个变化。这种多米诺骨牌效应使区块链中的所有用户都可以知道前一个区块的数据是否被篡改。由于区块链网络难以更改或破坏，因此它提供了一种维护协作记录的弹性方法。

**ISO 22739 的定义：**

区块链是使用加密技术将经过共识、确认的区块按照时间顺序链接在一起的分布式账本，该账本只允许追加区块。区块链旨在防止篡改并创建最终的、确定的和不变的账本记录。

**中国区块链技术和产业发展论坛标准（CBD-Forum-001-2017）的定义：**

区块链是一种在对等网络环境下，通过透明和可信规则，构建不可伪造、不可篡改和可追溯的块链式数据结构，实现和管理事务处理的模式。

### 1.1.2 概念解释

#### 1. 交易

交易是用户双方之间的互动，是对互动内容的一次记录。如果是加密货币场景，交易代表的是区块链网络中用户之间的加密货币转移。如果是企业应用场景，交易可以代表数字资产或实物资产的变更方式。一次交易表示一次操作，这个操作会导致账本状态发生一次改变。经确认的交易包含在区块中并同步到网络中的所有参与者。

不同的区块链中构成交易的具体数据不尽相同，但是交易的机制大体上是相同的，一般都包括发送者的地址（address）、发送者的公钥（public key）、数字签名（signature）、交易输入（input）和交易输出（output）。

#### 2. 数字签名

数字签名是一种利用非对称密钥（asymmetric key）确定身份真实性的密码技术，通常用于网络世界中的身份证明，需要与其他密码技术结合使用以保证网络中的信息安全。数字签名具备不可否认性和完整性。

区块链中用到的数字签名都是通过私钥（private key）对交易进行签名，具体是对交易的哈希值进行签名，最后将签名结果包含在交易数据中。目前的区块链平台通常使用的都是椭圆曲线数字签名算法（elliptic curve digital signature algorithm，ECDSA），比特币、以太坊以及 FISCO BCOS 中用到的都是这种数字签名算法。

#### 3. 区块

区块是一个数据单元，每个区块可以包含零个或多个交易。区块用来记录一段时间内发生的交易和状态结果，是对当前账本状态的一次共识。

用户向区块链网络中的节点提交候选交易，经过一段时间，通过节点之间的传递，交易完成在全网的传播。此时的交易并未被打包至区块，而是在节点的"交易池"中排队等待。等待中的交易被记账节点打包至区块时，才正式进入共识环节，之后再经过网络中其他节点验证，最终以区块为单位上链保存。

一般而言，区块包括区块头（block header）和区块数据（block data）两部分。区块头包含一些元数据，如区块高度（block number）、前一个区块的哈希值、区块数据中多个交易的 Merkle 树根哈希（Merkle root hash）、时间戳（timestamp）等，如图 1.1 所示。区块数据包含多个交易（可以形象地称为交易树），也可以有其他数据，如以太坊和 FISCO BCOS 的区块结构设计也同时包含回执（receipt）数据。

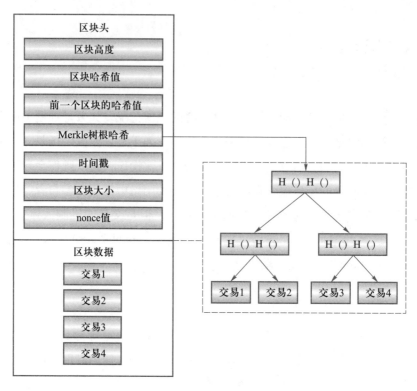

图 1.1　区块结构

### 4. 区块链

此处的区块链是指链式数据结构。区块之间通过包含前一个区块（具体是指区块头）的哈希值而链接在一起。如果某一个区块被更改，其哈希值也随之改变，这样就会导致所有后续区块的哈希值发生改变。因此，这样的"区块链"结构对于检查数据是否被更改非常有效。

区块链由一个个区块按照发生的时间顺序串联而成，是整个状态变化的日志记录，如图 1.2 所示。如果把区块链看作状态机，则每次交易就是在试图改变一次状态，而经过共识产生的区块，就是所有参与者对区块中所有交易内容导致状态改变的结果确认。

### 5. 分布式账本

分布式账本是指账本由所有用户在分布式的环境中共同维护，相互协作不断地完成记录和更新。分布式账本可以是由不同用户或机构组成的网络中共享的资产数据库。区块链与分布式账本的关系可以理解成前者是后者的一种实现技术。

### 6. 共识算法

共识算法一般研究的是分布式一致性问题，分布式节点通过共识过程不断地达成稳

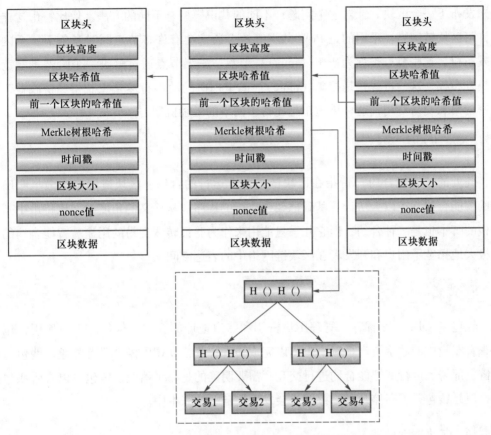

图 1.2　区块链结构

定状态。根据分布式节点达成共识的过程和方法，共识算法可以分为工作量证明（proof of work，PoW）算法、权益证明（proof of stake，PoS）算法、拜占庭容错（Byzantine fault tolerance，BFT）算法等。

为了便于理解，可以将日常生活中的少数服从多数理解为一种共识算法。大多数人认可一件事，这件事就被确认为事实，也就意味着如果要去改变一个既定事实，必须说服大多数人一起改变。

区块链作为一种按时间顺序存储数据的数据结构，可支持不同的共识机制。共识机制是区块链技术的重要组件。区块链共识机制的目标是使所有的诚实节点保存一致的区块链视图，同时满足以下两个性质。

（1）一致性。所有诚实节点保存的区块链的前缀部分完全相同。

（2）有效性。由某诚实节点发布的信息终将被其他所有诚实节点记录在自己的区块链中。

**7. 挖矿**

在区块链网络的分布式环境中，为了保证数据一致性，需要解决的一个关键问题是谁来发布下一个区块。针对这个问题，不同的共识模型有不同的方法。像比特币这样的非许可区块链网络，采用的是 PoW 共识算法，通常会有许多节点同时竞争下一个区块的发布权，这些节点被称为矿工（miner）节点。矿工节点通过解决一个哈希难题竞争区块发布权，这一过程就是挖矿（mine）。矿工挖矿的动机自然是想获得经济收益，即加密货币和交易费用，这种措施正是比特币网络的激励机制。

### 8. 智能合约

此处的"智能合约"特指在区块链平台上运行的合约。区块链网络中最早明确提出的智能合约是在以太坊计算基础框架中执行的程序。从广义的角度看，比特币中基于堆栈的脚本也是一种合约，但它几乎只能用来作为验证转账交易的用途。智能合约的出现极大地拓宽了用户和开发者在区块链网络中的表达空间。

### 9. 钱包

钱包（wallet）是保存、管理用户密钥和账户地址的客户端软件。用户使用钱包可以查看账户中的数字资产余额，也可以完成转账操作。DAPP 客户端需要通过钱包与区块链上部署、运行的智能合约进行交互。需要明确的是，虽然通过钱包可以查看账户余额，但是钱包并不存储余额，存储只会发生在链上的账本中。

### 10. 区块链浏览器

区块链浏览器获取全节点账本数据，一般通过常见浏览器软件以可视化方式、比较友好地展示特定区块链网络中的交易数据。在区块链浏览器中，用户可以很方便地查看交易发生的过程。

## 1.1.3 区块链特点

很难说是比特币带来了区块链，还是区块链以比特币的身份悄然出现。因为对比特币的持续关注，当人们重新将眼光投向作为底层设施的区块链时，对其理解和接纳的态度就发生了严重的分歧。归根结底是因为区块链本身过于独特的身份印记，区块链以多种技术方式融合的面目出现，像发生基因突变的细胞一样，带着对已有系统的强烈质疑和深刻思考逐渐崭露头角。区块链比较鲜明的特点主要包括：去中心化、公开透明、匿名性、不可篡改、可追溯性等。

### 1. 去中心化

在谈论去中心化方式之前，首先需要思考什么是中心化方式，常见的如政府、银行、中介都是中心化方式存在的很好例证。中心化机构因其强大的力量，可以向全社会提供优质和完善的公共服务，可以匹配各参与方不同的信息需求，可以克服能够预见的风险，可以促成陌生人之间的交易从而节省时间成本。中心化机构建立了良好的外部形象，也逐渐积累了宝贵的声誉，因其声誉又聚集了更多的资源。因为声誉来之不易却容易损毁，中心化机构往往不会主动犯错。任何事物都有两面性，中心化机构完美外表之下亦有隐忧，一旦犯错，将是全局性和持久性的。

区块链交易数据的广播、验证、记账、存储过程是在分布式系统中完成的，在无中心化节点干预下采用密码学技术和计算机算法进行。这一过程体现了区块链的去中心化特性。去中心并不是无中心，只是没有固定的、永久的、可预测的、不可或缺的中心。仅仅靠算法协调各个节点的运算，实现点对点交易。

去中心化是区块链所有特点中最为人乐道的，"去中心化"的话题被广泛讨论，使得人们容易忘记区块链的核心特性，即信任构建。当把注意力重新转回信任本身，会发现区块链的出现让人们有机会重新审视传统"中心化"的信任方式是否不够完美，仍有缺陷以及需要如何改进。但这并不意味着区块链要颠覆传统，传统方式和区块链方式的目的都是要构建信任，因此可能出现的局面是两者更好地融合，或者后者弥补前者的不足。

具有去中心化特点的区块链无疑有着与中心化结构不同的安全性和稳定性。但当去中心化特性被描述成过分追求用户和节点身份、权利绝对平等的理想状况时，往往伴随的是群体决策效率低下的局面，随着节点数量的不断增长，决策效率问题甚至会变成难题，不断出现分歧。现实场景下的区块链不会是一个孤立的存在，不能无视真实世界中长期存在的利益分配格局，必须在社会多方博弈视野下理解去中心化特性的含义。

真正能落地的区块链更可能是在多个机构或节点间形成的有限网络，这种情形可以称为多中心方式。多家机构事先约定一套规则，将这套规则映射到区块链上，这样从一开始就可以避免日后某一家机构独大，具备欺负其他机构的能力。这样的方式对于吸引更多的机构参与到业务中，至少是一种有益的尝试。去中心化和中心化没有绝对的边界，一个去中心化的强大系统，难道在逻辑上不是更具有智慧的强大中心吗？

### 2. 公开透明

区块链数据以交易为单位进行广播和打包，最终交易数据一定是经过共识、验证后上链存储的，在这个过程中，每一个节点都将获得完整的账本数据副本。区块链系统的交易数据一般采取公开读取的方式向所有人提供，因此账本也被称为公共账本，这些都体现了区块链公开透明的特点。上文提到了可能存在的有限区块链网络，这个网络并不允许陌生节点或用户参与，此处的公开透明特性只在有限的范围内显示作用，也可以说公开透明是有条件的。密码学技术是区块链的核心技术之一，有时公开出现的数据是以加密方式存在的。

### 3. 匿名性

区块链上以钱包地址作为账户标识，钱包地址是由公钥经过哈希计算得出来的，是一串字符数字，并不表明用户现实中的身份，有一定的匿名性。目前所言区块链的匿名性事实上是一种化名机制，在数字加密货币区块链中，通常比较安全的做法是，每次交易都使用不同的地址。但这只是权宜之计，如果用户使用加密货币购买实物，就可能暴露身份，或者交易量大了之后，通过分析关联交易，也可以设计聪明的算法追踪到真实身份。甚至可以通过对网络层通信的分析，暴露隐私信息，攻击者与区块链中的节点串通，分辨出所广播交易的节点，将节点 IP 地址与交易关联，很可能这个节点为发起交易的用户所拥护。这并不意味着区块链上不能实现更有效的匿名性，严格的匿名性需要通过加密手段保证。更进一步，匿名性其实可以分为两个方面：第一是身份的匿名性，第二是数据的匿名性。当讨论匿名性时，并不需要特别区分具体的区块链平台，这一点是普遍适用的。

### 4. 不可篡改

区块链通常被认为具有不可篡改（immutability）的特点，这是指区块链中的交易一旦上链，就不能被修改。上文中提到过区块链的块链式数据结构，如果修改了其中某一个区块的内容，就必须同时修改后续所有区块，否则修改行为非常容易被察觉。所以从单节点或单账本的角度看，块链式结构已不容易被修改。再退一步，即使攻击了某一个节点或者节点本身具有作恶动机，都远不足以影响整个网络中其他节点的账本完整性。

出于慎重考虑，本书选择用篡改难度或安全程度来表达这个特点。换句话说，区块链并非完全不可变。大多数公有链网络通常采用最长链策略，当发生分叉时，就有两条链参与竞争，最后以最长的分支为准。这个策略或协议给攻击行为留下了空间，例如非常有名的51%攻击，利用算力优势重新打包链尾区块（将自己喜欢的交易放入区块）以生产最长链。当然这并不意味着被替换区块的交易完全丢失，可以想象此处可能产生双花交易。交易被确认的时间越早，后续区块越多，则意味着交易越安全，篡改的难度越高。

对于联盟链或者许可链，因为节点的准入是受控的，并非所有参与者都有资格参与记账和共识过程，因此区块链网络不可篡改的特性会表现得更灵活。使用联盟链时，用户可能会有一些不合规的行为，例如，发起的交易包含非法内容，这时为了阻止不当行为，联盟成员集体决议，通过合法的方法甚至可以替换掉相关的区块。如果

"篡改"符合各相关方利益，那么这样的"篡改"行为显然也是经过共识达成一致的结果。

### 5. 可追溯性

区块链账本数据由一个个交易构成，每一个交易发生时都包含着时间戳字段，从宏观上看，账本是一个按时间先后形成的序列。区块链数据库中记录了所有的交易信息，不断地形成交易的历史，因此自然而然支持对过去某一时间段内的相关交易或一连串行为的溯源工作，正像编年体史书一般记载着已发生的、不可磨灭的事件。

其实现有系统或者说传统系统也完全可以保留所有数据，记录完整过程，难道不可以追本溯源吗？从数据库的角度观察区块链，可知对这个数据库只允许做增加、查找操作，不允许做修改、删除操作，且区块数据具备全局性的互验关系，这是与传统系统不同的地方。溯源的关键在于记录的完整性和数据的可信性，区块链系统同时具备了两者。

## 1.2 区块链的出现与发展

### 1.2.1 密码朋克

20 世纪 90 年代，计算机和互联网技术方兴未艾，为了抵抗网络时代对个人隐私权的侵犯，密码朋克诞生了。密码朋克致力于保护个人的隐私权，并且认为大型中心体不值得信任，比特币（bitcoin，BTC）则继承了这一思想。此外，BTC 所需要的关键技术，包括非对称加密、时间戳服务器、哈希现金、分布式记账等大部分可以追溯至密码朋克。

1993 年，埃里克·休斯（Eric Hughes）发布了《密码朋克宣言》。至此，个人网络隐私权和加密无政府主义思想首次进入公众视野，引领了更多密码朋克为之奋斗。1977年，罗纳德·李维斯特发明了第一款公之于众的非对称加密技术，这一技术的理论保证了 BTC 账户的安全性。1991 年，哈勃在他的论文 "How to Time-Stamp a Digital Document" 中提出了时间戳服务器技术，这一技术使 BTC 系统的不可篡改性得到了保证。1997 年，亚当·贝克开发出了哈希现金（hash cash）系统，该技术是 BTC 系统工作量证明的前身，解决了 BTC 发行与激励的问题。1998 年，戴伟提出了电子加密货币系统——B-money，首次明确了分布式记账的概念。

密码朋克就数字货币的技术研究做了大量前期工作，他们一直希望创造一种能够匿名的，类似于现钞的新型数字货币。他们关于数字货币的许多想法和已经尝试过的数字货币没有流行开来，但这群人追求网络隐私保护和去中心化的信念直接影响了比特币的出现。在比特币白皮书的引注中，除了一位概率论教科书的作者外，其余论文的作者均为密码朋克邮件列表的成员。由此可见，密码朋克与比特币关系之密切。

## 1.2.2　比特币与区块链

比特币既是一种虚拟货币，也是一套开源软件与 P2P 网络，比特币起源于"一个"（抑或"一群"）化名为"中本聪"（Satoshi Nakamoto）的人于 2008 年在密码学邮件组发表的论文 "*Bitcoin: A Peer-to-Peer Electronic Cash System*"。文中陈述了作者对电子货币的一种全新设想，包括比特币的主要技术和运行模式以及如何使得全部支付都可以由交易双方直接进行，完全摆脱通过第三方中介的传统支付模式，进而实现一种全新的无中介支付体系。

世界标准时间 2009 年 1 月 3 日 18 点 15 分 5 秒，序号为 0 的比特币创世区块诞生。在这个区块上，中本聪留下了当天《泰晤士报》的头版文章标题——The Times 03/Jan/2009 Chancellor on brink of second bailout for banks（2009 年 1 月 3 日，财政大臣正处于实施第二轮银行紧急援助的边缘）。比特币中所有交易都是公开的，可以找一个区块链浏览器去查看创世区块（创世区块 block hash 是 000000000019d6689c085ae165831e934ff763ae46a2a6c172b3f1b60a8ce26f），在创币（coinbase）交易中，留下了前面提到的描述。中本聪于 2009 年 1 月 9 日发布了比特币 0.10 版的源代码，当日出现序号为 1 的区块，并与序号为 0 的创世区块相连接形成了链，标志着比特币区块链诞生。2009 年 1 月 12 日，中本聪在高度为 170 的区块中给比特币软件的早期开发者之一哈尔·芬尼（Hal Finney）发送了 10 BTC，这成为比特币历史上的首笔转账交易。

除了发明者中本聪之外，比特币还有几位重要的推动人。被称为"比特币耶稣"的罗杰·维尔，积极投资比特币初创企业，推动比特币市场的发展，让比特币走入了大众视野。硅谷企业家文塞斯，向硅谷精英介绍比特币，让更多人接触了解了比特币。Mt. Gox 是一家早期的比特币交易所，为用户提供兑换服务。查理·希仁成立了第一批比特币创业企业比特因斯坦。

## 1.2.3　区块链发展重要事件

2008 年，在中本聪发表的论文中详细描述了如何创建一套去中心化的电子交易体系，这种体系不需要交易双方有互信基础。2009 年 1 月，中本聪挖出了 0 号区块——"创世区块"。2010 年 2 月，比特币交易所 Bitcoin Market 诞生。2010 年 5 月，美国程序员 Laszlo Hanyecz 用 10 000 BTC 购买了价值 25 美元的比萨。2011 年 2 月，丝绸之路网站上线。2011 年 6 月，维基解密（Wikileaks）接受以比特币形式提供的匿名捐赠。2013 年 3 月，塞浦路斯债务危机，政府宣布向当地银行存户征收存款税，导致比特币大涨。2013 年 4 月，比特币交易市场 Mt. Gox（俗称"门头沟"）因 DDoS 攻击，导致比特币价格快速下跌。2013 年 12 月，中国人民银行等五部委发布《关于防范比特币风险的通知》，明确比特币不具有与货币等同的法律地位，不能且不应作为货币在市场流通使用。2014 年 12 月，微软接受比特币支付。2015 年 7 月，以太坊发布第一个版本边境（Frontier），开始在主网运行，以太坊与比特币最大的不同是引入了智能合约。2015 年 12 月，由 Linux 基金会主导发起超级账本项目（Hyperledger），这是一个旨在推动区块链跨行业应用的联盟链开源项目。2017 年 7 月，美国证监会宣布将部分 ICO（initial coin offering，首次币发行）项目纳入监管体系。2017 年 8 月，BTC、BCH 硬分叉。2017 年 12 月，由深圳市金融区块链发展促进会（以下简称"金链盟"）开源工作组发布了 FISCO BCOS 区块链底层开源平台。该平台是国内自主研发的行业领先的联盟链项目。2018 年 11 月，美国国家标准与技术研究院发布编号为 8202 的联合报告，阐述区块链技术概况。2019 年 6 月，Libra 协会宣布推出稳定币（Libra），其初始意图是构建一个更加创新、普惠型的金融系统，在 2020 年之后其设计进行了重大修改，表示更注重寻求合规性和可控性。2019 年 10 月，中共中央政治局就区块链技术的发展现状和趋势进行第十八次集体学习。习近平强调要把区块链作为核心技术自主创新的重要突破口，加快推动区块链技术和产业创新发展。2020 年 4 月，国家发展和改革委员会在新闻发布会上宣布将区块链纳入新型基础设施中的信息基础设施。

## 1.3　区块链的分类

区块链技术发展很快，也越来越多地被全社会接受。每隔一段时间，就会发现区块链又处于一个新的阶段，引入了更多的技术和构想，被赋予了更多的内涵。大概来说，从比特币诞生至今，区块链技术演变出了三种发展形势和阶段：首先是区块链 1.0，以比特币等数字货币为代表；然后是区块链 2.0，以智能合约的应用为代表；最后是区块链 3.0，以基于区块链技术的各行业应用为代表。这三个版本对应着三代区块链的发展，第一代强调去中心化的数字货币，第二代强调通过智能合约实现的金融应用，第三代强调构建分布式信任环境，最终赋能各行业。同时，前两代都是在公开、非准入的环境中运行的，所有人都可以无门槛地访问网络；到了第三代，更多以授权准入方式出现，单一联盟链内只有有限机构才能成为其中的治理和记账节点，参与者拥有不同的权限。

### 1.3.1 按应用场景分类

当提到区块链发展到第几代时，实际上是把区块链与行业应用联系起来讨论的。区块链不是一个空想的技术，终极目标是要解决行业痛点问题，改善社会中人与人之间的信任关系，调整社会中有关权力和利益的生产关系。区块链的魅力是重构信任关系，促进价值流转，最终一定要在具体行业中落地。

**1. 第一代：面向加密货币**

现代国家使用的都是信用货币体系，由国家主权做担保。信用货币的问题是国家可以无限启动印钞机或者中央银行随意更改平衡表，当然这个说法有所夸张，但中本聪确实有这个疑虑。

每一个人作为雇员辛勤工作，创造财富，到了每个月固定的一天，雇主总会用国家发行的信用货币来支付劳动所得，最后雇员拿到的是现金。雇员可以持有现金，也可以将现金存入银行。有了纸币形式的现金，就可以购买任何生活所需物品，注意这其中所有的交易（就是购买行为）都是通过点对点方式完成的，并不需要银行参与，同时也能避免向银行泄露隐私。随着时间的推移，特别是在移动互联网时代，纸币的使用场景逐渐减少，因为纸币流通起来不是很方便，而且国家生产和管理纸币需要花费不小的成本。大多数情况下，人们使用的是以银行账户形式存储的现金，依托银行服务的转账、支付非常方便，但有一个问题是，银行会留下交易记录。个人凭借所积累的良好信用，也可以申请获得一定数量的消费授信，如人们经常使用的信用卡。这种方式在执行层面几乎不可能绕开金融机构。因此通常人们比较关心银行能否保护储户的隐私。

比特币的出现仿佛让人看到解决这些问题的可能，同时启发人们重新思考，比特币带来的思路真能化解所有关于货币的问题吗？至少从表面上看，它确实带来了不同的思考方法，但将来效果如何，还需要经济、金融界等各界人士继续讨论和研究。在比特币之前，人们尝试了很多种数字货币，几乎都以失败告终。比特币相比于之前的尝试，关键的区别在于去中心化，比特币通过区块链技术实现了创新。可以说第一代区块链就是以比特币为代表的加密货币，面向的是分布式去中介化的虚拟货币应用场景。

截至 2019 年 7 月，市场上已有超过 2 600 种加密货币流通，除了比特币之外，比较有代表性的还有以太币（Ether）、莱特币（Litecoin）、零币（Zcash）等。莱特币是受比特币的启发而推出的改进版数字货币，工作量证明采用 Colin Percival 提出的 scrypt 加密算法，使得普通计算机更容易挖矿。零币是一种加密的匿名币，与比特币相比，其更注重隐私以及对交易透明的可控性。具体体现为，公有区块链加密了交易记录中的发送人、接收人、交易量；用户可裁量选择是否向其他人提供查看密钥，仅拥有此密钥的人才能看到交易的内容。

### 2. 第二代：面向金融

以太坊（Ethereum）是一个开源的有智能合约功能的公共区块链平台，2013 年由维塔利克·布特林受比特币启发后提出。维塔利克本是一名参与比特币社区的程序员，他向比特币核心开发人员提出了自己的想法，觉得比特币平台应该支持更加完美的编程语言，让其他人可以开发程序，但这个主张并未获得同意，后来他决定开发一个新的平台作此用途。以太坊智能合约是一种图灵完备的开发语言，具有很强的可扩展性，给了开发人员更多想象的空间。例如，以太坊提供了 ERC 20 和 ERC 721 两个代币开发标准，开发者可以通过编写实现了这两个标准的智能合约代码，开发自己的代币系统。ERC 20 是编号为 20 的以太坊征求意见提案，是一个可替代性代币标准，由费边和维塔利克在 2015 年 11 月提出。ERC 721 是编号为 721 的 ERC 提案，是针对不可替代物的代币标准，由威廉·恩特里肯（William Entriken）、迪特·雪莉（Dieter Shirley）、雅各布·埃文斯（Jacob Evans）、纳斯塔斯·萨克斯（Nastassia Sachs）在 2018 年提出。

以太坊有其专用加密货币——以太币，凭此作为激励机制，支持用来处理点对点交易的智能合约，所有的合约都运行在以太坊虚拟机（Ethereum virtual machine，EVM）上。用户首先需要拥有以太币，然后可以用以太币兑换某种具体的代币。作为以太坊平台基础货币的以太币，与所有用户均可自行开发的代币有明显区别。前者发生的转账在用户地址之间完成，余额存储在账户地址中，属于底层协议；后者转账是由代币合约中的状态转换完成，余额存储在代币合约的映射表中，属于应用层行为。

代币的同质化是指相同单位的代币可以互相交换，并不影响其价值。从这个意义上讲，比特币、以太币、人民币、美元在各自的运转范畴内都是同质化的。代币的"非同质化"往往与一个独特的事物关联，关注实物所有权，追踪所有权的转移。非同质化代币可以是数字资产，也可以是现实中的资产，如虚拟世界中的加密猫、现实世界中的一栋房子。代币有多种用途，作为转账单位使用只是其中一种形式，代币也可以拓展其含义，以代表某种资产权益，或者数字资源的所有权。

第二代区块链是数字货币与智能合约的结合，为金融领域提供了更广阔的应用场景。2017 年之前，以太坊平台上的众筹募资和 ICO 项目非常火热，这中间也存在大量的骗局和泡沫，导致了我国多个有关部门在 2017 年 9 月联合发文制止。如今，区块链领域更加强调研究核心技术，发展自主可控的平台，支持实体经济的运作模式。相信经过曲折之后，区块链技术作为数字化基础设施的用途，更能体现其真正的价值。金融科技也越来越多被讨论，强调科技为金融机构赋能，关注如何利用大数据、区块链等新技术进行风险控制和数据管理。无论如何，区块链未来都将会在包括数字经济、股权、证券、保险的金融领域发挥作用。

### 3. 第三代：面向更多行业

近年来，学术界和企业界大量探讨区块链可能落地的行业。这些行业有金融服务相关领域，如支付、交易清结算、资产数字化、供应链金融、征信等；有供应链相关领域，如供应链管理、物品溯源、防伪、物流追溯、责任认定等；有知识产权，如版权保护，专利保护，图片、音乐、著作版权保护，数字内容确权等；有文化相关领域，如教育档案管理、学历证明、学生信用、成绩证明、跨校合作等；有社会治理相关，如分布式身份、投票决议、商业环境、政府决策等。给人的直观印象是，区块链简直包罗万象、无所不能。但是要注意，区块链几乎不可能仅凭"一己之力"完成任何事情。如果说大数据、人工智能更多表现为生产力上的贡献，那么区块链更接近生产关系方面。区块链需要与大数据、物联网、人工智能等新一代信息技术互相融合，共同作为基础设施，拓展应用空间。

第三代区块链以联盟链的方式建立起分布式信任的架构，不依赖唯一的第三方，可以满足复杂的商业逻辑，赋能各行各业。由深圳市金融区块链发展促进会开源工作组发布的国产自主创新的区块链底层开源平台 FISCO BCOS，瞄准的正是第三代区块链应用场景，立足当下，布局未来分布式商业模式。国外的超级账本底层平台 Hyperledger Fabric，也属于第三代区块链范畴。

## 1.3.2 按准入分类

区块链所提出的去中心化构想令人震撼，例如，它直接反对中央银行的某些货币政策。很多人接受了这个想法之后，变得信心满满，进一步提出了区块链存在对传统中心化权威机构可能的颠覆。随着区块链的发展，演化出了需要进行授权的许可链，以许可准入形式组建的联盟链甚至成为一种趋势，反过来弱化了去中心化构想。一些人对此进行了激烈的批评，他们怀疑此举会让区块链退回到传统状态。

许可链的出现固然有其道理，代表了理想化憧憬朝现实世界博弈格局的靠拢，它需要迎合政府监管的需求、用户隐私保护和数据安全的诉求。正如对其他领域的监管一样，政府不希望区块链成为法外之地和藏污纳垢之所。随着移动互联网应用方式深入人心，个人隐私和数据安全问题越来越突出。许可链可以有效地将这些问题保持在可控的范围内，至于公有链这样的非许可链能否解决好这些问题还要经受时间的考验。

准入可分为节点准入和应用准入。节点准入意味着参与者可以掌握数据，拥有全套账本，可以参与决策和记账活动。应用准入意味着参与者可以成为用户，从而使用区块链平台提供的业务服务。成为用户之后，可以查看部分数据，发布某些指定的交易，拥有部分上链权限。通过应用层面的准入可以控制用户人群数量。

### 1. 公有链

公有链是任何人均可自由参加和退出的非许可区块链，也就是参与者不需要经过任何授权即可访问网络。公有链面向所有人，允许任何人读取数据，彻底去中心化。目前，加密虚拟货币主要依托公有链运作，如比特币（Bitcoin，其数字货币称为 BTC）、以太坊（Ethereum，其数字货币称为 ETH）。

### 2. 私有链

私有链属于准入区块链，也就是说其他人需要经过区块链所有者的授权才能进入。私有链中，仅单独个体或机构享有该区块链的使用权和控制权，权利完全控制在一个组织手中。私有链可以作为企业内部审计用途使用。私有链与公有链相对，更进一步可以细分出联盟链。

### 3. 联盟链

联盟链介于公有链和私有链之间，其所有者不是单一个体或机构，其主要参与者往往以联盟的方式组织起来，共同维护区块链，故而常被称为"联盟链"，联盟链有明显的"多中心化"特性。联盟链属于许可链，成为联盟节点之后要进行权限分配。联盟由一定数量的特定成员组成，需要建立联盟治理机制，成员、节点和应用等加入和退出都需要经过联盟授权。国内金链盟发起的 FISCO BCOS 和 Linux 基金会发起的 Hyperledger Fabric 都是联盟链底层平台。公有链、私有链和联盟链的比较如表 1.1 所示。

表 1.1　公有链、私有链和联盟链的比较

| 类型 | 公　有　链 | 私　有　链 | 联　盟　链 |
|---|---|---|---|
| 定义 | 所有用户都可以读取和发送交易，且能通过共识获得有效确认的区块链。通过密码学技术和 PoW、PoS 等共识机制来维护整条链的安全 | 写入权限只在某一个组织手中的区块链。读取权限可以对外开放，也可以进行任意程度的限制 | 若干个机构共同参与管理的区块链，每个机构都运行着一个或者多个节点。只允许联盟成员机构读写数据和发送交易，所有成员共同维护交易数据 |
| 参与者 | 所有人 | 由中心控制者决定 | 联盟委员商议 |
| 中心化 | 去中心化 | 中心化 | 多中心化 |

| 类型 | 公 有 链 | 私 有 链 | 联 盟 链 |
|------|---------|---------|---------|
| 激励 | 需要 | 不需要 | 可选 |
| 特点 | （1）交易速度慢；<br>（2）账本数据全网公开；<br>（3）用户需要支付交易成本 | （1）交易速度非常快；<br>（2）具有更好的隐私保障；<br>（3）交易成本大幅降低，甚至降至零成本 | （1）较快的交易处理速度，良好的扩展性；<br>（2）较好的隐私保障；<br>（3）以比较低的成本运行和维护 |
| 代表 | 比特币、以太坊 | 企业内部链 | FISCO BCOS、Hyperledger Fabric |

# 1.4　区块链的价值

## 1.4.1　信任重构

信任描述的是人与人、机构与机构、国家与国家之间的关系，是各种生产关系的前提，是社会得以存在的基础。对于作为社会动物的人类来说，信任早已是耳熟能详，却又经常隐匿不可见。对于信任，可以在许多专业领域内做出心理学、管理学和理性决策上的种种分析，但是对普通民众来说，往往只有在失信行为发生时才能清楚地觉察到信任，感知到信任的可贵。社会学家尼克拉斯·卢曼将信任定义为："信任是为了简化人与人之间的合作关系。"在一个紧密联系的社会，普遍又充分的信任可以降低社会交易成本，间接提升社会生产运行效率。

在家庭范围之内，家庭成员出于安全成长环境的需要、情感的诉求，让信任成为默认的选项。大概是因为血缘纽带的先天条件，亲人之间几乎从来都不需要讨论培养信任的话题。即使出离家庭之外，信任问题也往往不会成为需要人们特别警惕的危险。费孝通在《乡土中国》里所述说的中国地方传统社会，经过长期演变形成的"差序格局"，是一个井然有序的可信环境。在一个血亲宗族的更大家庭中，人们之间的交往也基本不会过分伤害对方的感情和利益，即使偶有冲突，只要有大家长出面，也能很容易化解。在"小共同体"中生活的人，世世代代聚居在一起，抬头不见低头见，久而久之自然生发出一种相互关怀的理性。很容易察觉到前述这种现象与一个生活在现代社会的人的经验不太相符。现代社会的合作范围早已经扩大到熟人社会之外，复杂生产活动甚至需要在全世界范围内的陌生人之间完成协作。陌生人之间没有顾虑，利益诱惑又足够大，背信弃义的事情时有发生。

人们对信息的理解总会受到自身主观性的影响，人与人之间信息不对称是普遍存在的现象。构建信任就要克服信息不对称，人们发明了很多种方法来实现这个目标。例如，传统信任方式有重复交易，或者反复博弈，每一次利益足够小，某一方不至于背叛；农民去信用合作社贷款，找一个有能力偿还贷款的担保人，这是第三方背书。年轻人购买商品时喜欢选择大品牌，因为厂商投入了太多的广告，付出了足够多的沉没成本取信于消费者；签署了共享协议的互联网创业公司更容易取得成功，因为提前分享了未来预期的收入。

前文说过，现代社会人们生活的范围已经远远超出了熟人圈子，因此在道德和必要的措施之外，需要有法律规范人们的行为。当出现重大纠纷时，诉诸法律是常有之事。通过法律诉讼解决失信问题，自然也要动用相当大的司法资源，而且法律难以事前监管，只能事后追责。有了区块链，很多事务可以放到区块链上做，把需要公开透明、规则清楚的契约以智能合约的形式放到区块链环境中，智能合约自动运行，不受干扰，各方"被迫"遵守约定。智能合约上发生的事情以交易的形式完整保留在分布式账本中，来龙去脉清清楚楚。区块链重构信任其实是在帮助人们克服人性和生理上的弱点。在传统信任方式之外，区块链成了构建可信环境的一个新选择。

## 1.4.2　隐私与数据保护

在传统时代，资本、土地、石油和人力是最重要的生产要素，即将到来或正在到来的智能时代，数据会成为最重要的生产要素之一。随着大数据技术的不断发展，数据本身的价值在不断地显现，随着时间的推移，由数据膨胀出的价值空间会无限扩展，这件事情正在成为现实。面对一个充满想象力的大数据时代，从业者跃跃欲试，或者积极探索基于位置信息的追踪经济，或者快速构建模型以描述用户画像。每一位用户的手机客户端上很快就有了"附近美食""周边生活"等丰富的内容推荐。根据用户所处的社交范围和等级，社交平台中推送的广告可以称得上是精准投放。甚至在社交软件上与朋友聊天时，不经意间谈到的某个商品名称，都会被电商企业有心捕获。所有这些足以让普通大众目瞪口呆，但同时稍微有自我保护意识的人又会不禁担心，比起物理世界，网络世界的安全问题确实更加隐蔽。

数据所迸发的巨大价值和为人们的生活带来的高度便利，让人们对未来充满期待，同时愿意在短时间内容忍隐私安全问题。但不能回避的是，对数据无节制的开发使用和数据安全漏洞之间的矛盾变得更加凸显。最近几年，隐私和数据安全问题越发严重，世界上很多国家已经行动起来，采取了行之有效的措施确保数据安全。2018 年，因为搭载安卓系统的智能手机擅自收集用户位置信息，谷歌公司受到来自美国和欧盟的质疑，即使用户关闭了定位开关，谷歌系列 GMS（谷歌移动服务）应用仍然能够获取用户位置而正常工作，这个事件涉及 20 亿用户。2018 年全球规模宏大的社交平台 Facebook（脸书）也涉及一桩出卖用户个人信息的丑闻。5 000 万用户信息被一家第三方公司

Cambridge Analytica 使用，通过大数据分析了解用户的兴趣爱好、行为动态，用于投放广告和资讯内容，更严重的是，这些数据被用来预测总统大选，影响选民的政治倾向。针对可能存在的隐私和数据安全隐患，欧盟早在 2016 年就颁布了 GDPR（《通用数据保护条例》）数据安全法案，进一步增加了管辖范围和处罚力度。2019 年 10 月，第十三届全国人民代表大会常务委员会第十四次会议通过了《中华人民共和国密码法》，该法自 2020 年 1 月 1 日起已经正式施行。2020 年，第十三届全国人民代表大会第三次会议表决通过了《中华人民共和国民法典》，该法自 2021 年 1 月 1 日起正式施行。其中包括隐私权和个人信息保护的内容，强调人民群众的人身权、财产权和人格权。《中华人民共和国密码法》与《中华人民共和国民法典》顺应大数据、智能时代的新情况和新特点，保护个人隐私和数据安全，保障网络与信息安全。

用户隐私保护和数据安全问题更本质的表述是数据所有权和使用权问题。如果限制对数据的使用，会影响社会发展进步；如果放任对数据的无节制滥用，则会伤害数据所有人的权益。如何平衡好数据使用和隐私保护两者之间的关系成了一个关键问题。区块链的分布式账本技术是目前最有可能解决好这个问题的技术方案，是法律监督、企业自觉等传统方式之外的另一个选择。区块链的"多中心化"特性，使得任何一家公司或者机构无法获取其他机构和用户的数据，数据将被拥有所有权的用户自己掌控。区块链融合密码技术可以保证在不泄露原始数据的前提条件下使用数据。

### 1.4.3　价值互联网

1969 年，美国国防部高级研究计划局（ARPA）创建了阿帕网（ARPANET），用于数据交换和计算机网络通信。阿帕网最初用于军事目的，后将加利福尼亚大学洛杉矶分校、斯坦福大学研究院、加利福尼亚大学圣塔芭芭拉分校和犹他大学的 4 台计算机作为 4 个节点连接起来，成为区域学术和军事网络连接的骨干，引发了技术进步并使其成为互联网发展的中心。20 世纪 80 年代，由美国国家科学基金会资助的NSFNET 成为新的骨干，同时因其商业化扩展导致了全世界网络技术的快速发展。尽管当时互联网还只限于学术界使用，但随后在很短的时间内互联网商业服务和技术就融入了人们的生活。20 世纪 90 年代初，商业网络和企业之间的广泛连接标志着现代互联网的出现。互联网的出现极大地促进了信息的流通与传递，它能够以更少的能量传递更多的信息，提升信息交换的效率。

由苹果公司研发的搭载 iOS 移动操作系统的 iPhone 智能手机的问世，代表着人类进入了移动互联网时代。在移动互联网时代，人们可以随时随地接入网络，突破时间和地域限制，只需要携带一部移动设备，就可以一直保持在线。因为移动通信技术的快速进步，人类过渡到了基于社交网络的第二代互联网。服务运营商在云计算上部署高并发服务，在移动操作系统上发布终端软件，使得人们与网络深度、高频交互，时时刻刻都将人们的行为记录在网络上。移动互联网时代的典型特征是用户与网络的交互，用户成为信息生产者，催生了海量的数据。

互联网的作用更多的是承载信息，也被称为信息互联网。有了信息互联网积累和沉淀下来的大量用户数据，再随着人工智能和大数据技术的发展，金融行业最早与其完成融合，部分公司对其金融产品体系进行了重构。国内的诸多产业机构均非常重视金融科技的研究和应用，以科技手段重塑金融业态，从基于人的决策转向基于数据智能的决策，平台发展由数据驱动。科技金融的发展使得信息互联网具有了明显的价值特征。

科技发展是一把双刃剑，人们在享受由科技巨头缔造的互联网商业世界便利性的同时，也要面对隐私泄露、个人信息无所遁形的困境，面对数字资产所有权归属、数据要素参与生产所得回报分配、科技金融企业进一步垄断等难题。这些问题归根结底都是关于资产价值的问题。

区块链的分布式账本技术因其公开透明、容易追溯、交易对等、难以篡改的特点，可以用来构建可信的网络环境，随着技术的成熟，可以进一步下沉为信任基础设施。区块链支撑的信用网络使得信息的造假成本更高，系统的健壮性更强，让信任更容易被传递。降低信任和价值传递的成本，可以进一步释放资产价值流转的动能。正因为如此，区块链也被称为价值互联网，即第三代互联网。要彻底地解决信息互联网中存在的信任高成本问题，除了要与人工智能、大数据、互联网等技术融合外，还需要大规模的应用落地，逐步形成区块链产业生态。

通过分布式账本和智能合约，将真实世界中的资产映射到区块链可信网络中，形成链上数字资产，数据也因为其价值内涵变成可交易的资产，价值互联网实现了资金、资产、合约、数据的互联互通。具体来讲，可以将链下资产或权益映射为智能合约中的数字资产，以密码串作为其标识和表征，结合所有者的数字签名对资产的所有权进行确认，之后用户就可以针对已确权资产完成点对点交易。当两个用户经过磋商发起链上交易时，区块链会记录交易过程的完整历史，不可抵赖，数据存在于公共账本中，不被某一家机构占有，也可以对交易信息进行加密，确保数据安全。

## 1.4.4　分布式商业

如果说对人工智能、大数据的研究属于生产力范畴，那么对区块链的研究更接近于生产关系范畴。区块链更关心个人权益、资产所有权、隐私保护等问题，更关注人与人、机构与机构之间的关系模式，这种关系表现得更平等和主动。在区块链的基础技术架构之上，人们再研究面向区块链的治理架构，也称为分布式自治组织（distributed autonomous organization，DAO）。治理架构往往更重要，因为它是区块链生态所涉机构或个体之间关系的本质表现，治理架构其实反映的是各个参与方的权责利。所有的社会活动和商业行为均建立在信任前提之上，不能想象完全无信任的社会。区块链的核心是构建信任，可以说与传统的信任方式相比是在重构信任。重构导致两个后果，一是营造或改善了社会信任环境，二是调整了人与人之间的利益关系。区块链引发的信任重构如果同时在金融、征信、数据共享、人力资源、股权、身份认证等领域发生，很可能会引起对传统商业模式的颠覆效果。

传统的商业模式由中心化机构掌握所有的数据，控制所有的权限，中心化机构拥有绝对的话语权，代表了整个系统的信任根。在大多数情况下这种方式都运转得比较良好，但是如果中心化机构在运作不佳的情况下，有恶意行为或者受到攻击，那么整个系统会变得不稳定甚至损毁，会引发巨大的灾难，被动的参与者将会遭受极大的利益损失和情感伤害，这些成本和代价最终会转嫁到整个社会头上。最近几年频频出现的互联网借贷 P2P 平台等事件正是其中的代表，这些事件给社会造成了难以估量的损失。在这种背景之下，人们探讨是否可以使用新的技术组合，如分布式账本结合共识机制和智能合约，进行协同计算和全体验证，确保高确定和高可信性，以构建高效商业模式。由此一种新的生产模式，即分布式商业逐渐显现。

分布式商业的参与方之间的地位比较平等，有共同的商业利益追求，本来就有合作的冲动，但尚有顾虑，构建区块链可信环境足以让他们彼此打消顾虑，迈出合作的最后一步。由商业利益共同体所建立的分布式商业模式是一种新型生产关系，这种模式具有多中心化的特性，商业团体在区块链上取得对等地位，通过预设的规则共同提供商品、服务并分享收益。

根据区块链智能合约的基础特性，分布式商业也可以是一种合约化的共享经济，通过合约实现业务需求逻辑，让资产和数据在链上自由流动，在保护隐私的前提下确保其公共的用途。分布式商业一方面将各类资源（如人自身的智力和体力资源、所有权资源如资本或实体资源）进行量化，提高资源的流动性，降低中心化程度；另一方面对智能合约的广泛应用可以加强社会化协作的深度和广度，降低信任和沟通成本。

传统银行提供一般性的存贷汇业务，金融机构向全社会提供保险、证券、债务等服务，这些无疑都有中央银行、国家单位或核心企业做信用背书。但是区块链可以不依赖于唯一的中心权威机构，无论是在全社会更大范围内，还是在有限个机构之间的合理范围内，都可以基于特定的共识机制、算法和合约构建可信环境，完成身份验证和进行可信交易。基于区块链技术的分布式身份将会成为分布式商业中的一个基础设施，未来的商业场景下，在基于分布式网络和多方协作的架构上验证身份凭证，机构或企业无法获取用户关键身份信息和敏感个人数据，只能在用户授权和隐私隔离的前提下开展商业活动。在分布式商业环境下，服务提供商提供服务但不占有用户个人数据，这在客观上就要求服务提供商必须重新思考和重新构建商业逻辑。分布式商业对传统商业是一项挑战，但同时也是利好，因为它可以驱动大量的民间社会力量重新思考商业逻辑，赋能传统的业务需求，为创新提供更广阔的空间。

区块链所代表的安全、可信、数据流通及价值互联的理念正在影响着社会经济形态的发展，以构建信任为核心特征的区块链技术将在未来商业社会中扮演重要角色。公有链和联盟链生态分别以其特有的方式快速演进和发展，在各自的平台上展开着越来越丰富的商业形态，分布式商业所代表的新型生产关系的面目表现得越来越清晰。在致力于推动数字化和实体社会融合的领域，区块链的发展很可能以联盟链生态作为主体，也会成为长期发展过程中的一个重要阶段，因为联盟链生态携带了庞大的业务流量和丰富的商业场景。区块链技术构筑分布式商业模式，塑造高可信商业环境，必然会带来具有无限想象空间的应用前景。

# 第 2 章

# 分布式系统

教学课件：
第 2 章

分布式账本、共识机制、点对点传输、密码算法和智能合约是区块链系统中的关键技术，关系着数据的存储、处理、传输、安全和应用。其中分布式账本构建了整个区块链系统的基础框架。因此，区块链本质上可以看作一个集合了多种技术的分布式系统。

分布式系统通常指多个物理位置上分散的计算机节点，通过网络通信进行协调，实现统一对外服务的系统。单台计算机的存储空间和处理速度终究是有限的，随着业务量和数据量的迅速增长，普通单机系统逐渐无法满足日益增长的容量和性能要求。分布式系统在保持较高性价比的同时，可以提供更大的存储空间、更快的处理速度和更高的可靠性。

但是，在分布式系统中，如何协调众多节点提供正确服务是需要大量理论和实践支撑的。一方面，分布在多个节点上的数据容易产生一致性问题；另一方面，网络通信条件可能对系统性能造成一定影响。区块链系统是一个典型的分布式系统，也会遇到上述经典问题。

本章主要介绍分布式系统中的基本概念、面临的主要挑战及解决方案，为区块链系统提供可以借鉴的宝贵经验。理解本章内容对后续学习区块链底层原理非常重要。

## 2.1 一致性问题

### 2.1.1 数据一致性

一致性（consistency）问题是指对于给定一系列操作，分布式系统中的节点能否对处理结果达成一致。需要注意的是，这里的一致并不代表"正确"，若所有节点都接受一个"错误"结果也称系统达到了一致。

区块链分布式系统中的一致性通常指数据一致性，即各个节点中具有关联性的数据是否在逻辑上完整且正确。分布式系统采用多机部署的方式提供服务，不同计算机节点中的数据复制、共享必不可少，这些数据副本间通过网络通信进行同步。在传统分布式系统中，控制不当、通信失败和软硬件故障等都会导致节点间数据不一致。区块链系统中还可能存在恶意节点故意违反协议、传输不一致数据的情况。区块链中存储数据的一致性高低，会对系统的可靠性、可用性及可扩展性产生关键影响。本节主要介绍传统分布式系统中的一致性模型以及常用的一致性协议。同时，对比分析区块链系统与传统分布式系统在一致性协议应用中的联系和区别。

## 2.1.2 一致性模型

数据的一致性模型一般可以分成强一致性模型和弱一致性模型。

实现强一致性模型比较困难，并且容易造成系统性能大幅下降。在实际应用中，可以根据系统对数据不一致的容忍程度，考虑是否放宽一致性要求，最终选择合适的一致性模型。

### 1. 强一致性模型

分布式系统中通常存在很多数据副本。在强一致性模型中，一旦数据写入成功，在任意时间，任意副本都可以读取数据当前的新值，且所有后续操作都将在新值的基础上展开，直到这个数据被再次更新。

如图 2.1 所示，客户端 A 进行写入操作之前，所有客户端读到 X 的值均为 0。客户端 A 将 X 的值修改为 1 之后，任意客户端都可以立即读到更新后的值。

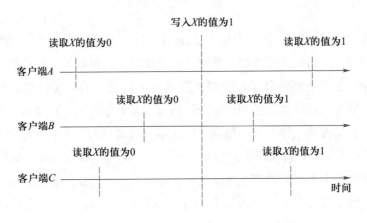

图 2.1　强一致性模型示意图

**2. 弱一致性模型**

在弱一致性模型中，数据写入成功后，某个副本上不一定能立刻读到新值，也不确定何时能读到，但随着时间的迁移，不同副本上的关联数据最终会达到一致性状态。

最终一致性模型可以看作弱一致性模型的特殊情况。在最终一致性模型中，数据写入成功后，某个副本上不一定能立刻读到当前数据的新值，但可以保证在一段时间后最终读到并进行相关操作，这段时间被称为**不一致窗口**。不一致窗口的时间取决于很多因素，包括副本数量、网络延迟和系统负载等。

如图 2.2 所示，客户端 $A$ 将 $X$ 的值修改为 1 之后，在不一致窗口内，只有客户端 $B$ 读取到了 $X$ 更新后的值（$X=1$），其他客户端读到的仍是未更新的 $X$ 值（$X=0$）。不一致窗口过后，所有客户端都可以读到当前 $X$ 的新值（$X=1$）。

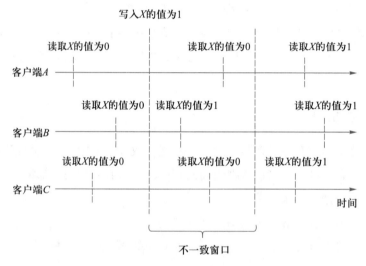

图 2.2　最终一致性模型示意图

最终一致性模型在实际应用中也存在很多变种，包括因果一致性模型、"读你所写"一致性模型、会话一致性模型、单调读一致性模型及单调写一致性模型等。

（1）因果一致性模型。如果客户端 $A$ 在更新 $X$ 的值之后向客户端 $B$ 通知更新的完成，那么客户端 $B$ 就可以立即访问到更新后的值，无须等待不一致窗口。而没有因果关系的客户端 $C$ 将会遵循最终一致性原则，即在不一致窗口内读到的还是未更新的值。

（2）"读你所写"一致性模型。"读你所写"一致性模型是因果一致性模型的一种特殊情况。客户端 $A$ 更新 $X$ 的值之后向自己发送一条更新完成的通知，然后该客户端进程的后续所有操作都会在更新后的值上展开。而其他客户端进程仍遵循最终一致性原则，即需要等待一个不一致窗口。

（3）会话一致性模型。会话一致性模型是"读你所写"一致性模型的一种特殊情况。在客户端进程访问存储系统的同一个会话内，系统可以保证该客户端进程读到最新值。若会话终止，重新连接后，仍然需要等待不一致窗口过后才能读到最新值。

（4）单调读一致性模型。数据的读取在时间上具有单调性。若一个客户端进程在某时刻读取到 $X$ 的值，则该进程后续不会读取到 $X$ 之前的任何值。

（5）单调写一致性模型。数据的写入在时间上具有单调性。若一个客户端进程在某时刻对 $X$ 的值进行了更新，则系统可以保证该进程后续写操作的串行化。

本节介绍的一致性模型之间的关系如图 2.3 所示。

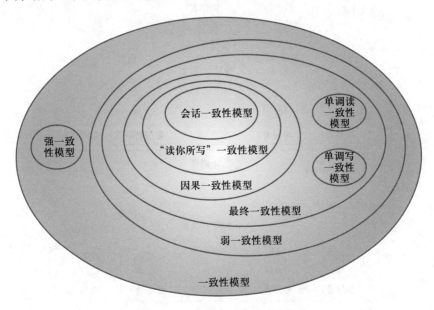

图 2.3　一致性模型间的关系图

## 2.1.3　分布式系统一致性协议

为了维护分布式系统中的数据一致性，涌现出很多经典的一致性协议和算法，如两段提交、Quorum、Paxos（Basic Paxos 及其衍生出的 Cheap Paxos、Fast Paxos、Vertical Paxos 等）、ZAB 和 Raft 等。下面主要介绍这些一致性协议的核心思想、原理及适用场景。

### 1. 两段提交

两段提交（two-phase commit，2PC）的核心思想是在分布式事务中保证原子性。当一个事务跨多个节点时，要么所有节点上的参与进程都提交事务，要么都取消事务。

如图 2.4 所示，在 2PC 协议中通常包含一个协调者节点和多个参与者节点。协议的执行过程可以划分为两个阶段：表决阶段和提交阶段。在表决阶段，协调者节点会向各参与者节点发送投票请求（vote request），询问事务是否执行成功。各个参与者节点会执行事务并将操作信息记录到日志文件。如果参与者成功执行了事务，则反馈给协调者节点的是提交票（vote_commit）；如果事务执行失败，则反馈给协调者节点的是中止票（vote_abort），表示事务不可执行。在提交阶段，如果协调者节点收到的全部是提交票，则意味着事务在每个参与者节点上都得到了成功执行，此时协调者节点通知各参与者节点提交事务，否则协调者节点通知各参与者节点回滚事务。执行该协议时，可以实现所有副本中的数据同步，要么同时更改，要么不更改。

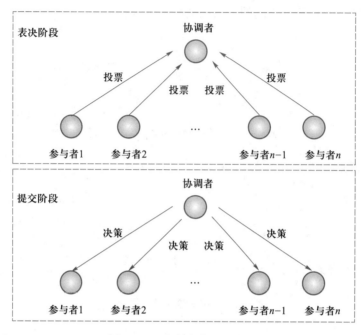

图 2.4  两段提交协议示意图

2PC 协议存在一定缺陷，在协调者节点等待所有参与者节点表决的阶段，所有参与该事务的操作都处于同步阻塞状态，各参与者节点在此阶段需要互相等待而无法进行其他操作，因此存在效率问题。此外，如果在提交阶段出现协调者节点和参与者节点宕机的情况，有可能会导致数据不一致。

### 2. Quorum

Quorum 机制利用"鸽巢原理"实现不同级别的一致性。鸽巢原理的一般表述为，当将 $n+1$ 个元素放到 $n$ 个集合中去时，则必定存在一个集合，该集合中至少含有 2 个元素。假设数据 $X$ 共有 $N$ 个副本，某时刻已经有 $W$ 个副本完成对 $X$ 的更新。在读取操作时，至少需要读取 $R$ 个副本。其中，需要保证 $W+R>N$，即 $W$ 和 $R$ 之间有交集。当满足该关系式时，读取的副本中一定存在更新后的 $X$。例如，若系统中数据 $X$ 的副本为 5 个（$N=5$），目前已经有 3 个副本完成了对 $X$ 值的更新（$W=3$），则还有 2 个副本中存放的是 $X$ 的旧值。当读取的副本数超过 2 个时（$R>2$ 时，存在 $W+R>N$），那么无论如何都会读取到 $X$ 的新值。例如图 2.5 中的情况，当读取 3 个副本时读取到一个更新后的 $X$

值；在图 2.6 中，当读取 3 个副本时读取到两个更新后的 $X$ 值。

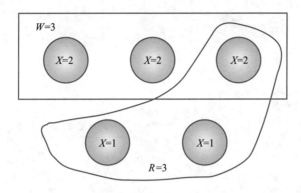

图 2.5　读取 3 个副本时读到一个更新的 $X$ 值

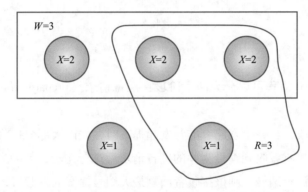

图 2.6　读取 3 个副本时读到两个更新的 $X$ 值

仅通过 Quorum 机制无法保证强一致性，即不能保证任意节点在任意时刻都可以读到最近一次提交的账本数据，因为 Quorum 机制本身无法确定最新已经成功提交的数据版本号。可以通过引入数据版本号的方式，具体判断哪个副本中为更新后的 $X$ 值。在已知最近成功提交的数据版本号的前提下，最多读取 $R$ 个副本就可以读到最新的数据。想要确定最高版本号的数据是否是一个成功提交的数据，则需要继续读其他的副本，直到读到的最高版本号的副本出现了 $W$ 次。

**3. Paxos**

Paxos 是基于消息传递的一致性协议，具有高度容错性，是解决分布式系统中数据一致性问题最有效的算法之一。下面主要介绍 Basic Paxos 算法的基本原理和执行流程。

如图 2.7 所示，Paxos 协议将参与者节点进程分为三类，分别是发起者（proposer）、接收者（acceptor）和学习者（learner）。其中，发起者可以有多个，主要负责发起提案（包括一个提案编号 $n$ 和提案内容 $v$），不同的发起者可以发起不同的提案（要求 $n$ 不同）。接收者通常为多个，主要负责接收并审批提案，一个接收者可以审批多个提案（要求 $v$ 相同）。学习者主要负责将当前选中提案的内容同步给其他未批准该值的接收者。在具体实现时，同一时刻的同一个客户端进程可能扮演不止一种角色。

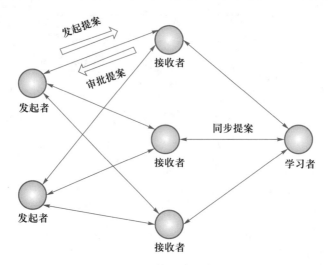

图 2.7　Paxos 协议参与者关系图

一轮 Basic Paxos 流程可以分为两个阶段：准备请求（prepare request）和接受请求（accept request）。

在准备请求阶段，当一个发起者准备发起提案时，先向大部分接收者发送新的编号为 $n$ 的准备请求。接收者收到编号为 $n$ 的准备请求后进行比较，如果当前编号 $n$ 大于接收者回复过的最大请求编号，则该接收者回复最大编号提案的发起者，并将不再接受编号小于 $n$ 的准备请求。否则，接收者会通知对应的发起者放弃本次提案。

在接受请求阶段，如果发起者收到了超过半数的接收者的回复，则也向超过半数的接收者发送一个包含提案（包括一个提案编号 $n$ 和提案内容 $v$）的接受请求。如果回复中包含提案，则 $v$ 是所有回复提案中编号最高提案所对应的内容。如果回复中并无提案，则 $v$ 是发起者赋予的提案内容。但是，若发起者收到的接收者回复不到半数，则放弃本次提案。接收者收到编号为 $n$ 的接受请求时，如果当前编号 $n$ 大于接收者回复过的最大请求编号，则接收者会批准当前接受请求中的提案；否则，接收者会通知对应的发起者放弃本次提案。

Basic Paxos 中可能存在多个发起者同时发起提案的复杂情况，会导致网络 I/O 增多和延迟增加。为了提高效率，Paxos 衍生出了很多算法从而可以适应不同的工业场景，例如谷歌公司的 Megastore、微信的 PaxosStore 和阿里巴巴公司的 XPaxos 等。

### 4. ZAB

Zookeeper 原子广播协议（Zookeeper atomic broadcast，ZAB）是 Zookeeper 设计的分布式一致性协议，在实际的工业生产环境中应用十分广泛。

ZAB 协议中包含主节点（leader）和备份节点（follower），通过主备模式的系统架构保持集群中各副本间的数据一致性。该协议的核心思想是，所有客户端数据都写入一个主节点中，由主节点复制到备份节点中，从而保证数据一致性。复制过程类似于2PC，但 ZAB 只需要有一半以上的备份节点返回确认信息就可以执行提交，大大减小了同步阻塞，也提高了可用性。ZAB 协议的处理流程如下。

主节点负责处理外部客户端请求并将请求转换为提案。主节点在处理完客户端请求后，向所有备份节点广播数据复制请求，等待所有备份节点的反馈。主节点收到的复制节点的反馈消息中，只要有超过半数的确认同意，主节点就会向所有备份节点发送提交消息，将数据同步到所有的备份节点中。

### 5. Raft

Raft 是基于 Paxos 的分布式一致性协议。但相对于 Paxos，Raft 算法更注重协议的可实现性和可理解性。一方面，该协议可以较为简单快速地进行工程实现；另一方面，算法流程被分解为选举、日志复制和安全性三个子问题，大大增强了可理解性。

Raft 算法将所有参与者节点抽象化为复制状态机。在分布式系统运行期间，只要每个状态机都按照相同顺序执行相同的操作，那么最终就可以达到相同的状态。通过保证操作和执行顺序的一致性保证节点状态一致，从而保证节点中的数据一致性。

在 Raft 协议中，每个节点都存储了一个任期（term）作为判断时间顺序的标识。每次选举开始都会自动进入一个新的任期，同时递增任期编号。协议中将参与者划分为三类，领导者（leader）、跟随者（follower）以及候选人（candidate）。每个任期内只有一个领导者，领导者负责处理所有客户端请求，并管理和执行日志复制。Raft 保证任期内当选的领导者节点存储已经提交的最新的日志。领导者只能追加日志，不能删除或重写日志。跟随者不主动发出任何信息，被动接受来自领导者或候选人的消息并回复。如果跟随者副本在一段时间内没有收到领导者的新消息，则判断领导者可能出现故障，由候选人启动选举过程，选出新的领导者。每个节点在同一时刻仅担任一种角色，但在整个过程中，可以进行不同角色的转换。Raft 协议中节点的各类角色的转换关系如图 2.8 所示。

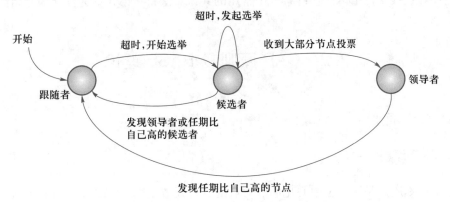

图 2.8　Raft 协议中不同角色间转换关系

下面简要介绍选举和日志复制的主要流程。

每个跟随者都设置一个定时器，领导者会周期性向跟随者发送消息，当收到来自领导者（或候选人）的消息后，跟随者会重置定时器，防止出现存在领导者时的不必要选举。但如果定时器超时，则跟随者会变成候选人，自动进入下一个任期，并且重置定时器，并向所有节点请求投票，根据投票结果决定角色转换（成为新的领导者，或者重新恢复为跟随者）。

Raft 在集群中选出领导者负责管理日志的复制。领导者接受来自客户端的事务请求（日志），然后将携带该日志的消息发送给跟随者节点。跟随者节点收到后复制该日志，当超过半数的跟随者完成复制后，领导者节点便将日志应用到自己的状态机，并将执行结果返回给客户端，此时认为日志已经提交。正常工作状态下，领导者节点负责保证其他节点与它的日志始终保持强一致。

共识机制是区块链系统中的核心，影响整个区块链系统的效率和性能。陌生节点间通过共识机制达成一致并进行合作。区块链中的共识机制和传统分布式系统中的一致性算法的相同之处包括：都遵循少数服从多数、时间序列化和分离覆盖（即大数据量覆盖小数据量）。不同之处在于，当描述传统分布式系统的一致性协议和算法时大多依赖于中心化假设，即所有节点都由可信中心管理。在该假设下，所有节点都被认为是诚实的，默认分布式系统中不存在恶意节点篡改数据和广播虚假消息的情况，也不存在恶意节点之间的合谋。即使有少部分节点宕机也不会影响协议和系统的安全性。而区块链系统的共识算法没有中心化假设，这也是区块链系统去中心化特性的重要体现。任意个体或组织都可以参与到区块链系统中，因此系统中很可能会出现拜占庭故障（即在分布式单元中存在恶意成员给出错误信息的情况）。要解决区块链系统中的数据一致性问题，需要可以容错的一致性协议和算法，这通常被称为拜占庭容错的分布式一致性协议或算法。共识机制则是在拜占庭容错的分布式一致性协议或算法的基础上，根据具体业务场景传输和同步数据的通信模型。区块链共识算法的容错性要高于传统的分布式数据库，但也往往导致效率低下。区块链系统中常用的共识算法将在第 5 章进行详细介绍。

## 2.2　CAP 原则及 BASE 理论

### 2.2.1　CAP 原则

#### 1. CAP 原则

区块链本质上是一个去中心化的点对点的分布式数据库，CAP 是分布式系统领域中一个非常重要的原理。CAP 原则中的 C 代表"一致性"（consistency），A 代表"可用性"（availability），P 代表"分区容错性"（partition tolerance），具体含义分别如下。

（1）一致性。分布式系统中多个节点进行数据共享时需要保证各个副本之间的数据一致性。这里的一致性指的是强一致性，即保证在每次写操作之后，在任意节点上进行读操作时读到的都是最新数据。

（2）可用性。可用性是指系统为用户提供服务的能力。具有良好可用性的系统能够尽量避免用户操作失败和访问超时等情况。每个非故障节点需要保证在有限时间内对用户请求做出响应。即使系统中有部分节点出现故障，系统仍能在正常响应时间内提供可用服务。

（3）分区容错性。分区容错性中的"分区"是指网络意义上的区域划分。网络通信并非一直可靠，当节点间无法正常通信时就会产生网络分区。若此时分布式系统仍能正常对外提供服务，则该系统具有良好的分区容错性。

系统的研究和发展历程表明，一个复杂的系统通常无法做到十全十美，需要在多个关键指标之间进行权衡和折中选择。2000 年，埃里克·布鲁尔（Eric Brewer）教授在 ACM 分布式计算原理会议上提出了著名的 CAP 原则。其主要内容是，一个分布式系统不可能同时满足一致性、可用性和分区容错性。选择满足其中两个要素时，就需要对剩下的一个做出部分程度的牺牲。在设计分布式架构时，需要根据系统特性在三要素之间进行合理权衡和取舍。

例如，当区块链客户端在交易一加入区块链时就立即接受，好处是不需要依赖其他节点，能够保证交易数据立即可用（保证了 A 和 P），但是却使系统失去了强一致性（无法保证 C），因为其他节点可能不会接受这笔交易（例如该交易在区块链分叉竞争中失败的情况）。当客户端等待区块链中大多数节点都接受了这笔交易再真正接受它时，好处是可以确定对该交易已经达成共识，获得了数据的强一致性（保证了 C 和 P），但却无法保证交易数据的即时可用（无法保证 A）。

2002 年，麻省理工学院的塞思·吉尔伯特（Seth Gilbert）和南希·林奇（Nancy Lynch）从理论上证明了 CAP 原则。自此，CAP 成为分布式系统设计时的重要权衡标准，在实践中具有很强的指导意义。值得注意的是，该理论并不意味着选择其中两个要素时，就必须完全放弃另外一个。例如，当选择保证可用性和分区容错性时，也可以通过合理设计尽量保证数据一致性，虽然不能达到强一致性，但可以实现最终一致性。

**2. CAP 原则简单证明**

假设一个系统中存在两个节点 $N_1$ 和 $N_2$，数据 $X$ 当前值为 0。当 $N_1$ 节点将 $X$ 的值更改为 1 后，需要将更新后的值发送给 $N_2$ 节点，从而使 $N_2$ 节点也更新数据 $X$。

（1）保证 A 和 P。系统选择了保证高可用性，则系统必须能够及时响应客户端请求。系统要保证分区容错性，则意味着在有限时间内，节点 $N_1$ 和 $N_2$ 很可能无法正常通信。当客户端访问节点 $N_2$ 中的数据 $X$ 时，系统为了保证及时响应，会立即返回当前 $X$ 值。此 $X$ 值很可能由于网络分区还未得到更新（$X=0$）。这就出现了 $N_1$ 和 $N_2$ 节点访问的数据不一致问题，即在保证 A 和 P 的前提下无法保证 C。

（2）保证 C 和 P。系统选择了保证数据一致性，则 $N_2$ 节点的数据需要与 $N_1$ 节点保持一致。系统还需要保证分区容错性，也就是允许网络不可靠，故 $N_2$ 节点不一定能及时接收 $N_1$ 节点的消息。因此，当访问 $N_2$ 节点中的数据 $X$ 时，为了满足数据一致性要求，$N_2$ 节点只能阻塞等待数据同步之后再返回响应，也就无法满足可用性要求，即在保证 C 和 P 的前提下无法保证 A。

（3）保证 C 和 A。系统选择了保证数据一致性，则 $N_2$ 节点的数据需要与 $N_1$ 节点保持一致。系统要保证可用性，则用户请求数据时要求系统能够及时响应。由于网络通信并不可靠，若要实现即时的可靠更新，需要 $N_1$ 和 $N_2$ 在一个网络分区中，这时系统也无法称为分布式系统了，即在保证 C 和 A 的前提下无法保证 P。

### 3. CAP 场景权衡

分布式系统中节点部署分散，需要通过网络通信来协调工作。由于网络的不可靠性，难免会出现网络分区的情况，故分区容错性可以说是分布式系统的基本要求。在保证分区容错性的前提下，系统需要在一致性和可用性之间进行权衡。

分布式存储系统是经典的选择保证一致性的例子。HBase、Redis 等分布式数据库需要满足数据库基本的数据一致性要求。此外，在涉及钱财支付等场景时，通常也选择牺牲一定的可用性来确保数据一致。当由于网络故障导致通信失败或信息丢失时，系统会暂停服务，等待数据恢复一致。例如，2015 年支付宝由于光缆被挖断造成大规模访问故障。故障期间用户只能看到"网络繁忙，请稍后再试"的字样，直到数据完全恢复后，系统才重新响应用户请求。虽然在一定程度上影响了用户体验，却保证了资产数据的安全可靠。

对于要求高可用性的系统，无论网络状况如何都要立即对用户请求做出响应。当节点间通信不畅导致全局数据未达成一致时，被请求的节点只能返回当前的本地数据。例如，购买火车票时偶尔会遇到这样的状况，系统显示当前有票，提交订单后却被告知没有余票。这是因为系统为了保证高可用性而牺牲了强一致性。在用户下单的瞬间，车票余量存在数据不一致的情况，在不一致窗口过去后，各数据副本才最终恢复一致。

多数区块链系统客户端也优先选择保证可用性。当有事务加入区块链时，系统中节点立即响应，可能会存在部分节点接受，部分节点拒绝的情况。不同节点可能构建起不同的事务链，这种现象被称为**分叉**。区块链使用一致性算法解决分叉问题。区块链系统依靠概率强一致性，即绝大部分节点达成一致后，抛弃部分分支，不同节点中的事务链最终变成一致的。

在设计系统时，需要根据具体场景和需求对 CAP 三要素进行权衡，选择适合实际业务场景的方案，不同的选择间并无优劣之分。

## 2. 2. 2　BASE 理论

eBay 公司架构师在对现有分布式系统进行分析、总结后提出了著名的 BASE 理论，同时也被认为是对 CAP 理论中一致性和可用性权衡的结果。如图 2. 9 所示，BASE 理论的核心思想是通过牺牲分布式系统的强一致性来获得高可用性，允许数据副本存在中间状态，只需要保证最终一致。BASE 理论中的 BA 代表"基本可用"（basically available），S 代表"软状态"（soft state），E 代表"最终一致性"（eventual consistency）。三要素的具体含义如下。

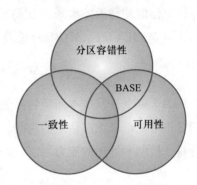

图 2.9　BASE 理论与 CAP 的关系

（1）基本可用。"基本可用"是指系统在突发故障时允许损失部分可用性。这种损失通常包含两方面内容：一是响应时间的损失，即系统返回结果的时间略微延长；二是部分系统功能的损失，即只保证核心模块可用，其他服务可能做一定的降级处理。

（2）软状态。"软状态"是指在不影响系统整体可用性的情况下，允许数据存在中间状态，即接受不同节点中的数据副本在进行同步的过程中存在延时。

（3）最终一致性。"最终一致性"是指系统中的数据副本经过不一致窗口后最终会达到一致性状态。不同的业务对不一致窗口的容忍度不同，亚马逊公司首席技术官 Werner Vogels 指出，在没有发生故障的前提下，不一致窗口与网络延时、系统负载和数据复制方案等因素有关。

# 2.3　可靠性问题

## 2.3.1　可靠性概念

可靠性（reliability）是指系统保持正常工作的能力。一个可靠的系统，即使在有错误发生时，仍能继续提供正确的服务。造成错误发生的原因被称为故障。系统在出现故障时能够有效应对并且不中断服务被称为容错。可靠性被视为容错能力的体现，是分布式系统中一个重要的衡量指标。在保证系统能够正常完成任务的条件下，最多允许 $k$ 个节点出现故障，则称该系统为 $k$-容错系统。

分布式是区块链系统可靠性的重要组成部分。区块链系统的可靠性主要包括区块链网络可靠性及共享账本的可靠性。若区块链网络中部分节点失效和网络抖动不影响系统对外服务能力，则该区块链网络有较高的可靠性。若节点中的共享账本在故障后恢复，能够自动同步到最新状态并恢复记账能力，则该共享账本是高可靠的。

对于可修复系统，把平均无故障工作时间（mean time between failure，MTBF）作为可靠性的度量。MTBF 定义为相邻两次故障之间工作时间的数学期望，同时也等于系统累计工作时间与故障次数的比值，数学表达式如式 2.1 所示。若系统的故障率用 $p$ 表示，则 MTBF = $1/p$。MTBF 越长表示系统可靠性越高，保持正确工作的能力越强。

$$\text{MTBF} = \frac{\sum(\text{停机时间} - \text{运行时间})}{\text{故障次数}} \tag{2.1}$$

为了降低开发成本而牺牲系统可用性往往适得其反。这种做法不仅会缩短系统寿命而且很可能带来无法估量的时间、金钱和声誉损失。建立可靠的系统通常需要具备故障分析、检测和处理的能力。

### 2.3.2 故障分类及处理

#### 1. 故障分类

故障按其产生原因可以大致分为硬件故障、软件故障、通信故障和时序故障。

硬件故障是指由系统中 CPU、存储器、显示器等各种硬件设备引起的故障。分布式系统中往往包含大量的机器设备，这在一定程度上会增加硬件故障率。多数设备的故障率可以看作时间的函数。如图 2.10 所示，"浴盆曲线"是用来描述硬件故障的经典模型，呈现了设备整个生命周期可靠性变化的三个阶段。第一阶段为早期故障期，随着不断调试和故障排除，故障率逐步下降；第二阶段为偶发故障期，设备正常平稳运行，故障率维持在较低水平；第三阶段为耗损故障期，由于设备磨损、老化等原因，故障率开始随时间的增加而急剧升高。

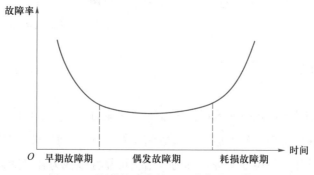

图 2.10　硬件故障中的"浴盆曲线"模型

软件故障是指由于程序中存在不正确的定义、处理或过程,导致程序以不期望的方式执行。软件自身缺陷、用户非法操作、病毒攻击等诸多因素都会导致软件故障。软件故障通常用**缺陷密度**来衡量,定义为每千行代码中的缺陷数。

通信故障是指由于通信介质出现问题导致系统节点间无法正常通信。时序故障是指由于物理故障导致运行时序出现错误。

**2. 故障处理**

故障处理通常包括错误的预测、预防、移除和容忍。错误预测是指在设计阶段预估可能出现的错误并加以避免;错误预防是指在开发过程中消除已知错误;错误移除是指在经过系统测试后修复发现的错误。相比于想方设法阻止错误发生,在系统实现时更多的是采用冗余技术提高容错性。有时会通过故意触发系统故障的方式来检验真正发生故障时系统的应对能力,也方便进一步完善系统的容错机制。

故障处理的基本算法包括主动复制、被动复制和半主动复制。在主动复制算法中,所有复制模块保持紧密同步并且能够同时响应请求,即使有副本失效也可以屏蔽错误,维持系统正常运行。该算法的优点是系统失效后所需恢复时间短;缺点是副本维护会消耗大量的系统资源。在被动复制算法中,复制模块分成主副本和从副本。主副本负责设置检查点,定期检测、更新从副本状态并且响应用户请求。当主副本失效时,需要把一个从副本升级为主副本,使得系统能够继续正常运行。该算法维护主副本状态一致性,一定程度上节省了系统资源,但系统失效恢复时间长。半主动复制算法结合了主动复制和被动复制的优点,系统资源消耗和失效恢复开销都相对较低。

# 2.4 P2P 网络原理及常用算法

## 2.4.1 P2P 网络原理

区块链底层网络技术采用的是 P2P(peer-to-peer)网络,这是一种分布式网络通信技术。P2P 网络不依赖中央服务器,对等用户节点间直接交换信息,故又称"对等网络"。这种组织方式在可扩展性、安全性和隐私性等方面均表现出其特有的优势。

**1. 可扩展性**

区别于传统客户端/服务器(C/S)模式,P2P 网络中每个节点都是通信的平等一端,既可以充当客户端也可以充当服务器。这种去中心化的组织方式允许节点自由进出网络,不需要中央服务器的统筹管理,不会造成中心拥塞,具有良好的可扩展性。P2P

网络通过低成本交互聚合了数据、算力、带宽等大量资源，为实现整体大于部分之和提供了可能。

### 2. 安全性

互联网目前主要采用以大型网站为主体的服务模式。中心化特征明显，容易出现单点故障。一旦服务器宕机就很可能导致整个系统停止服务。此外，大部分资源聚集在少量服务器上，导致服务器成为非常有吸引力的攻击目标。若服务器被攻陷，用户的信息安全无疑会受到重大威胁。P2P 网络中没有中央服务器，资源分散在整个网络的不同节点上。节点对资源进行自治控制，可以有效避免单点失效带来的风险。一般来说，可以利用区块链建立一个公平透明的数据共享环境，从而能够审计和跟踪未经授权的数据修改。

### 3. 隐私性

近年来，大规模数据泄露事件频发，引发人们对第三方数据存储的担忧。P2P 网络构建了一个无信任系统，能够不依赖于可信第三方机构，在陌生节点之间直接建立点对点的可信价值传播。无须担心隐私信息被第三方服务机构有意或无意泄露。为了保护链上数据的私密性，各种加密策略正逐渐应用于区块链中。

P2P 网络目前已应用于诸多领域，例如分布式计算、文件共享、流媒体等。区块链底层采用了基于互联网的 P2P 架构，P2P 是实现区块链去中心化的关键。目前区块链已经在金融、能源、医疗等多个领域有广泛应用，研究者们正尝试构建一个真正平等的 P2P 架构互联网。不少研究指出，该成果会对社会的政治、法律、经济模式等产生根本性的影响。

## 2.4.2 P2P 网络拓扑

拓扑结构通常指分布式系统各个节点间物理或逻辑的关联关系。在构造拓扑的过程中需要考虑很多实际问题，例如，节点的表示和组织方式，节点加入和退出网络及资源的高效检索等。本节主要介绍目前主流的 4 种 P2P 网络拓扑形式：集中式拓扑、全分布式非结构化拓扑、全分布式结构化拓扑和半分布式拓扑。

### 1. 集中式拓扑

如图 2.11 所示，集中式 P2P 网络由中央索引服务器和对等的用户节点组成。新节点加入时会与中央索引服务器建立连接。中央索引服务器负责存储并维护全网的资源索引信息。当某个用户节点发出查询请求时，中央索引服务器通过集中式的路由查询机制快速定位资源，将拥有该资源的节点信息返回给用户，再由用户直接连接到资源所有者进行传输。从严格意义上来说，资源查找过程是客户端/服务器（C/S）模式，而资源传输采用了 P2P 模式。该拓扑其实是 C/S 与 P2P 的混合，因此也被称为混合式拓扑。

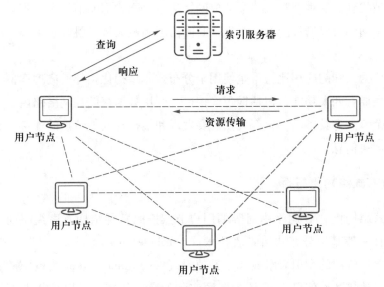

图 2.11　集中式 P2P 网络拓扑结构图

集中式拓扑的优点包括实现相对简单、资源检索效率高且容易维护。这种拓扑结构也存在一些不容忽视的问题。一方面，随着网络规模扩张，中央索引服务器连接的节点越来越多，需要存储的信息也不断增加，这将导致维护成本急剧上升。另一方面，系统容易出现单点故障，一旦中央索引服务器失效会造成整个网络的瘫痪。此外，这种结构模式会造成版权纠纷等相关问题，例如著名的 MP3 共享软件 Napster 就曾被告侵权。

**2. 全分布式非结构化拓扑**

全分布式非结构化 P2P 网络由对等的用户节点组成。新节点加入时会随机与网络中某个节点建立连接，从而形成一种无结构的纯分布式网络。

幂定律（power law）和小世界模型（small world）理论对提升非结构化拓扑中的搜索算法的效率产生了重要影响。幂定律在实际网络中可以体现为，大部分节点"度"都比较小，只有少数节点有较高的"度"。"度"较高的节点具有高连通性，因此查找到资源的概率也相对高。小世界模型描述了从规则的结构化网络到完全随机网络的转变。Watt 和 Strogatz 经过研究发现，真实网络的集群系数较随机网络高出 10 倍，看似庞大无序的网络实际具备明显的局部集群特点和较小的平均路径长度。此外，小世界模型指出网络中存在高连通节点使得部分节点间会出现"短链"。可以简单理解为，在包含众多节点的复杂网络中，任意两个节点之间建立联系的路径可能比预想的要短得多。"短链"现象为 P2P 网络中的搜索算法提供了一种新思路。2.4.3 节将详细介绍基于小世界模型理论的非结构化搜索算法。

全分布式非结构化拓扑的优点包括支持复杂查询、容错性好且节点可以自由进出。由于网络没有任何结构特征，无法保证查询效率和查询结果的准确性，即不保证网络中的数据一定被找到。泛洪查找方式会造成网络流量急剧增加而消耗大量带宽，导致可扩展性差。这个问题可以通过附加一个生存时间值限制最大传播跳数来解决，但也限制了可达节点数。

区块链广为人知的应用比特币是使用全分布式非结构化拓扑的典型案例。比特币网络中的节点主要有四大功能，包括钱包、挖矿、区块数据存储和网络路由，其中网络路由功能是每个节点都具备的。全部节点需要发现和维持与其他节点的连接，参与校验和广播交易及区块信息。

### 3. 全分布式结构化拓扑

全分布式结构化 P2P 网络由对等的用户节点按照某种结构有序组织而成。全分布式结构化拓扑一般基于分布式哈希表技术（distributed hash table，DHT）。DHT 的核心思想是，将每份资源的索引表示成一个键值对（key，value）。key 为资源的关键字，可以是名称或其他描述性信息；value 为资源实际的存储位置，可以是节点地址或其他位置信息。所有资源的索引组成一张完整的哈希表，该表被分割成很多小块后分散存储在分布式系统的所有节点中。每个节点只存储一小部分数据，负责维护小范围内的路由。

全分布式结构化拓扑采用了基于键的路由方法且数据存放位置严格受控，可以充分利用节点间的结构化关系来实现一定程度的高效查找。DHT 可以保证查询结果的准确性，只要是存在于网络中的资源，最终一定可以被查到。DHT 底层只进行精确查询，不支持通过关键字模糊查询和复杂查询。基于 DHT 的结构化搜索算法将在 2.4.3 节中详细介绍。

可伸缩性强是 DHT 类结构的固有特性，可以自适应节点随时加入和退出。需要及时更新节点中的信息，这导致系统维护比较复杂。在节点频繁加入、退出或停止工作造成网络波动时，会大大提升维护开销。解决这个问题的一种思路是，让每个节点只与系统中部分节点进行交互。当系统中节点发生变化时，仅部分节点需要做相应更新工作。

以太坊网络是典型的全分布式结构化拓扑。以太坊中节点的主要功能与区块链中节点的功能类似，每个节点都需要具备网络路由的基础功能。与比特币网络不同的是，比特币的 P2P 网络是无结构的，而以太坊的 P2P 网络是有结构的。以太坊网络主要利用 Kademlia 算法构建。Kademlia 是 DHT 的一种，可实现在分布式网络中快速、准确地进行路由。

### 4. 半分布式拓扑

如图 2.12 所示，半分布式 P2P 网络由超级节点和普通节点组成，可以看作两级的层次结构。超级节点之间彼此相连组成一个随机的拓扑网络，普通节点与超级节点建立邻居关系组成星形网络，普通节点之间并没有直接联系。当一个新节点要加入网络时，是作为超级节点还是普通节点要根据其具体存储、处理、带宽等资源情况来确定。一般选择性能较高的作为超级节点，用来存储相邻的普通节点信息并执行相应查找算法。用户发出查询请求时，首先在超级节点间高速转发，然后由超级节点将请求转发给相应普通节点。

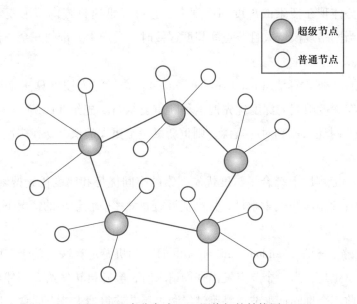

图 2.12　半分布式 P2P 网络拓扑结构图

半分布式拓扑结合了集中式拓扑和全分布式非结构化拓扑的优点，易于管理且可扩展性好，支持复杂查询且检索效率高。该结构对超级节点依赖严重。导致超级节点停止工作的因素有很多，例如非法攻击、负载过重以及主动失效等，这在一定程度上影响了系统容错性。当前流行的 P2P 文件共享软件 KaZaA 便采用的是这种结构。

### 2.4.3　P2P 网络搜索算法

P2P 网络搜索算法是指在 P2P 网络拓扑中进行资源检索的方式。资源分散在整个网络的不同节点上，每个节点可以自由地进出网络，这导致搜索难度大大增加。搜索算法的发展对推进 P2P 网络的进一步应用发挥着至关重要的作用，因此人们一直致力于提高搜索算法的可靠性并寻找从源节点到目标节点的跳数最小化方法。本节主要介绍基于小世界理论的非结构化搜索算法和基于 DHT 技术的结构化搜索算法。

**1. 非结构化搜索算法**

（1）泛洪（flooding）。分布式索引系统中一种流行的检索算法是扩散法。当一个节点需要查询信息时，先将请求转发给所有邻居节点，收到请求的节点搜索本地资源列表。若找到匹配结果则将信息返回给源节点，否则继续向除源节点外的其他邻居节点转发，通过泛洪的方式将请求进行全网广播。通常会设置一个 TTL 字段来控制请求的最大转发次数。首先给 TTL 赋一个较大的初值，每转发一次 TTL 减 1。通过这种设定，即使在搜索过程中出现不必要的循环，也能将循环控制在一定次数内停止。

泛洪的优势体现在搜索的深度和广度上，它可以迅速将查询请求蔓延到整个 P2P 网络；缺点是当网络规模增大且节点间高度连接时，会产生大量的冗余查询消息，容易造成网络拥堵。

（2）迭代深入搜索算法（iterative deepening）。迭代深入搜索算法是泛洪算法的改进，本质是具有深度限制的深度优先搜索不断重复执行。先给 TTL 赋一个较小的初值，如果 TTL 减为 0 时还未找到对应资源，则重新赋一个更大的值，迭代多次直到找到目标资源。

这种算法一定程度上结合了深度优先搜索的空间优势和广度优先搜索的时间优势。通过对 TTL 循环递增减小搜索半径，提高资源查找效率。在最坏的情况下会产生非常高的延迟。

（3）随机游走算法（random walk algorithm）。随机游走算法是基于布朗运动扩散规律的。其基本思想是，当一个节点发出查询请求时，会随机转发给 $k$ 个邻居节点。在之后的每次转发前都会询问请求节点是否继续游走。若获得请求节点同意，则继续随机选择下一轮游走的 $k$ 个邻居节点，否则停止继续转发。

随机游走算法实现简单但对于初始点比较敏感。当初始点位于最优解附近时，可以很好地达到全局最优点；若将初始点设置得离最优点较远时，则容易陷入局部最优解。另外，随机游走算法的结果很大程度上依赖于初始步长。步长越大则意味着初始可以寻找最优解的空间越大，寻找到全局最优解的概率越大，同时也意味着更多的迭代次数和更长的运行时间。如果步长取得过小，即使迭代次数很大，可能也难以达到全局最优解。

（4）路由查询（routing query）。路由查询是一种启发式搜索算法。每个节点给自身资源做索引的同时记录相邻节点的资源信息。当有用户发出查询请求时，可以通过查询路由表直接定位到资源的具体位置，不需要再次转发查询信息，极大地提高了资源查找效率。

**2. 结构化搜索算法**

（1）Chord 算法。在 DHT 技术中，网络中的每个节点都会被分配唯一的节点标识符（节点 ID）。资源对象通过哈希运算会产生唯一的资源标识符（资源 ID）。资源会被存储在与节点 ID 相等或相近的节点上。

麻省理工学院于 2001 年提出了 Chord 算法，旨在解决 P2P 网络中分布式资源查找问题。该算法的关键思想是，每个节点中都存储一份查询表，表中包含部分其他节点的资源信息，根据查询表可以较快地定位资源的位置。与路由查询算法不同的是，Chord 算法中查询表存储的不再是直接相连的邻居节点，而是存储节点 ID 呈 $2n$（$n$ 为数组下标）排列的相关节点信息。该查询算法的本质是二分查找。在资源查找过程中，查询节点将请求发送到与资源 ID 最接近的节点上。收到请求的节点首先搜索自身是否存在对应资源，若存在则直接响应查询节点；若不存在则继续将请求发送到 ID 最接近的节点，直到找到请求资源。

Chord 提供了一种优化的路由算法，即使在网络规模较大时，也仅需较少的查询跳数即可完成资源查找。在有 $N$ 个节点的 P2P 网络中，每个节点只需要维护 $O(\log N)$ 长度的路由表。由于 DHT 函数本身的性质，Chord 算法面临着拓扑失配问题，即在覆盖层（逻辑层）相邻的节点可能在物理拓扑中相距很远。一次逻辑路由可能对应的是多次物理路由，这在造成带宽浪费的同时也增加了查询时延。

（2）内容寻址网络（content-addressable network，CAN）。CAN 由加州大学伯克利分校于 2001 年提出，其核心思想是采用多维的标识符空间实现分布式哈希。在 CAN 算法中，设每个节点 ID 经由哈希运算后得到一个 $n$ 维向量。该向量即为节点在笛卡尔空间中的位置坐标，整个 P2P 网络都将被映射到 $n$ 维笛卡尔空间中。在 $n$ 维的笛卡尔空间中，若 2 个节点的 $n$ 维坐标中有 $n-1$ 维坐标都相同，则称这两个节点相邻。与 Chord 算法有所区别的是，CAN 中节点中存储的是笛卡尔空间中的相邻节点信息。

在资源查找过程中，查询节点首先计算资源 ID，然后将请求发送给笛卡尔空间中与该 ID 最接近的节点。收到请求的节点首先搜索自身是否存在对应资源，若存在则直接响应查询节点；若不存在则查询笛卡尔空间相邻节点表，将请求继续转发给与 ID 最接近的邻居节点，直到找到请求资源。

CAN 具有良好的可扩展性，却也同样面临着拓扑失配问题。当网络中节点数量很大时，使用 CAN 算法的平均查询跳数会迅速增加。

（3）Pastry。Pastry 由微软研究院和莱斯大学于 2001 年提出，其目的是高效定位存储特定资源的节点和路由消息。Pastry 实现了可扩展性搜索，可以被用于构建大规模 P2P 网络。

Pastry 中每个节点都拥有唯一节点 ID 和一份节点状态表。节点 ID 通常由公钥或 IP 地址经过哈希运算得到，所有节点按 ID 值从小到大顺时针组成一个环形标识符空间。节点状态表包括路由表 R、邻居节点集合 N 以及叶子节点集合 L。路由表 R 的每个表项中记录着邻居节点信息。一张较大的路由表可以存储更多的邻居节点，在查找转发时可以有更多的"启发"。路由表过大则会降低路由效率并且可能超出节点负载。邻居节点集合 N 中存储了在物理网络中离当前节点最近的 $n$ 个节点信息。这里的"最近"不是指转发跳数最小，而是综合考量转发跳数、传输路径的带宽、QoS 后所需的转发开销最小。叶子节点集合 L 中存储了在逻辑网络层与当前节点最近的 $l$ 个节点信息。其中有 $l/2$ 个节点 ID 大于当前节点，有 $l/2$ 个节点 ID 小于当前节点。

在资源查找过程中，首先检查资源 ID 是否在叶子节点集合 L 范围内。若在，则直接将消息转发给 L 中节点 ID 与资源 ID 最接近的节点；否则查询路由表，在路由表中根据最长前缀匹配原则选择一个节点转发路由消息。若路由表中也不存在对应前缀匹配节点，则从 R、N、L 表中选择一个与资源 ID 最接近的节点转发消息，可以看出其搜索过程是不断收敛的。

Pastry 中创新性地引入邻居节点集合 N 及叶子节点集合 L。若可以准确获知相应集合内容，则可以极大地提高查询效率。由于 P2P 网络的动态性，节点可以随时加入和退出，实现 N 和 L 的高效维护仍须进一步探索。

（4）Tapestry 算法。加州大学伯克利分校于 2001 年提出了一种新的 P2P 网络定位和路由算法——Tapestry 算法。Tapestry 算法给节点和资源都分配了唯一可表示身份的标识符，即为每个节点分配一个节点 ID，为每个资源对象分配一个资源 ID。Tapestry 算法动态地将每个标识符 G 映射到当前系统中的一个节点，该节点称为 G 的根节点。若某个节点 ID＝G，则该节点就是 G 的根节点。每个节点需要维护一张路由表，表项中记录该节点的邻居节点信息，每个表项条目都应该让查找更靠近目标资源。在资源查找时，Tapestry 算法采用基于地址前缀匹配的路由机制，当一条消息到达转发过程中的第 $n$ 个节点时，该节点和目标节点的共同前缀长度至少大于 $n$。继续转发之前，该节点会查找路由表中第 $n+1$ 级中与节点 ID 下一数位相匹配的邻居节点。通过这种方式，每次路由消息都将沿着邻居指针向节点 ID 更接近目标资源 ID 的节点转发，直到找到存储目标资源的节点。

Tapestry 算法具有负载均衡的特点，并且加入了容错机制，可以很好地适应动态变化的 P2P 网络。该算法对全局信息依赖大且根节点易失效。此外，如果网络中节点大量增加，可能因带宽等资源限制而导致整个网络的不稳定。

## 2.5　AMOP

### 2.5.1　AMOP 简介

区块链按照准入机制通常可以分为公有链、私有链和联盟链。公有链环境下，任何人都可以加入区块链网络，对链上数据进行读取和维护。私有链系统较为封闭，一般仅限于组织内部或个人使用。联盟链是介于公有链和私有链之间的一种账本结构，通常为联盟成员设置了准入机制，是集中化和去中心化之间的平衡。

P2P 网络中数据分散式存储，多个节点维护一份数据，节点间需要经常进行大量数据交换，容易造成系统性能低下。具体业务场景中的节点通常分布在各自的私有网络环境中，导致性能问题更加突出。为了提高 P2P 网络中的数据交互性能，金链盟区块链底层开源平台（FISCO BCOS）提出了链上信使协议（advanced messages on-chain protocol，AMOP）。

AMOP 是一种基于联盟链网络的、高效可靠的消息通信协议。其目的是为联盟链各组织间提供点对点的实时消息通信，并为联盟链和链下系统之间的数据交互提供标准化接口。链上系统可以直接调用链下系统的业务接口来获取服务。AMOP 协议在消息收发过程中设置了路径规划、超时检测和异常重传机制。网络节点间进行信息交互时都会预先对通信路径进行合理规划，一旦检测到转发超时或感知到节点异常，会自动切换转发路径重传消息，从而确保消息可达。

AMOP 具有实时高效、安全可靠、简单易用等优点。AMOP 消息本身结构简单且处理逻辑高效，不依赖于区块链的交易和共识机制，使得消息能够在节点间进行实时高效传输。AMOP 基于 SSL 安全协议对所有通信链路进行加密，还可以自行选择配置加密算法，消息不会在通信过程中被窃听，保证消息的安全性和隐私性。AMOP 消息在传输过程中会自动检测所有可行链路，在至少有一条链路可用的前提下就可保证消息可达，从而确保消息传输的可靠性。AMOP 简单易用，使用时仅需对软件开发工具包（SDK）做相应配置。

## 2.5.2 逻辑架构及消息流程

### 1. 逻辑架构

现实中的网络环境通常比较复杂。各机构为了保证自身网络安全，通常会在内外网之间设置多层防火墙进行隔离，这造成了不同机构间通信效率低下。为了完成联盟成员间的相互协作和数据共享，目前大部分方案是业务系统调用区块链系统的接口向区块链中读写数据。AMOP 协议允许区块链系统调用链下系统的业务。这要求每个节点都设置业务系统接口，并控制相应的访问权限。通过这种方式可提高跨机构节点之间的通信效率。

AMOP 的逻辑架构如图 2.13 所示。该架构从整体上看可以大致分为两部分，即区块链内部 P2P 网络和链外的业务机构。区块链内部的 P2P 网络中部署着各机构的区块链节点，实际上区块链节点也可以部署在机构内部。链外的业务机构中通常包括非军事区（demilitarized zone，DMZ）和服务器场（server farm，SF）。DMZ 是机构内部与外网的隔离区，其中部署了区块链接入前置。需要注意的是，并非所有机构都存在 DMZ。SF 是指机构内部的业务服务区，通常一个业务系统中包含多个业务子系统，此区域内的业务子系统使用区块链 SDK。机构 1 和机构 3 不存在 DMZ，则直接配置 SDK 连接到区块链节点，机构 2 和机构 4 存在 DMZ，因此需要配置 SDK 连接到 DMZ 中的区块链接入前置，然后通过前置模块与区块链节点建立连接。

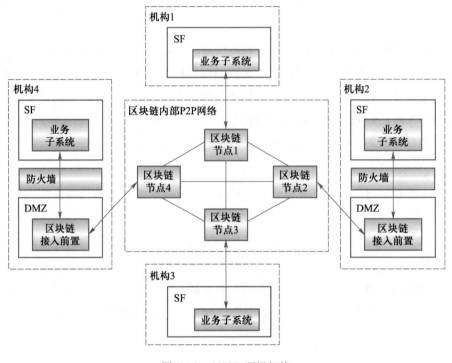

图 2.13　AMOP 逻辑架构

## 2. 消息流程

首先介绍 JMS 规范的两种消息传输方式，即基于发布和订阅的 Topic 消息传递和基于点对点的 Queue 消息传递。

在 Topic 消息传递模型中，一条消息可以转发给多个消费者，消息的目的地类型是 Topic。具体传递流程为：生产者将消息发布到消息服务器特定的 Topic 中，然后由消息服务器将消息传送给所有订阅该 Topic 的消费者。在该模型中，消息采用自动广播的方式，消费者无须主动请求或者轮询 Topic 来获得新消息。在 Queue 消息传递模型中，一条消息仅发送给一个消费者，消息的目的地类型是 Queue。具体传递流程为：生产者先将消息发送到消息服务器特定的 Queue 中，然后将消息传送给正在对该 Queue 进行监听的某个消费者。如果有多个消费者都在监听，则消息服务器根据"先来先服务"的原则确定哪个消费者最先接收消息。如果没有消费者正在监听，则消息暂时保留在 Queue 中，直到有消费者到来。在该模型中，消息不会自动传播，需要消费者通过主动请求来获得。

AMOP 协议中采用基于发布和订阅的 Topic 消息传递。服务端首先设置一个 Topic，然后监听客户端向该 Topic 发送的消息。每个节点会维护一张节点与 Topic 列表的映射关系表用于消息路由。该映射关系表中键为节点号，值为该节点可以接收 Topic 消息的列表的集合。

下面用一个简单的例子说明具体消息流程及内部实现。设有两个 SDK 分别记为 SDK1 和 SDK2，有两个节点分别记为节点 1 和节点 2。SDK1 连接节点 1 并在节点 1 中新设一个 Topic，SDK2 连接节点 2 并向节点 2 发送 Topic 消息。

服务器端的消息处理过程如图 2.14 所示。首先，SDK1 向其直连的节点 1 发送监听某个 Topic 的请求。节点 1 收到请求后会新增一个 Topic 然后更新节点与 Topic 的映射表。节点中每新增一个 Topic，需要将该节点中的 Seq 字段加 1。Seq 的主要作用是使各节点间映射表保持一致，因此节点 1 还需要更新 Seq 字段。节点之间的心跳包会将这个 Seq 值转发到其他节点，例如，节点 2 收到心跳包之后将会对比参数中的 Seq 和本节点的 Seq 是否一致。若不一致则会向节点 1 请求最新的节点与 Topic 的映射表，然后更新本节点的映射表及 Seq 字段。通过这种方式保证了所有节点中映射关系的一致。

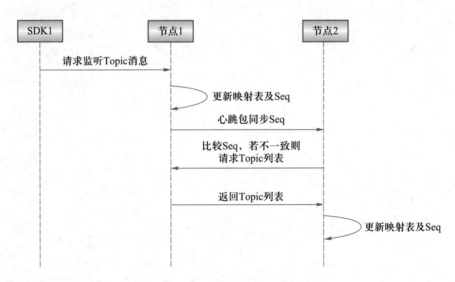

图 2.14  服务器端的消息处理过程图

客户端发送 Topic 消息的过程如图 2.15 所示。首先，SDK2 向节点 2 发送 Topic 消息。节点 2 会根据自身维护的节点与 Topic 列表的映射关系表，查找该 Topic 可以发送的节点列表，并从中随机选择一个节点（例如节点 1）发送该消息。节点 1 接收到该消息后再推送给 SDK1。

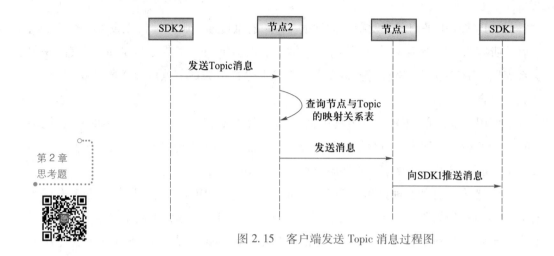

图 2.15　客户端发送 Topic 消息过程图

第 2 章
思考题

# 第 3 章

# 区块链架构

本章主要介绍区块链总体架构和目前主流区块链平台的架构。本书采用分层的方式概括区块链架构，分层设计是一种良好的软件工程设计方法，易于理解，上一层单向依赖下一层，也使得整个系统耦合减少，容易扩展。随后提出一种不同的分层方式，试图解释区块链平台发展的现状。最后介绍代表区块链不同发展阶段的典型平台架构。

## 3.1　区块链总体架构

区块链技术发展迅速，从最早的比特币平台到目前主流的联盟链平台，在功能模块、网络安全、可扩展性、隐私保护、准入控制方面的内涵越来越丰富。区块链的架构如何分层，并没有统一的标准和完全一致的看法。一般来说，区块链系统总体架构包括密码学、分布式账本、P2P网络、共识算法、激励机制、智能合约、分布式应用等内容模块。本书试图给出一种共5层的分层方式，能够解释当前所有的主流区块链架构。自下而上看，最底层是基础层，包括数据结构、密码学、隐私保护技术和算法库；第二层是核心层，主要是网络、存储、共识和激励；第三层是管理层，主要是分布式组织、身份认证和权限管理；第四层是应用层，针对具体应用场景，使用脚本或智能合约开发实现，并对外开放接口；第五层是用户接入层，方便用户使用区块链应用或产品，同时管理身份、账户信息。区块链总体架构如图3.1所示。

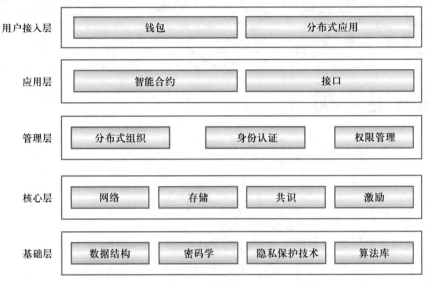

図 3.1 区块链总体架构

## 3.1.1 基础层

### 1. 数据结构

区块链是一个状态机，简单地看，整个系统的运行变化反映在区块高度的增长上，每产生一个新区块，就代表着系统状态发生了一次迁移。一个区块包含多个交易，由这一个个交易共同驱动系统状态的变化。区块链数据结构的设计实现了这个状态机模型，宏观上看，包括块链式的交易数据和全局状态数据。在比特币中，状态数据表现为未花费的交易输出（unspent transaction output，UTXO）；在以太坊和 FISCO BCOS 中，状态数据表现为 MPT（Merkle patricia tree）世界状态（world state）。

块链式的交易数据是以区块为单位，以哈希值为链接串联起来的链条。其中每一个区块又分为区块头（header）和区块体（body），后者包含若干个交易，将这些交易构成 Merkle 树，把 Merkle 树的树根保存在区块头中。除了 Merkle 树根之外，区块头还包括版本号、时间戳、前一个区块的哈希值等信息。根据区块头所包含的数据计算一个哈希值，作为当前区块的哈希值。

数据结构的不同设计代表着不同用途的区块链状态机模型。UTXO 模型没有账户和余额的概念，适合转账类交易，在一定程度上能够确保用户的隐私安全。世界状态模型适合合约调用类交易，方便保存更多的状态数据，即 EVM 运行智能合约的状态结果，也方便验证智能合约的运行结果。基础层封装了数据结构的方法设计，向上提供调用的接口。区块链采用的模型不同，对同一种攻击方式的抵御方法也不同。例如重放攻击，UTXO 模型要求每笔未花费输出必须一次花完（图 3.2），交易发生后，作为 UTXO 的未花费输出就不存在了，因此同一笔交易无法重放。世界状态模型有账户和余额的概念，账户是恒定存在的，攻击者可以利用已经发生的一笔交易对同一账户发起重放攻击。为了防御此攻击，设计账户时特意增加了一个 nonce 值（不同于 PoW 挖矿的 nonce 随机数），表示同一个账户发生的交易数，因此针对同一个账户的所有交易的 nonce 值都不一样，只要攻击者无法伪造签名，便无法发动此类攻击。

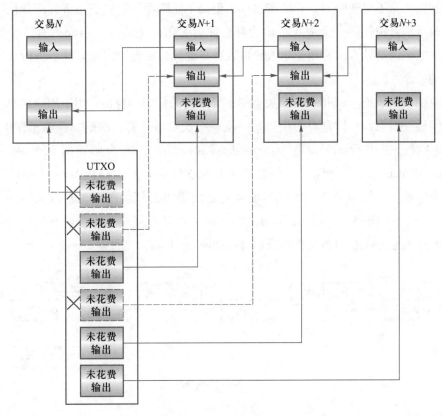

图 3.2　UTXO 数据模型

## 2. 密码学

密码学关注信息保密问题、信息完整性验证（使用消息验证码）、信息发布的不可抵赖性（使用数字签名）以及分布式计算中内外攻击的信息安全问题。可以说密码学是互联网的安全基石。

密码学同样是构成区块链信任体系的基础，也是区块链所涉及的核心技术之一。它为区块链提供了几种信任能力。首先是保密性，通过加密算法，防止未经授权的信息泄露；其次是完整性，通过哈希和签名算法，确认数据未被篡改，验证区块链的状态；再次是认证性，通过签名或认证算法，确认信息发送方的身份和区块链上信息的来源；最后是不可否认性或抗抵赖性，通过签名算法，防止一方否认已做过的事。密码学有众多的分支，为了确保信息的保密性、完整性、认证性和不可抵赖性，诞生了大量的密码算法。其中与区块链相关的算法主要有哈希算法和加解密算法。

（1）哈希算法。哈希算法利用哈希函数将任意长的消息映射为较短的、固定长度的值。哈希函数能够保障数据的完整性，通常也被称为散列函数或杂凑函数，计算的结果称为哈希值、杂凑值、消息摘要或数字指纹。哈希函数属于单向密码体系，即它从一个明文到密文是不可逆映射，有加密过程，但是不能解密。哈希值是所有消息比特的函数值，改变消息中任何一个或几个比特都会使哈希值发生改变，因此拥有错误检测能力。区块链中的哈希算法常用于生成钱包或账户地址，实现数据完整性、身份认证和挖矿谜题构造。

区块链中的地址（address）至关重要，是用户的标识和身份，用于用户账户中。地址由公钥推导而来，具体是对公钥进行一次或多次哈希计算、编码、截取操作得到的。比特币中对公钥进行 SHA-256（secure hash algorithms，安全哈希算法族的一种）、RIPEMD（RACE 原始完整性校验信息摘要）两次哈希计算，一次 Base58 编码得到地址。因为哈希算法的单向性，所以不能从地址倒推出公钥。图 3.3 是以太坊和 FISCO BCOS 中获取外部账户（externally owned account）地址也就是普通账户地址的过程。除了外部账户地址，还有一类是合约账户（contract account）地址。

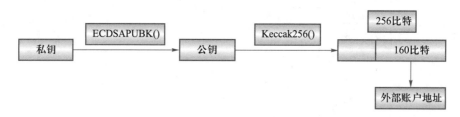

图 3.3　生成外部账户地址

在区块链账本的块链式结构中，哈希值作为哈希指针串联区块。在图 3.4 中，箭头方向表示每一个区块都会保留前一个区块，也就是父区块的哈希值。如果有人篡改了区块数据，通过哈希值进行简单的验证，就可以知道发生了篡改行为。具体做法是将被篡改区块数据作为输入，重新计算其哈希值，然后与下一个区块中保存的父块哈希值做对比，看结果是否一致。如果篡改了第 $N$ 个区块的数据，同时又篡改了第 $N+1$ 个区块中保存的父块（第 $N$ 个区块）哈希值，将其改为被篡改区块的最新哈希值，那么就需要通过第 $N+2$ 个区块来验证篡改行为。换句话说，在账本的块链式结构中，如果篡改了其中一个区块，就必须相应地篡改后续所有区块，这无疑增加了攻击的难度。如果事先将所有区块头信息锁定或存储起来，那么发生任何篡改攻击都能够很容易检测。

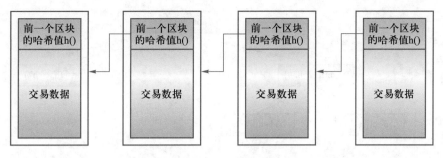

图 3.4　块链式结构

每一个区块都可以包含一个到多个交易，例如比特币的一个区块大概有两三千笔交易，这些交易以 Merkle 树的形式组织。在区块中对所有交易取哈希值，对所取哈希值继续向上两两取哈希值，以此类推到达树顶，得到根哈希值（root hash），如图 3.5 所示。根哈希值存入区块头，将来可用于验证交易数据是否被篡改。如果有人篡改了叶子节点，即交易数据，会导致上一层哈希指针的变化，最终会传导至根节点，对比篡改前后的根哈希值就能发现攻击行为。Merkle 树不同于普通二叉树，后者是以地址指针遍历树上的叶子节点，前者以哈希指针查找节点，同时还可以验证叶子节点的数据完整性。

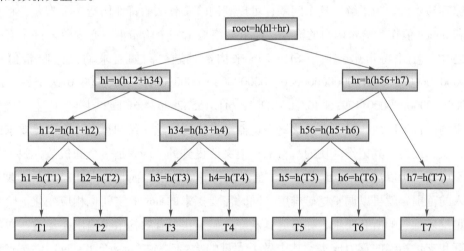

图 3.5　Merkle 树

区块链中的 Merkle 树除了用来确保交易数据的完整性之外，还可以用于隶属证明。如果要证明某一个交易存在于一个区块中，只需要提供这个交易的数据和通往树根路径上的相应数据，并不需要提供区块中包含的所有交易数据。以图 3.5 所示的 Merkle 树为例，要证明图中交易 T1 属于当前的 Merkle 树（或者说属于 Merkle 根所在的区块），只需要提供对应路径上的少量数据，具体做法参考图 3.6。在真实世界中，正是利用 Merkle 树的这一特性，证明某一个交易存在于区块链上，即简单支付验证（简称 SPV）。

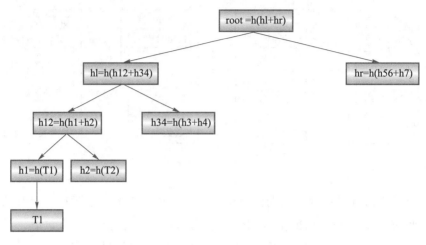

图 3.6　在 Merkle 树上证明交易 T1 存在

在利用 PoW 共识算法的区块链中，需要由矿工（miner）节点挖矿以生产新区块。PoW 要求矿工节点竞争记账权，竞争获胜的矿工发布下一个区块，同时系统会以造币交易的方式产生一笔奖励作为发放给矿工的激励。为了证明矿工取得记账权的过程付出了算力，并且是诚实可信的，需要区块链网络中其他节点验证挖矿结果，这个验证过程要足够容易才行。为了解决这个问题，可以利用哈希算法的特性构造一个难题：将交易数据和 nonce 值作为哈希函数的输入，要求最终输出一个哈希值，必须落入一个有效的范围之中，在比特币中，利用 SHA-256 来构造难题。例如要求输出的哈希值大于 000000000000000000001000000000000000000000000000000000000000000 这个数，那么 00000000000000000000001172264463cff6382e1ee6f1b155b2edd74f6f6ba28ef（实际上它代表一个真实的比特币区块，可以在区块链浏览器中查找到）这个结果就是一个满足要求的有效哈希值，最终将其记作区块的哈希值。上文所提到的 nonce 是一个随机数，因为交易数据不可变，所以需要不断调整 nonce 值以获得有效输出，而且没有捷径可循。改变输出落入的范围，就可以调整挖矿难度，同时需要探索的 nonce 空间也相应变化。哈希算法满足挖矿难题的所有要求，称作谜题友好。矿工获得有效的哈希输出要经过一段时间的计算和支付相当的算力成本，其中做了大量的哈希碰撞（hash collision）尝试；其他节点验证挖矿过程是否诚实，只需要针对确定的交易数据和 nonce 值输入做一次哈希碰撞即可。图 3.7 是挖矿过程示意图。

（2）加解密算法。加解密算法是密码学的核心技术。根据加解密过程中所使用的密钥是否相同，加解密算法可以分为两大类型：对称密钥密码学（symmetric key cryptography）和非对称密钥密码学（asymmetric key cryptography）。这两种模式分别适用于不同的场景需求，有时可以组合使用，形成混合加密机制。两种密码学的比较如表 3.1 所示。现代加解密系统的典型环节一般包括加解密算法、加密密钥、解密密钥。在加解密系统中，密钥是最关键的信息，需要安全地保存，甚至需要通过硬件层进行保护；加解密算法是固定不变的,而且一般也是公开的。一般来说,对同一种算法,都是将一串随机数输入密钥生成算法最后获得密钥输出,密钥长度越长,加密强度越大。在加密过程中,通过加密算法和加密密钥对明文进行加密以获得密文。在解密过程中,通过解密算法和解密密钥对密文进行解密以获得明文。

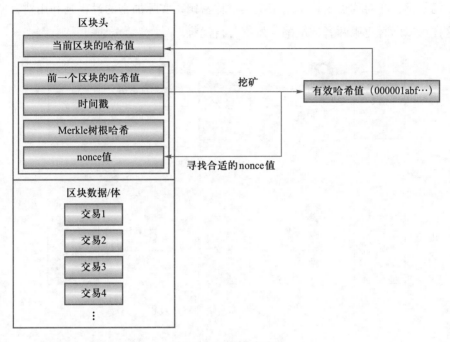

图 3.7  PoW 挖矿过程

表 3.1  对称密钥密码学与非对称密钥密码学的比较

| 类型 | 特点 | 优点 | 缺点 | 算法举例 |
|------|------|------|------|----------|
| 对称密钥密码学 | 加解密利用相同密钥 | 计算效率高,加密强度高 | 需要事先共享密钥 | DES、AES、3DES |
| 非对称密钥密码学 | 加解密利用不同密钥 | 不需要共享密钥 | 计算效率低,可能存在中间人攻击 | RSA、ECC |

对称密钥密码学是基于共享密钥的加密算法,与非对称密钥密码学不同,共享密钥用于加密或解密文本/密文。在非对称密钥密码字中,加密和解密密钥是不同的。对称加密通常比非对称加密效率更高,因此在需要交换大量数据时首选使用对称加密。仅使用对称加密算法很难交换共享密钥,因此在许多情况下,非对称加密用于在两方之间交换共享密钥。图 3.8 所示是利用对称密钥加解密的过程。

非对称密码学也叫公钥密码学,是一种使用密钥对的密码系统,采用不同的密钥进行加解密。顾名思义,公钥可以广泛传播,私钥不能公开,只能为所有者掌握。密钥对的生成有赖于基于数学问题的密码算法,此算法产生单向函数。对密钥对的使用方式决定了加密的安全性，私钥需要保持私有，公钥可以在不损害安全性的情况下公开分发。在这样的系统中，任何人都可以使用接收者的公钥对消息进行加密，但是只有接收者的私钥能对加密的消息进行解密。图 3.9 所示是利用非对称密钥加解密的过程。为了保证加密计算的效率，就要控制加密数据的数据量，因此往往只对目标数据的哈希值加密。在有些场景下，非对称加密技术用于交换对称密钥，实际加密的过程是利用对称密钥完成，这样可以同时克服两者的缺陷，发挥各自优势。

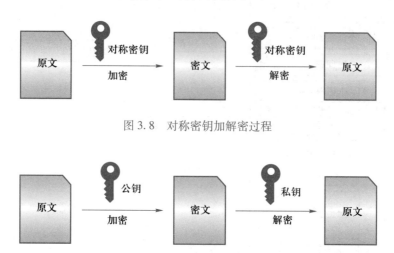

图 3.8　对称密钥加解密过程

图 3.9　非对称密钥加解密过程

　　非对称密码学也可以用来进行数字签名和验签。信息发送者使用所掌握的私钥产生一段其他人无法伪造的数字，验证者使用前者公布出来的公钥验证这串数字，如图 3.10 所示。数字签名是手写签名的密码学实现，是对手写签名的数字模拟。数字签名有两个特征：第一，只能自己制作自己的签名，但是其他人都可以验证这个签名；第二，签名只能与指定数据发生联系，下一次需要时，只能重新签名。区块链中利用数字签名技术对交易进行签名，为每一笔交易附上时间戳，每笔交易都要重新签名。在区块链中，为了保证计算的效率，将数字签名与哈希算法结合：对交易数据的哈希值进行签名，将签名结果也保留在交易中，方便其他节点验证。比特币和以太坊中的签名利用ECDSA 椭圆曲线算法，引入了 secp256k1 这个特殊曲线，这个曲线在实现效率上比其他曲线快了 30%。在 FISCO BCOS 联盟链底层平台上，同时支持 ECDSA 和国密标准的数字签名算法 SM2。

　　非对称加密算法使得区块链上的用户身份具有了去中心化特性，无须注册，无须中心服务器提供验证服务。在此基础上，拓展区块链协议，引入更高级的密码学算法，进一步又发展出了 DID（decentralized identity，去中心化身份）体系。等未来发展出成熟的 DID 体系之后，可以充分发挥想象，考虑重构所有身份相关场景和系统。

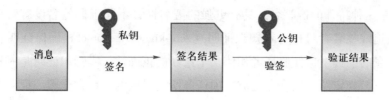

图 3.10　非对称密钥签名验签

### 3. 隐私保护技术

在以比特币数字货币为代表的区块链上交易，被认为是有匿名特性的，身份不可追踪。但如果严格区别，比特币中的身份，不具备完全匿名性，更接近化名或者别名。比特币中使用公钥或者地址作为身份标识，与在网络世界中取一个昵称没有太多区别，都是没有使用真实的姓名罢了。将比特币中公开的交易所发生的时间和交易的额度与现实世界里的某一事件进行联系，极有可能推断出交易相关的真实身份。或者针对账本历史交易数据设计特殊的算法，也可能找出链上某些交易之间的关联性。丝路网（Silk Road）的经营者乌布雷就因为被美国联邦调查局盯住了比特币地址，而不敢动用其比特币。

区块链隐私保护的话题除了涉及身份匿名问题之外，同样重要的是交易数据，当然不仅仅是数字货币交易的数据，也包括任何场景中上链的业务数据（所有数据都要通过广播交易上链）。公有链的身份具有一定的匿名性，也可以通过不断创建新地址进一步确保身份安全，但交易信息是公开透明的，这种情况使得交易本身的隐私永远存在隐患，反过来说公开透明也正是公有链的魅力所在。退一步讲，公开透明的公有链至少会使得对身份和数据隐私保护敏感度更高的应用场景望而却步。实际上这个问题已经被很多人注意到了，也采取了不同的解决方案。例如，Dash（达世币）是一种开源对等网络加密货币，采用了混币系统来实现一定程度的隐私，技术上它是以比特币源码为基础，改造了比特币网络；Monero（门罗币）是一种开源加密货币，关注隐私、分权和可扩展性，使用环形签名算法增加了交易的隐私性；再如 Zcash（零币）应用，这是一个去中心化的数字货币项目，采用了 zk-SNARK 零知识证明技术，在其运行的公有链中，会对交易记录中的发送人、接收人、交易量进行加密以确保隐私。

混币技术通过中间人介入的方式混淆转账过程，如图 3.11 所示，在不需要对交易加密的情况下有效地保护交易隐私，使得无法通过交易图谱分析判断转账人和接收人之间是否关联。群签名方案（group signature scheme）是一种数字签名的密码原语，允许群组成员代表群组签名消息，并在该群内保持匿名性。验证者只需要知道是指定群组的成员签名即可，而不需要知道具体是哪一个成员。群签名设有群管理员，必要时，可以通过使用密钥追踪成员的匿名性，可以防止恶意成员对匿名性的滥用。环签名（ring signature）是一种特殊的群签名，具有更强的匿名性，不同于群签名设有管理员，任何时候都无法追踪签名者身份。零知识证明（zero-knowledge proof）确保证明者在不提供任何有用信息的前提下，使验证者相信某个论断的正确性。零知识证明是一种涉及两方或多方的协议，规定两方或多方完成一项任务所需采取的一系列步骤。证明者向验证者做出证明，使其相信自己知道或拥有某个消息，但证明过程不能向验证者泄露被证明消息的任何信息。zk-SNARK 是非交互式零知识证明（non-interactive zero-knowledge proof）系统的变体，证明者和验证者之间无须交互，同时具备简洁性和公开可验证性，非常适合区块链场景。安全多方计算（secure multi-party computation，SMPC）主要研究在无可信第三方的情况下，如何安全地计算一个约定函数的问题。图 3.12 是一种安全多方计算设计，可以将其融入区块链底层平台，解决数据安全共享难题。安全多方计算是选举、拍卖等诸多应用得以实施的密码学基础，特别是在金融和基因这种对隐私保护有极高要求的领域有非常好的应用前景。安全多方计算的实现方法分为两类：基于噪声的安全计算方法，例如差分隐私（differential privacy），以及非噪声方法，例如混淆电路（garbled circuit）、同态加密（homomorphic encryption）、密钥分享（secret sharing）等。

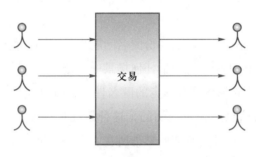

图 3.11　混币过程

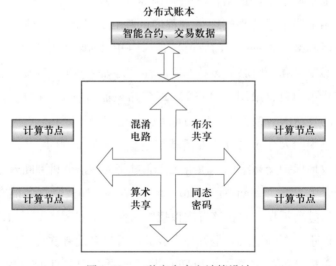

图 3.12　一种安全多方计算设计

涉及区块链身份匿名和交易隐私保护方面的问题，一定无法绕开密码学技术，特别是一些高级密码学算法。签名技术（盲签名、群签名、环签名、代理签名、门限签名）、零知识证明、安全多方计算、属性加密、格密码学、量子密码等都会在现在及未来区块链的发展过程中发挥至关重要的作用。同态加密、零知识证明和安全多方计算等高级密码学算法还可以为区块链提供密态计算、密态校验和分布式密钥管理的能力，为区块链更多场景提供信任的基础。从架构设计的角度看，需要区块链底层平台设计者将复杂的高级密码学技术打包成组件以简化上层调用的复杂度。

隐私保护关乎个人权益，不单纯是技术上的问题，技术的目的是为了支持个人权益的实现。保护某一个人的权益有一个前提，就是不应该伤害另一个人的权益，更不应该损害某个群体乃至全社会的利益。隐私保护一定要合乎道德，不能为犯罪行为开辟空间。要平衡好个人权益与群体利益之间的关系，要解决好正当权益和犯罪行为有关的问题，当对问题全面认识和综合考虑之后，会发现引入监管是恰当和必要的，也就是说区块链基础层的设计一定要为政府监管保留通道。区块链隐私保护的安全底座是高级密码学技术，既要处理好个人、公众、权益、犯罪和监管相关的问题，也要充分考虑到安全和隐私同时会带来系统额外的复杂度，如此势必会对密码学技术提出更高的要求。

算法库相关内容将在使用算法时具体介绍。

## 3.1.2 核心层

### 1. 网络

区块链网络层的存在就像人体的血液循环系统一样，负责将养分送至各个器官，维持组织的运行，即将交易和区块广播至所有的节点，支持共识机制的正常运转。区块链网络的分布式特性加上对账本数据的分权治理构成了其去中心化特性，再进一步形成了区块链特有的信任方式。网络层的核心是确保交易和区块的流畅传递与共识的有效达成，对于联盟链来说，还要确保区块链节点的合法加入，对联盟成员节点做双向认证。无论是公有链，还是联盟链，无论在更大的或者有限的范围内，区块链网络都是一个公共空间，所有的成员都有表达的自由；但同时也存在公地被滥用的问题，也就是经济学上所说的公地的悲剧，滥用导致网络堵塞，进一步影响全局，这是一个在网络层需要考虑的问题。

网络层对于组网模式、节点间通信模式以及匿名通信技术有特殊的要求，在这一点上不同于传统服务器、客户端模式。区块链网络层协议采用 P2P 通信方式，利用路由查询结构，在全网范围内的节点之间建立连接，整个过程不依赖第三方。具体到一个区块链平台，可能会选择不同的 P2P 算法，或者对现有算法进行改进，但是无论如何目前的区块链平台仍然在 TCP/IP 协议栈基础之上工作。网络层由区块链节点和节点之间的路由构成，网络的首要任务就是保证节点之间可触达，因此可以说区块链是点对点的结构，这也是去中心化的一个内涵。动态地看，节点之间的 P2P 通信形成了去中心化网络拓扑结构。公有链除主网络之外，因为不同的目的，还会有扩展网络。例如比特币中普通矿工会选择加入矿池形成中心化矿池网络，采用 Stratum 协议与矿池通信，共同完成挖矿任务。

公有链中根据是否包含完整的账本数据，区块链节点可以分为全节点和轻节点两类。全节点包括所有交易的集合和所有脚本或智能合约运行的状态结果（例如比特币的 UTXO、以太坊的世界状态）。轻节点只保留部分账本数据，一般是包含了哈希值的区块头，利用哈希可以验证支付结果，即简单支付验证（SPV），但是不能参与共识。联盟链网络节点有更多的分类，这与具体平台共识算法的设计有关系：例如 FISCO BCOS 网络节点包括共识节点、观察者节点和游离节点，每一轮共识都从共识节点中产生不同的记账节点；例如超级账本中分为 Orderer（排序节点，专门用于排序服务）和 Peer 节点，Peer 节点又进一步分为背书节点（Endorser）和提交节点（Committer）。

核心层的网络封装了区块链系统的组网方式、消息传播协议和数据验证机制等要素。结合实际应用需求，通过设计特定的传播协议和数据验证机制，可使得区块链系统中每一个节点都能参与到数据的验证过程中。网络通信是在公共空间进行的，除了 P2P 技术和网络拓扑的安全问题，也需要考虑通信安全和匿名性的问题。可以引入隐私保护和匿名技术保障通信过程的安全，因此也需要考虑技术本身的安全问题，密码技术没有绝对的安全，因此有必要事先考虑未来可能的风险，避免新一代破解技术的出现给网络层带来新的安全挑战。

### 2. 存储

核心层向上提供存储能力，主要保存以分布式账本形态存在的交易数据和状态数据。存储模块负责数据的持久化工作，对用户来说不可见，保持透明性。每一个节点都保留完整的数据并实时同步更新，有时候将区块链称为分布式数据库，也正是这个道理。根据账本数据结构的设计，数据更适合以键值对的形式存储。具体的存储介质可以是文件、键值数据库和关系型数据库。

数据库（database，DB）是电子化的文件柜、书架或档案库的数据集合。数据库本身与应用程序独立，以一定的方式将数据组织起来，减少冗余度，方便用户使用和共享。操作系统出现的早期，主要以文件形式存储数据，随着数据处理数量的膨胀，专业化数据库提供组织逻辑更清晰、访问方式更简单、扩展性更强的服务能力。除了屏蔽数据访问的复杂性之外，数据库还应该保证数据的完整性、一致性和安全性，解决这些比较复杂的问题，使得应用程序开发更加容易。区块链平台一般都会选用已有的比较成熟的数据库管理软件（database management system，DBMS），调用方便的接口将打包好的区块数据存入数据库保存上链，有的平台将此过程称作区块落盘。按照数据组织模型，数据库分为两大类，即关系型数据库和 NoSQL（not only SQL）。这两种数据库在区块链中都有使用，如 MySQL 和 LevelDB。随着数据库技术的发展，与其他学科技术结合，又出现了一些新型数据库，例如，与分布处理技术结合产生的分布式数据库、与并行处理技术结合产生的并行数据库、与人工智能结合产生的演绎数据库。区块链在后续的不断发展中，一定会用到这些新型的数据库，例如 FISCO BCOS 平台目前已经可以支持分布式数据库了，未来会越来越完善。

比特币节点将下载到的区块数据保存到 ~/. bitcoin/blocks/ 目录的 .dat 文件中。首先将区块放入 blk00000. dat 文件，如果这个文件满了，依次放入 blk00001. dat、blk00002. dat 等文件中，每一个 .dat 文件大小控制在 128 MB。例如，创世区块保存在 blk00000. dat 中，占了 293 个字节大小的空间，如图 3. 13 所示。以太坊选择了一种键值（key-value，KV）数据库 LevelDB 作为账本数据持久化的介质。不同于比特币，以太坊完整的账本数据由两部分构成，一是块链式结构的交易数据，二是 MPT 结构的世界状态数据。利用区块高度作为键（key），映射保存值（value），即交易数据。联盟链底层平台 FISCO BCOS 同时支持键值数据库 LevelDB 和关系型数据库 MySQL。

f9beb4d91d010000010000000000000000000000000000000000000000000000000000
00000003ba3edfd7a7b12b27ac72c3e67768f617fc81bc3888a51323a9fb8aa4b1e5c4a29ab5f49ffff00
1d1dac2b7c0101000000010000000000000000000000000000000000000000000000
00000ffffffff4d04ffff001d0104455468652054696d65732030332f4a616e2f32303039204368616e6c636f636
56c6c6f72206f6c206272696e696c6b206f66207365636f6c6f64206261696c6e6c6f6c757420666f66722062616c6c6b73
ffffffff0100f2052a010000004341046d78afdb0fc5548271967f1a67130b7105cd6a828c03909a67962c0
ca1f61deb649f6bc3f4ccf38c4f35504c51cc112dc5c384df7ba0b8d578a4c702b6bf11d5fac00000000

图 3. 13　比特币首个交易的二进制格式数据

随着区块链系统业务规模快速地增加，上链数据量急速扩大，系统本身就有了扩容的需求，也产生了相应的方案，如比特币的"隔离见证"、数字加密货币的侧链项目以及分布式数据存储。即使有众多的区块链数据存储扩容方案，也并不意味着账本中要包含所有类型的数据。在一个区块链系统中，除了链上数据，很可能同时存在链下数据部分。并非所有的数据都适合上链，需要根据业务规模和场景来判断。有时候面对的是需要频繁修改甚至删除的非交易数据，有时候因为数据规模太大而无法高效率存储，在这种情况之下，将存在大量的链下数据。链下数据的类型或格式多种多样，可以是图片、文本、文档，甚至视频资源，无论如何需要与链上数据建立联系，例如，将与链下数据相关的哈希值、签名数据、水印信息上链保存。经过共识将数据上链，其目的可决不是为了让某个机构或个人独享数据，而是为了重复使用和共享，最大程度上发挥数据的价值和效用。链下数据是区块链存储的延伸，可以使用任何传统的手段和介质，因此链下部分也可能产生访问接口、性能、安全性等问题。

星际文件系统（interplanetary file system，IPFS）是一个点对点分布式存储和文件共享的网络传输协议，所有的 IPFS 网络节点构成了一个分布式文件系统。将 IPFS 和区块链结合起来使用，可以处理大量数据，在区块链交易中放置不可变的、永久性的数据链接，而不必将数据本身放在链上。以太坊上就支持分布式存储（除了 IPFS，还有像 Swarm、OrbitDB 这样的分布式存储方式），先将数据保存在 IPFS 中，然后发送一个以太坊智能合约交易，让数据的哈希值上链保存，如图 3.14 所示。这种方式也可以减少"汽油消耗"（以太坊平台利用 gas 值衡量交易手续费），降低数据存储的代价。FISCO BCOS 的存储设计可以同时支持键值数据库和关系型数据库（KV 和 SQL），针对大数据场景，实现了一种分布式存储方法（advanced mass database，AM-DB），从而具备海量数据存储能力。FISCO BCOS 引入了高扩展性、高吞吐量、高可用、高性能的分布式存储，通过抽象表结构，实现了 SQL 和 NoSQL 的统一，只要实现了对应的存储驱动，就可以支持各种类型的数据库。图 3.15 是 FISCO BCOS 平台分布式存储设计的架构。

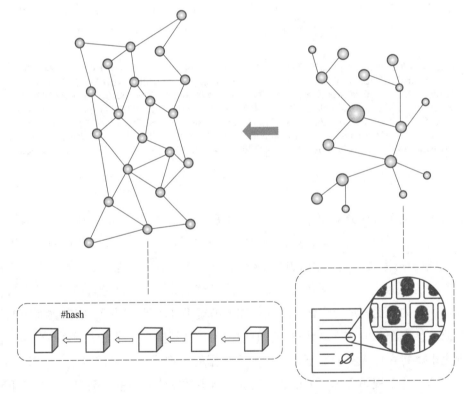

图 3.14　以太坊将 IPFS 作为去中心化存储和文件引用系统

## 3. 共识

区块链技术的核心优势之一，就是能够在决策权高度分散的去中心化系统中确保各节点针对交易数据有效地达成共识，但这个过程是如何做到的呢？区块链的设计是一个去中心化的分布式网络，目前大多数加密货币都采取这样的架构。由于网络中各节点是分散且对等的，这样带来了一个比较核心的问题，就是如何确保所有节点的账本数据能够达成一致。因此需要设计一套机制来维护系统的运作，保证交易排序和内容的一致性，奖励并吸引更多人参与到系统建设和资源维护工作中。具体的做法一般是每一轮共识都要有一个节点获得记账权，由它生产区块，统一记账，然后将区块同步到网络中其他节点上，最后完成验证。如何分配记账权成了一个关键问题，根据区块链的应用场景，不同的共识机制选择不同的分配方式，有可能是竞争、投票选举或者随机产生。不同于传统中心化系统权力集中的情形，区块链网络是一个分治或群治系统，话语权比较分散，同时决策效率也相对较低，这是区块链系统需要设计共识机制更本质的原因。

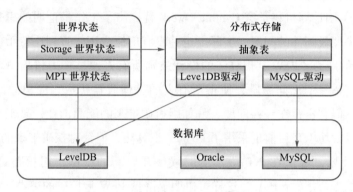

图 3.15　FISCO BCOS 分布式存储设计

　　远在区块链出现之前，20 世纪 80 年代，莱斯利·兰波特（Leslie Lamport）在其论文中就已经开始研究分布式计算领域的共识问题，主要讨论在分布式网络中，存在故障节点的情况下，非故障节点之间能否通过点对点通信方式就特定的消息达成共识。在论文中，兰波特将其研究的问题称为"拜占庭将军问题"，可以说这是日后分布式异步系统一致性研究的奠基问题。一般将网络中的恶意节点称为拜占庭节点，根据分布式系统研究模型是否包含拜占庭节点，相应的共识算法就分为拜占庭容错算法（Byzantine fault tolerance）和非拜占庭容错算法（non Byzantine fault tolerance）。

　　区块链系统在一个去中心化的分布式网络上运行，网络节点之间的地位趋于平等，不存在中心化的记账节点，因此需要引入"共识机制"来保证交易的一致性。区块链的共识算法（consensus）不同于传统分布式计算的分布式一致性要求，前者假设存在恶意节点，而不仅仅是一般的硬件错误和通信故障，所以对解决方案的选择更接近拜占庭容错类算法。处理拜占庭错误的算法可以考虑下面两种思路：一是提高恶意节点的成本打击其作恶动机，以此降低恶意节点出现的概率，如工作量证明、权益证明等，其中工作量证明是通过算力，而权益证明则是通过持有权益的方式；二是若允许一定的作恶节点存在，则要保证足够数量的诚实节点，使其依然能够达成一致性，如实用拜占庭容错算法。

1999 年，由 Miguel Castro 和 Barbara Liskov 提出了实用拜占庭容错算法（practical Byzantine fault tolerance，PBFT），对原始拜占庭容错算法做了效率上的优化，使得在工程上的应用变得可行。2008 年比特币以公有链的形态出现，它保证在不依赖中心化服务器的前提下完成点对点交易，其理念是让所有人平等参与，不设置准入门槛。比特币是一个全球范围内的去中心化网络，假设在一个不可信网络中运行，必须考虑存在恶意节点的情况。中本聪和后面的 BIP（Bitcoin improvement proposal）团队选择的 PoW 共识算法属于拜占庭容错模型。因为 PBFT 的共识过程需要节点间的频繁通信，因此算法效率在很大程度上受到节点数量的影响，并不适合公有链。而 PoW 并不会受到节点数量增加的影响，反而会因为节点数量的增加变得更加安全。PoW 并不是比特币的发明，早在 1993 年，美国计算机科学家 Cynthia Dwork 就提出了工作量证明的思想，当时主要希望用它来解决垃圾邮件的问题，实际上也并没有广泛应用。直到比特币的出现，才真正焕发了 PoW 的威力。PoW 共识算法的设计鼓励所有人通过算力付出争取记账权、获得挖矿奖励，这是一个正向激励，使得所有人的整体收益扩大，简单总结就是竞争激励、合作博弈。但它也存在一些问题，例如因挖矿带来的能源消耗、矿工维护节点成本的不断攀升。以太坊 1.0 目前也采用了 PoW 共识算法，但针对挖矿带来的问题，EIP 团队也早有应对计划，希望在 2.0 版本的时候，开启新的主网，用权益证明（proof of stake，PoS）共识算法置换 PoW，这样可以明显降低 PoW 上挖矿的弊端。PoS 共识算法要求抵押权益以获取记账权，生产区块最后获得奖励，获得记账权的概率大小和获得收益的多少都与持有的权益（在区块链上的权益就是基础加密货币）直接相关。但 PoS 并非无懈可击，作为一种资产类证明，隐含着因长期资产积累使得少数节点趋于中心化垄断地位的风险。为了获得更多的奖励，节点很可能采取囤积货币的行为，相当于对货币截留，也会导致货币流通量的降低。代理权益证明（delegated proof of stake，DPoS）的出现有望解决 PoS 遇到的问题。DPoS 与 PoS 原理很接近，主要区别是前者给予所有持币人以投票权，通过选举方式产生记账节点，以实现去中心化的目的。DPoS 共识的效果有赖于参与投票的节点数量，能不能选出真正有代表性的记账节点，能不能彻底实现去中心化目标，还得看实际使用的效果。上面提到的 PBFT 共识算法是联盟链底层平台的首选，目前比较成功的 FISCO BCOS 开源项目和 Hyperledger Fabric 超级账本项目都在使用这个共识算法。在 PBFT 共识设计中，所有参与共识的节点对交易进行签名背书，通过多轮投票过程达成对交易的一致性认识。不同的联盟链平台都会对 PBFT 进行改造以适配平台的整体方案。

PoW 共识、挖矿或记账权竞争的操作在所有节点间同时进行，因此有可能两个或多个节点同时挖矿成功，也就是说共识过程有可能产生分歧，具体表现是网络会发生分叉。为了应对这个问题，比特币等加密货币又补充了一个最长链协议，最长链或者说最长的账本分支会最终胜出，其他分支上的区块会被抛弃。PoW 加上最长链原则解决共识分歧的问题，但这也可能带来另外一个弊端，如果希望以降低出块间隔的方式增加每秒交易量（transactions per second，TPS），则会发生一个现象，即大大增加了产生分叉的机会。分叉的危害在于增加了挖矿的成本，小矿工生存处境变得艰难，参与的热情也大大降低，最终损害系统的安全性。以太坊引入了 Ghost 协议，将账本分叉处的区块作为叔块保留下来，承认其算力成本付出，也给予一定的奖励，以此挽回小算力矿工节点的参与热情。PBFT 在有限的节点联盟范围内展开，每次按照视图刷新记账节点，不存在账本分叉的问题，由此 PBFT 算法共识的效率也相对比较高。

### 4. 激励

区块链的激励大致分为两个方面，一是核心层面的激励，主要用于公有链，其存在的价值主要是维护所有参与者的利益，促成合作的局面，使得网络能够长期稳定地运行下去；二是应用层面的激励，在目前的区块链框架下，要设计包含激励的应用场景，需要借助智能合约手段，这个层面上不同的应用有不同的目的。对于以比特币为代表的公有链，所有的参与者之间并没有共同利益，在非干预的情况下很难形成合作态势。为了吸引更多的人积极参与，必须有一套激励机制，让大家比较公平地竞争记账权，最后获得回报。这种激励机制一定要结合共识过程完成，通过汇聚大规模节点的算力资源实现账本数据的记账和验证工作，在更宏观的视野下可以看成是一种节点间的任务众包过程。

去中心化系统中的共识节点本身是自利的，最大化自身收益是其参与数据验证和记账的根本动因。必须设计合理相容的众包激励机制，使得节点最大化自身收益的个体理性行为与系统安全有效性的整体目标相吻合。区块链系统通过设计适度的经济激励机制并与共识过程相集成，从而汇聚大规模的节点参与并形成了对区块链历史的稳定共识。激励机制具体通过发行和分配机制起作用。谈到发行机制，比特币系统中每个区块发行比特币的数量是随着时间阶梯性递减的。从创世区块开始，每个区块凭空产生 50 个比特币奖励给该区块的记账者，此后每隔约 4 年（21 万个区块）产生新块的比特币奖励的数量减半，以此类推，可以算出比特币的数量稳定在 2 100 万的上限。比特币特意控制货币发行量，人为制造稀缺，让激励机制看起来更有诱惑力。谈到分配机制，比特币系统中，大量的小算力节点通常会选择加入矿池，通过相互合作聚集算力来提高"挖"出新区块的概率，并共享该区块的比特币和手续费奖励。

可以联想真实世界中的公司期权、众筹募资、积分兑换等应用场景，设计应用层的激励机制，通过调用平台协议中规范的代币类合约接口进行开发和实施。应用层的激励机制与核心层有所不同，前者针对的目标是普通用户，后者针对节点用户。

### 3.1.3　管理层

#### 1. 分布式组织

区块链特别强调去中心化特性，表现在组织管理上其实是一个分治系统，所有的区块链项目背后都有一个分布式自治组织（decentralized autonomous organization，DAO）。公有链项目的 DAO 组织松散程度很高，主要包括开源工作组成员、代码贡献者和主网全节点维护者，所有人都可以参与这几个角色，能够发出自己的声音影响每一次的决策。DAO 这种分散式的组织方式自然呼应了区块链独特的信任方式，使得单一节点作恶变得很难，当然，它的另外一个侧面是决策效率相对低下。不过这些都无关乎好坏，现实中的决定从来都是在多个选项之间取得平衡。区块链平台架构的管理层研究的正是分布式自治组织关于权责利的分配在具体平台上的映射。

#### 2. 身份认证

公有链是非许可链，强调身份的平等性，不需要对身份准入做认证。至于未来公有链有可能实行身份实名制，很可能是出于政府监管的原因，而不是平台本身的技术特性要求。联盟链实行的是许可准入制，所以联盟链平台的实现要考虑身份认证的机制设计。具体的做法，简单来说就是公有链技术加上 CA 认证体系。CA 体系是一个证书由上向下颁发的单向链条，叫证书链，位于最上面的是根证书，在联盟链里面叫链证书。联盟链由众多机构组成，首先要推举出一个类似于委员会的组织，由它代表联盟整体的利益，反映所有参与方的诉求。联盟委员会掌握根证书，可以指定一个管理员保管根证书的私钥。委员会加上根证书表示管理的最上层设计，用根证书向下颁发机构或成员证书，表示对机构或成员的准入许可。证书颁发其实是一个身份实名的过程。所有的证书均需要向联盟中其他成员公开，随后机构通过节点加入联盟链时，相互之间可以进行身份互认。无法拿到合法证书的机构，即使同样部署了节点，也无法被其他所有节点认可、接纳。

图 3.16 中的联盟链由 4 个机构组成，分别是 A、B、C、D。每一个机构首先都保存了本机构的证书和私钥，同时也会保存联盟链根证书和其他机构的证书，可参考图中 B 机构的示例。机构节点加入联盟链或者节点之间通信时，会使用 SSL 协议发起双向认证，相互之间用私钥（图 3.16 中的 sk）签名和证书验证。

上面讨论的是联盟链中作为节点的身份的认证和准入问题，节点掌握全部账本数据，节点之间可以共享数据。节点代表的是机构用户，但是除了节点身份外，还有普通身份，代表的是普通用户。在联盟链上，普通用户可以读写与具体应用场景有关的部分数据，但不被允许读写所有数据。用户通过自己的私钥签名仍然可以发交易，也可以读取合约上的状态数据，不过这些操作需要在联盟委员会的掌握之下进行。在公有链上，这个问题会变得很简单，用户可以自由与网络交互而不受限制。

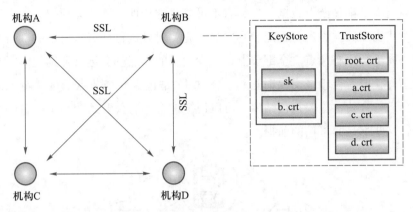

图 3.16　联盟链身份认证

### 3. 权限管理

身份认证是管理层的首要任务，完成了认证相关的问题，下一个要考虑的是权限管理问题。权限管理考虑的是谁在什么条件下能做什么事，将系统中所有的管理资源和数据资源划分为细粒度的可访问对象，针对管理和应用的需要，为用户进行授权操作。传统系统中使用较多的是基于角色的权限管理模型，在联盟链中依然可以使用这个模型，按照管理层级将管理员和用户划分为不同的角色，角色对应相应的操作权限。与传统系统不同的是，联盟链中的授权操作是需要经过全网共识的，无法私自授权。可以事先设置相应的共识策略，例如某一项权限需要 3/4 机构同意，这就是一个授权策略，当然，策略本身也需要 DAO 组织的意见达成一致。

## 3.1.4　应用层

### 1. 智能合约

智能合约封装了区块链系统上运行的各类脚本代码、算法和应用的业务逻辑。数据、网络和共识分别承担了数据表示、数据传播和数据验证功能，智能合约则在其上建立了分布式应用的商业逻辑和算法。智能合约是实现区块链系统灵活编程和数据操作的基础。在应用层，智能合约屏蔽了底层系统的复杂性，以非常友好的方式向上提供了简单的"界面"。开发者和用户通过与智能合约对话的方式完成与区块链网络的交互。用户以非常小的代价就能开发出面向各个行业形形色色的应用，其中的丰富程度只取决于用户的想象力和客观存在的行业需求。

一般来说区块链上的数据都是公开透明的，智能合约上处理的数据当然也是公开透明的，运行时任何一方都可以查看其代码和数据。在隐私要求较高的情况下，可能对数据进行了加密处理，但是智能合约上预置的规则照样是透明可见的。智能合约的代码和所处理的数据本身都是链上数据，也具有不可篡改的特性，因此无须担心别有用心的人会轻易修改代码和数据。运行智能合约之前，先要对其进行部署，所谓的部署其实就是将合约代码同步至所有节点。全部节点，至少大量的节点都会运行合约代码，或者在打包交易时运行，或者在验证交易时运行。图 3.17 是包含 6 个节点的区块链网络，每一个节点都会运行合约，检验执行结果。可以说智能合约有公开透明、不可篡改和全网运行的属性，这些都是其可信的前提。

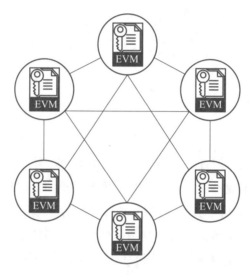

图 3.17　智能合约部署、运行示意

　　传统的代码片段运行在运营商的后台服务器中，只要有足够的利益驱动，运营商就可能有作恶的动机，加上其对代码完全的掌握和作恶的能力，后果可想而知，至少一直存在安全隐患。相比之下，在区块链上运行智能合约就安全可靠得多（没有绝对的安全，安全机制的设计需要随技术演化而不断调整），完全不需要用运营商或第三方的信用做担保。分布式账本同样会保留合约调用或操作的历史记录，为日后可能的追踪溯源提供了坚实的基础。传统的系统往往也会留存操作的日志，但是如果系统本身的信任问题没有得到解决，那么根据其日志进行溯源又怎么可能让人信服呢？解决了信任的问题，交易成本自然会降低，连带的执行、管理、监管的成本都能得到控制。除此之外，利用智能合约搭建的应用系统天然可以抵御自然和人为的灾害，如停电、洪水、火灾等。

　　智能合约的概念存在于区块链出现之前，这里谈的是区块链上的智能合约。至少从目前的发展看，有了区块链之后，智能合约才变得行之有效。宏观上看，比特币的锁定、解锁脚本也是智能合约，只不过其用途被限定在了加密货币的转账交易上。比特币脚本提供的指令非常有限，也被称作图灵不完备；相比之下，以太坊、FISCO BCOS 等平台支持的指令就丰富得多，也就是说是图灵完备的。尤其是 FISCO BCOS 平台，预置了功能更完善的预编译合约，可以支撑包含金融在内的几乎所有领域的商业逻辑。

## 2. 接口

底层平台向上提供 SDK（software development kit，软件开发工具包），供开发者使用。SDK 一般都会提供一套开发者工具，包括证书、账户、配置管理、合约开发、安全测试等；同时也会包含一套 API（application programming interface，应用程序接口），支持几种主流编程语言开发。例如，作为公有链的以太坊和作为联盟链的 FISCO BCOS 都支持 Java、Node.js、Go、Python 等多种开发语言。SDK 支持多种主流编程语言是一种趋势，同时也希望能面向更广泛的开发者群体，使得开发者利用所擅长的语言快速开发基于区块链的应用。根据区块链数据结构的特点，API 一般分为账本数据调用（如查询账本高度、交易、区块信息）和合约相关调用（创建、读、写合约操作）两种用途。对于应用来说，区块链节点就好像是远端服务器，API 都是以 RPC（remote procedure call，远程过程调用）协议形式存在，它封装了网络通信的复杂性，使得应用端能够以极其简单的方式远程访问节点服务。为了给开发者提供更好的体验，使其可以快速开发调试，平台往往也提供 REST（representational state transfer）风格的 API，访问 URL 就可以获得 JSON 格式数据。

基于区块链的应用开发主要工作就是智能合约和客户端两部分，开发者并不需要过多关心底层原理，从技术架构上看，与传统的应用开发没有太多区别，可以参考图 3.18。应用开发真正的难点在于技术背后的治理体系，这个是关系到用户如何分工、节点如何部署的关键问题；在于设计智能合约时所要运用的去中心化思维和共享的精神。

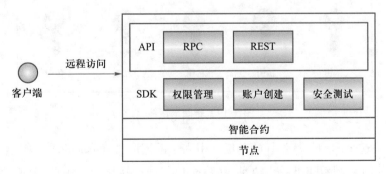

图 3.18　应用远程访问节点服务

### 3.1.5 用户接入层

用户接入层与应用层的目标非常接近，最终都是要服务于用户；前者侧重于用户视角，强调如何帮助用户使用区块链服务；后者侧重于开发者视角，强调如何使用好工具和接口，开发出功能完善的应用。这里将应用层和用户接入层分开讨论，是希望读者注意到，相较于传统应用，区块链应用有其特殊性——主要是身份和隐私的特殊性。

#### 1. 钱包

区块链钱包（wallet）用来管理用户身份（公私钥和地址），查看账户余额，签名并发起一笔转账交易。钱包只是一种形象的说法，钱包中并不存放任何额度，用户余额实际上保存在分布式账本中。钱包作为用户接入的工具，主要用来管理公钥身份，所谓的"接入"就是身份接入。区块链上的用户身份比较特殊，用公钥体系表示，在本地就可以生成，然后导入钱包，或者直接在钱包上生成，离线条件下也可以生成，并不需要去中心化服务器注册。保管好私钥，用户就能掌握自己的身份，有了钱包可以更好地辅助用户管理身份。根据不同的角度，钱包有不同的分类，例如有冷钱包、热钱包、脑钱包、中心化存储钱包、多签名钱包等。这里主要考察密钥生成的方式，将钱包分为非确定性钱包、确定性钱包（顺序确定性钱包和分层确定性钱包）。

在非确定性钱包（non-deterministic wallet）中，每个密钥都是从随机数独立生成，密钥彼此之间无关联，这种钱包也被称为"just a bunch of keys"（一堆密钥），简称 JBOK 钱包。使用过程中一种可能的实践方式是，每次交易生成一个新的钱包地址。这种钱包的私钥是一串无规律字符，多个私钥之间没有任何联系，备份起来比较麻烦，需要同时保管或者记住所有的私钥，如图 3.19 所示。

图 3.19　非确定性钱包

为了解决这个问题，从设计的角度，引入了助记词（mnemonic）。确定性钱包（deterministic wallet）利用随机数生成种子（seed），种子转化为一串助记词，再生成主私钥，依次生成新的私钥，最后生成钱包地址。如果在生成私钥时用序号作为输入参数，就是顺序确定性钱包（sequential deterministic wallet），如图 3.20 所示。如果密钥的生成过程是一个树状结构，就是分层确定性钱包（hierarchical deterministic wallet，HD Wallet）。主私钥可以生成子孙私钥，以至无穷，如图 3.21 所示，主公钥也如此，而且生成子公钥时，不需要私钥在场。这两种利用种子的确定性钱包，它的私钥之间有关联，记住种子，就可以恢复所有的私钥，便于备份，可以很方便地在多个钱包之间迁移。

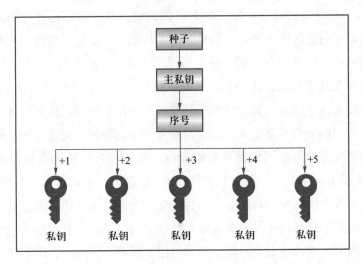

图 3.20　顺序确定性钱包

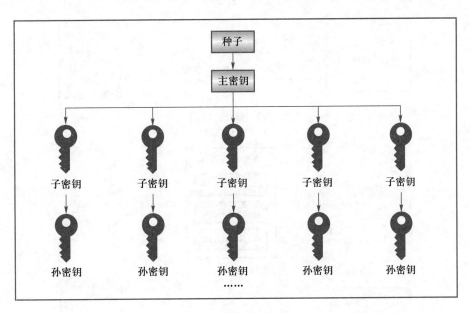

图 3.21　分层确定性钱包

在分层确定性钱包中，可以将密钥的树状结构与组织机构的树状结构对应起来。分层确定性钱包在一个组织机构中可以全部或者部分分享，例如，可以向一个下层组织分享对应层级的公私钥对及钱包地址，这种情况下，这个组织就有花钱的能力。再如，只向下层组织分享对应的钱包地址，这种情况下，组织只能收钱，不能花钱。任何情况下上层组织都可以监控钱包状况。

**2. 分布式应用**

我们知道APP（Application）指应用，DAPP（Decentralized Application）是相对于传统APP而言，指分布式应用。想象以下三种场景，考虑如何构建分布式应用。场景一：比特币是单一用途的区块链，一般只能用来转账。为了进行转账，用户使用比特币钱包接入区块链网络，其拥有公钥身份，如图3.22所示。场景二：以太坊上除了转账功能，还可以开发基于ERC 721协议的非同质化代币应用，可用于链上数字资产管理，除了钱包外还需要一个特殊的资产管理工具或应用供用户使用。这对普通用户来说有一定的复杂性，使用起来也不是很方便，于是服务方考虑帮用户托管身份，提供资产管理界面。在这种情况下，用户同样拥有公钥身份，而且用户对资产流转的操作在链上可见，如图3.23所示。场景三：利用FISCO BCOS构建了一个关于供应链的联盟链系统，其中电商、物流方、供货商、政府分别作为联盟链上的节点，作为节点的机构拥有分布式账本的完整副本。普通用户并不掌握账本数据，但是系统为其提供了一些服务，如订单提交、商品溯源。这种情况下，普通用户可以不需要公钥身份，仍然使用传统的用户名加密码方式登录系统，当然，节点需要为其提供代理服务，如图3.24所示。

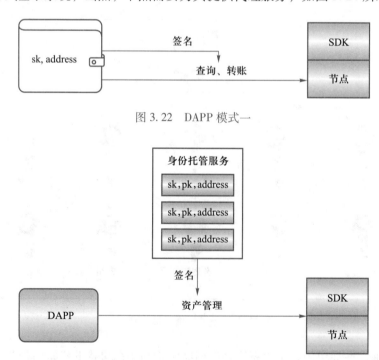

图 3.22　DAPP 模式一

图 3.23　DAPP 模式二

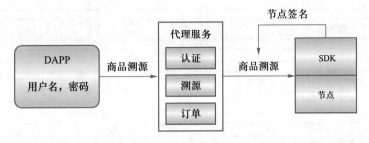

图 3.24　DAPP 模式三

　　上面三个场景代表了三种分布式应用开发的模式，为了方便讨论，我们部分忽略了安全性，开发者需要根据具体的场景和使用人群灵活变通和选择。分布式应用的分布式体现在两个方面：分布式身份和分布式服务。上面三种场景在不同程度上实现了分布式应用和体现了背后的分布式特性，相对来说，公钥身份比用户名身份的"分布式身份"特性更彻底，公有链比联盟链的"分布式服务"特性更彻底。现实中的决策从来都是在多个因素之间做权衡。

# 3.2　主流架构介绍

## 3.2.1　比特币架构

　　自互联网这个事物出现之后，就一直有人在背后默默推动它的发展，甚至"企图"主导发展的方向。这些人具有无政府理念和自由思想，希望创造出一个绝对自由和保护隐私的互联网空间。在他们之间有一个松散联系的邮件通信组，经常探讨网络安全、个人隐私、数字货币等话题，实际上也做了很多有价值的探索。邮件组的成员也常被称作密码朋克，中本聪就是密码朋克成员之一，受到了前辈们对于数字货币探索的启发，逐渐萌生了创造比特币的想法。比特币的创新性并非体现在某一个单项技术的突破，比特币的成功根植于对传统金融系统、信任方式和人性的深刻理解，对密码技术和 P2P 网络的巧妙结合。

　　比特币网络的出现蕴含了早期的区块链雏形，数字加密货币让区块链技术进入大众视野。随着对区块链认识的不断深入，对其应用场景的不懈探索，在比特币之后出现了形形色色的底层平台，但比特币依然是区块链应用的典型示范。比特币对区块链最初范式的尝试在实践层面上仍旧具有指导意义。学习区块链架构不妨从比特币开始，它代表了最简洁的组件集合，可以让学习者以最快的速度体会区块链技术的底层逻辑。比特币系统大体上包含数据模型、存储介质、P2P 网络、工作量证明、脚本应用和用户钱包几个主要部分，如图 3.25 所示。

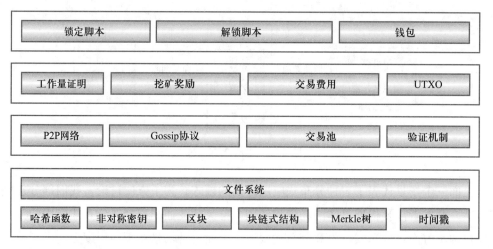

图 3.25　比特币架构图

比特币数据模型代表了一个最简单的分布式账本，其关键构成是面向交易的 Merkle 树和面向区块的块链结构，把握住了这两点，就能比较容易地理解比特币的基础数据结构。存储模块将包含了元数据的区块持久化到节点本地文件系统中。P2P 网络使用 Gossip 协议维护周围节点列表，支持节点动态加入和离开，为比特币交易数据的传输和共识提供基础服务。共识采用 PoW 工作量证明，每个节点都需要不断地计算一个随机数（nonce 值），以辅助找到符合要求的随机数为止。在比特币早期的发展中，PoW 起到了至关重要的作用，至少为世界网络中的所有参与者提供了比较公平的竞争机会。脚本是比特币中比较隐蔽的应用设计，因为它的用途受到了限定，只是被用来验证转账的合法性，所以很少被注意到。事实上除了转账之外，也可以利用 OP_RETURN 指令构成特殊的脚本以作为存证的目的，确实有人开发了这样的应用。也有关于比特币能否作为公共随机源和预测未来事件的平台的讨论，随着探索的深入，可以确定比特币不仅仅是数字货币而已。用户若要使用比特币平台，最简单的是只需要了解钱包的用法。比特币作为一个底层平台，对外提供 RPC 接口，客户端可以调用相应的接口请求区块链底层服务。钱包是一个可以让用户与系统交互的客户端，用户在其应用界面上能够查看余额和进行转账。钱包是一个形象的称呼，它里面没有地址账户，也没有任何额度，所有的数据都来自比特币账本。

### 3.2.2　以太坊架构

以太坊是比特币下一代的加密货币与去中心化应用平台，这个项目由维塔利克·布特林在 2013 年发起。布特林曾经是比特币社区的积极参与者和贡献者，多次向社区提议建立一个灵活的比特币核心网，他认为比特币平台应该要有更完善的编程语言可以开发程序，能够支持创建分布式应用。在其提议并不被看好和接纳之后，布特林计划重新开发一个新的区块链版本，内置可以运行智能合约的 EVM，布特林在 2013 年写下了《以太坊白皮书》，说明了构造去中心化程序的目标。在这之后，以太坊逐渐成为第二代区块链平台的代表。不同于比特币脚本作用受限制的情况，智能合约为开发者提供了更多的可能性，大大增强了在去中心化网络中构建分布式应用的表达空间。

以太坊的分布式账本（distributed ledger）不同于比特币的，它同时包括块链式结构的交易数据和 MPT 结构的世界状态数据两部分，交易数据保存区块、交易等信息，世界状态保存账户和合约状态信息。在源码实现上，利用 StateDB 这样一个内存结构充当 LevelDB（存储）、tree（树）和 state（状态）间的协调者。StateDB 主要用来维护账户状态到世界状态的映射，支持修改、回滚、提交状态，支持持久化状态到数据库中。以太坊平台使用的密码学技术有 SHA-256、Keccak-256 哈希算法，Keccak-256 在智能合约中使用较多，Secp256k1 椭圆曲线算法用于生成公钥、地址，发起交易时签名、验签。在个别以太坊智能合约应用开发中也会用到 zk-SNARK 零知识证明技术。

比特币网络使用的是 Gossip 算法，而以太坊使用的是类 Kademlia（简称 Kad）算法的 Node Discovery Protocol v4 作为 P2P 协议，对 Kad 进行了改造使其更适应区块链网络。

以太坊默认使用 LevelDB 作为账本数据持久化存储的数据库。随着应用层业务复杂度和相关数据量的增加，开发者可以结合使用 IPFS（interplanetary file system，一种分布式存储技术），存储大量数据。例如，在以太坊平台上构建一种分布式身份凭证应用，可以考虑将用户凭证数据保存在 IPFS 环境里。以太坊同样支持 Swarm 存储方式，它是一种分布式存储平台和内容分发服务。

以太坊 1.0 版本沿用了与比特币相同的 PoW 工作量证明，即挖矿协议，但社区计划到 2.0 版本时切换为 PoS 权益证明共识协议。1.0 版本对 PoW 挖矿难度进行了调整，让出块时间降低为大概 10 秒。以太坊出块时间减少，导致更高概率重复挖矿，对小矿工不利，影响网络安全性。为了鼓励小矿工挖矿，引入了 GHOST 协议（greedy heaviest observed subtree protocol，此协议是 Yonatan Sompolinsky 和 Aviv Zohar 在 2013 年 12 月的创新）来解决这个问题，主链可以引用小矿工成功挖矿的区块，将其作为叔块，给部分出块奖励。在 1.0 版本上隐藏了一个难度炸弹算法（difficulty bomb），目的是希望减少未来 PoW 向 PoS 过渡的难度。难度炸弹是一种协议级演算法（protocol level algorithm），可以设定在一个日期或区块编号后，增加产出下个区块所需算力。以太坊计算挖矿难度时除了根据出块时间和上一个区块难度进行调整外，又加上了难度炸弹的难度因子，在必要时启用它可以使出块难度呈指数型上升。

布特林认为很多程序都可以使用类似比特币的原理运行。以太坊将比特币中的脚本扩展成了智能合约语言，将脚本运行的堆栈结构扩展成了 EVM。以太坊上运行的智能合约更满足图灵完备性，支持循环、跳转、判断、分支等语句，支持多种数据类型和面向对象编程。平台目前支持 Solidity 和 Vyper 两种智能合约编程语言。以太坊智能合约主要采用 Solidity 开发语言，Solidity 是以太坊上最受欢迎的智能合约语言之一，灵感来自 C++、Python 和 JavaScript，具有面向对象的特性。利用 Solidity 语言，开发者将事先约定的规则开发为智能合约。以太坊 EVM 是智能合约的运行环境，EVM 禁止智能合约访问外部网络、文件、时钟等不确定资源或系统，为其提供了一个类似沙盒的环境。为了支持多种合约开发语言，平台计划在 2.0 版本引入 eWASM 新型虚拟机，对 EVM 进行一次升级。以太币（Ether）是平台基础币（Coin），在基础币之上社区提交了几种代币协议，如比较有名的 ERC 20、ERC 721 协议，通过实现这两种协议的接口，可以在智能合约中开发出两种基本的代币（Token）类型应用。为了防止对平台的滥用，每次进行与智能合约相关的操作时，都会计算 gas 值，表示运行合约和数据的费用，相当于引入了价格机制，调节对平台的合理利用，同时增加攻击和滥用的成本。

平台也对外提供了开发钱包和应用的接口。用户使用钱包来管理自己的公钥、私钥、地址信息，进行以太币转账、查询余额等操作。图 3.26 是以太坊架构图。

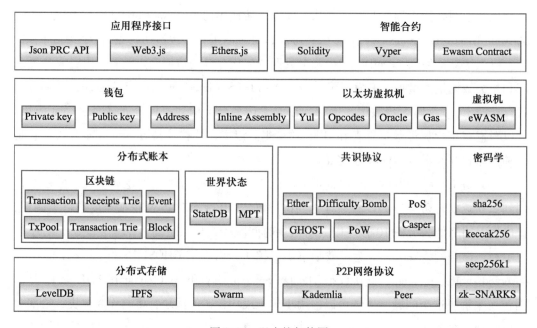

图 3.26　以太坊架构图

## 3.2.3　FISCO BCOS 架构

FISCO BCOS 是国内目前生态最成熟的联盟链底层平台之一，由深圳市金融区块链发展促进会（简称金链盟）共同推动发展，已汇聚了超 3 000 家机构与企业、超 70 000

名个人开发者共建共治共享，于 2017 年正式对外开源。该平台集中体现了国产核心技术成果，经过"金链盟"核心成员长期协同研发，技术安全可控，致力服务于实体经济，已经投入到大规模产业应用，有庞大技术社区支持。在多项核心技术上与学术机构密切合作，具备很强的基础研究能力，达到了较高的学术标准，拥有大量自主知识产权，其成果在国际国内处于领先地位。社区以开源链接生态众力，截至 2021 年 12 月，围绕 FISCO BCOS 构建起的开源生态圈已汇聚了超 3 000 家机构与企业、超 70 000 名个人开发者共建共治共享。底层平台经广泛应用实践检验，已成功支持政务、金融、农业、公益、文娱、供应链、物联网等多个行业的数百个区块链应用场景落地，社区收集到的标杆应用超过 200 个，对区块链产业的发展起到推动作用。

FISCO BCOS 以联盟链的实际需求为出发点，兼顾性能、安全、可运维性、易用性、可扩展性，支持多种 SDK，并提供了可视化的中间件工具，大幅缩短建链、开发、部署应用的时间。此外，FISCO BCOS 通过信通院可信区块链评测功能、性能两项评测，单链 TPS 可达 2 万。相比于 Hyperledger Fabric，该平台兼顾性能、安全、可运维性、易用性、可扩展性，支持多种 SDK，并提供了可视化的中间件工具，大幅缩短建链、开发、部署应用的时间。目前已实现国产密码算法替换，具备更加完善的数据隐私保护体系。

在基础层，FISCO BCOS 提供了区块链的基础数据结构和算法库，如密码学算法库及隐私算法库等，保证了区块链中数据的安全可靠。基于国产密码学标准，充分支持国产密码学算法，实现了国密加解密、签名、验签、哈希算法、国密 SSL 通信协议，并将其集成到 FISCO BCOS 平台中，实现了对国家密码局认定的商用密码的完全支持。国密版 FISCO BCOS 将交易签名验签、P2P 网络连接、节点连接、数据落盘加密等底层模块的密码学算法均替换为国密算法。

在核心层，FISCO BCOS P2P 模块提供高效、通用和安全的网络通信基础功能，支持区块链消息的单播、组播和广播，支持区块链节点状态同步，支持多种协议。P2P 主要功能包括区块链节点标识、管理网络连接、消息收发和状态同步。

FISCO BCOS 引入了高扩展性、高吞吐量、高可用、高性能的分布式存储。分布式存储（advanced mass database，AMDB）通过对表结构的设计，既可以对应到关系型数据库的表，又可以拆分使用 KV 数据库存储。通过实现对应于不同数据库的存储驱动，AMDB 理论上可以支持所有关系型和 KV 数据库，目前已经支持 LevelDB 和 MySQL。引入了分布式存储后，数据读写请求不经过 MPT，直接访问存储，结合缓存机制，其性能相比于 MPT 的存储有大幅提升。MPT 数据结构仍然保留，作为可选方案。

FISCO BCOS 基于多群组架构实现了插件化的共识算法，不同群组（共享同一个账本的所有节点构成群组）可运行不同的共识算法，组与组之间的共识过程互不影响。FISCO BCOS 目前支持 PBFT（practical Byzantine fault tolerance）和 Raft（replication and fault tolerant）两种共识算法。除此之外，还提出了一种新型共识算法 rPBFT，目的是在保留 BFT（Byzantine fault tolerance）类共识算法高性能、高吞吐量、高一致性、安全性的同时，尽量减少节点规模对共识算法的影响。需要说明的是，联盟链在有互信基础的有限个机构之间展开，并不需要类似公有链的激励机制。

FISCO BCOS 网络采用面向 CA 的准入机制，支持多级证书结构。节点将证书作为身份的凭证，与其他节点建立 SSL 连接，并进行加密通信，保障信息保密性、认证性、完整性和不可抵赖性。平台使用公钥体系产生的账户来标识独立的用户，每一个账户对应公私钥对，由公钥生成账户地址，即外部账户地址（区别于智能合约地址）。用户通过密码学协议证明其对账户的所有权。对系统的所有权进行划分，分别由不同的管理员掌握。不同于传统信息化系统，FISCO BCOS 上的管理员由联盟选举产生，有治理委员会委员和机构管理员。管理员授予普通用户与联盟链交互的权限，授权必须经过对相应策略的共识过程方能生效。

FISCO BCOS 兼容智能合约语言 Solidity，在兼容版本引入了相关的虚拟机执行器（Ethereum client-VM connector API，EVMC）。在节点上，共识模块会调用 EVMC，将打包好的交易交由执行器执行。执行器执行时，对状态进行的读写会通过 EVMC 的回调反过来操作节点上的状态数据。经过 EVMC 一层的抽象，FISCO BCOS 能够对接今后出现的更高效、易用性更强的执行器。目前 FISCO BCOS 采用的是传统的 EVM 根据 EVMC 抽象出来的执行器——Interpreter，因此完全可以支持基于 Solidity 语言的智能合约。图 3.27 是 FISCO BCOS 的架构图。

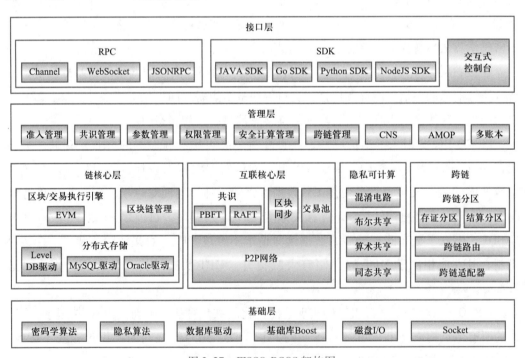

图 3.27　FISCO BCOS 架构图

### 3.2.4  Hyperledger Fabric 架构

Hyperledger Fabric 是国外主流的联盟链底层平台，由 Linux 基金会于 2015 年 10 月创建。相比于以太坊公有链平台，Fabric 有完备的权限控制和安全保障，成员必须经过许可才能加入网络，通过证书、加密、签名等手段保证安全。多通道设计进一步提升安全性，确保只有加入同一个通道的节点才能访问到通道账本数据，而其他的节点访问不了。Fabric 采用模块化设计，支持相关组件可插拔操作，例如，状态数据库可选择 LevelDB、CouchDB 或其他的 key-value 数据库；共识机制和加密算法也是可选的，可以根据实际情况选择替换。Fabric 定义了一套 BCCSP（blockchain cryptographic service provider）接口，可以利用此接口来替换安全模块。其主要包含密钥生成、哈希计算、签名、验签、加密、解密等。

身份管理模块为整个 Fabric 区块链网络提供身份管理、隐私、保密和审计的服务。CA 系统负责用户注册，并管理用户身份证书，如新增或者撤销。用户需要通过 CA 系统获取证书，可以使用第三方的 CA 认证系统，也可以使用 Fabric-CA 服务。证书分为三种类型：注册证书（ECert）用于身份认证，交易证书（TCert）用于交易签名，TLS 证书（TLS Cert）用于 TLS 数据传输。

共识服务是区块链的核心组件，需要确保区块里面每一个交易数据的排序和有效性，网络上不同节点之间数据的一致性。通过交易管理功能提交交易提案（transaction proposal），应用程序收集到经过背书（endorsement）的交易后，广播发送给 Orderer 节点，经过排序后生成区块。Fabric 的智能合约称为 Chaincode（链码），它处理网络成员所同意的业务逻辑。Fabric 链码和底层账本是分开的，链码升级时并不需要迁移账本数据到新链码当中，实现了逻辑与数据的分离。应用程序提交到区块链的 Transaction，只能通过 Chaincode 执行，才能实现区块链的业务逻辑。只有 Chaincode 才能更新账本数据，其他模块都不能直接修改账本数据。链码服务为智能合约提供安全的执行环境，确保执行过程的安全和用户数据的隔离，保证用户数据的私密性。Fabric 采用 Docker 容器来管理和执行链码，提供安全的沙箱环境和镜像文件仓库。

Fabric 的架构设计把交易处理划分为 3 个阶段：调用 Chaincode 进行分布式业务逻辑的处理和协商（Peer 节点负责），交易排序（Orderer 节点负责），交易的验证和提交（Committer 节点提交）。这样划分带来的好处是，不同角色的节点分阶段参与共识，而不需要全网的节点都参与，同时也提升了网络的性能和可扩展性，使得 Peer 节点和 Orderer 节点可以独立扩展和动态增加。图 3.28 是 Fabric 架构图。

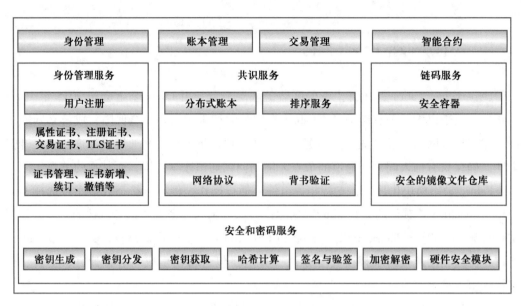

图 3.28　Fabric 架构图

# 第4章

# 密码学技术

## 4.1 哈希函数

### 4.1.1 基本概念及性质

哈希函数是密码学中常用的一类公开函数，任意大小的消息 $m$ 经过哈希函数 $H(\ )$ 映射成某一固定长度的输出值 $H(m)$，称 $H(m)$ 为哈希值、消息摘要（message digest）或散列值，其函数表达式如下：

$$h = H(m) \tag{4.1}$$

在相同的输入 $m$ 的情况下，计算得到的输出值 $h$ 始终相同，而不同的输入值几乎很难映射为一样的哈希值，且输入值的微小差别，将导致输出值截然不同，无任何规律可循。例如，使用哈希函数 SHA-1 计算两个不同消息对（$m_1, m_2$）的哈希值，字符串 $m_1 =$ "Cryptography" 的哈希值为 "b804ec5a0d83d19d8db908572f51196505d09f98"，而字符串 $m_2 =$ "Cryptography." 的哈希值为 "59423a6301bcd883ff79b44c2df26eabdfafc789"，可以看出输入值 $m_1$、$m_2$ 的区别不大，但是它们的哈希值却大相径庭，且摘要长度都为 40 个十六进制数。

在现实生活中，通常使用指纹作为识别个人身份的密码，指纹具有非常高的安全性，而哈希函数就是充当信息的"数字指纹"，以保证重要数据的完整性。哈希函数被用于消息鉴别、数字签名系统中，且在应用于密码学系统时要求哈希函数满足 4 个方面的要求。

（1）单向性（one-way）：给定输入值计算输出值较为容易，而根据输出值反向求输入值在计算上是困难的。

（2）抗碰撞性（collision resistance）：碰撞是指存在消息对 $m_1 \neq m_2$，使得 $H(m_1) = H(m_2)$。哈希函数中的抗碰撞性可分为弱抗碰撞性（weakly collision resistance）和强抗

碰撞性（strongly collision resistance）两种。弱抗碰撞性是指任意给定消息 $m_1$，寻找 $m_2 \neq m_1$，使得 $H(m_1) = H(m_2)$ 在计算上是困难的。强抗碰撞性是指寻找相同哈希值的不同消息对 $(m_1, m_2)$ 在计算上是困难的。

（3）易计算性：对于任意给定的消息，计算其哈希值是容易的，可选择软件编码或硬件条件加以实现。

（4）高灵敏性：指输入的数据发生非常微小的改动，会使得输出值至少一半以上的比特位改变。

显然，一个哈希函数 $H()$ 是强抗碰撞的仅当对任意数据 $x$，$H$ 关于 $x$ 是弱碰撞的。若一个哈希函数 $H()$ 是强抗碰撞的，则它是单向的。故强抗碰撞性蕴含着弱抗碰撞性和单向性，反之则不一定成立。哈希函数的安全性质能够用于在对消息摘要进行签名时抵御敌手的伪造，并可为以后可能的技术应用提供安全性方面的有力保障。

目前，哈希函数在信息安全中具有广泛的应用，包括数字签名、消息认证码、伪随机数生成器和口令服务等。

（1）数字签名：现实生活中签署合同需要手写签名，以防止合同双方的失信或抵赖行为，而在数字社会中则由数字签名来为合同双方提供可信保障。网络中交易双方传输的数据内容往往都是非常大的文件，若对整个消息实施签名算法，不仅耗时而且增加计算开销，即使对消息进行分组，再分别进行签名，其效率也非常低下。通常，使用哈希函数先对整个消息进行压缩，计算出消息的哈希值，再对哈希值进行签名，从而缩短签名的时间和提高签名的效率。

（2）消息认证码：为防止数据丢失或被篡改，往往需要检验消息的完整性和身份认证，这时用消息认证码能有效地确定消息来源的可靠性和内容的完整性。哈希函数作为单向散列函数可以提供消息认证码，将消息传输双方的共享密钥和整个消息进行混合并计算出哈希值，并用这个哈希值来充当消息认证码。

（3）伪随机数生成器：伪随机数的使用在密码学中起着关键的作用，例如，序列密码的安全性完全取决于密钥的随机性，大量加密方式的安全性也依赖于随机数的生成，即一种不可能根据过去的随机数列猜测未来的随机数列的伪随机数生成方式。由于要实现哈希函数的求逆计算是异常困难的，哈希函数的单向性使得攻击者无法预测生成的下一个伪随机数，因此哈希函数是作为伪随机数生成器的不二之选。

（4）口令服务：当用户登录系统时往往需要向远程服务器提供用户名和口令，实现对其身份的合法认证。若将口令直接以明文的形式存储在服务器上，容易被攻击者窃取或攻击。若将口令作为哈希函数的输入，并将计算出的哈希值存储在服务器中，每次用户登录时将口令进行哈希运算并与服务器上的哈希值进行对比，以此来验证正确用户名和口令，即使攻击者获取了服务器中的哈希值也难以破解其原始口令。

### 4.1.2　区块链中常用的哈希算法

随着信息技术，尤其是互联网技术的迅速发展，产生了许多不同系列的哈希算法。美国麻省理工学院计算机科学实验室及 RSA 数据公司的密码学家 Ronald Rivest 先后提出了 MD 算法（message digest algorithm）家族，包括 MD2（1989 年）、MD4（1990 年）和 MD5（1992 年），其安全强度逐渐增加，这些算法都是通过对信息进行补位，输出 128 位（16 字节）的散列值。然而，随着计算机的计算能力急速提升，MD2、MD4 已经被暴力破解，且破解速度逐渐提高，几乎不再使用。而 MD5 算法也已经在 2004 年被我国数学家王小云教授证实存在碰撞，因此不再适用于安全性认证。

1993 年，美国国家安全局（NSA）在 MD4 基础上改进设计了安全哈希算法 SHA（secure hash algorithm），并由美国国家标准技术研究所（NIST）作为安全标准（secure hash standard，SHS，FIPS，180）发布。1995 年，由于 SHA 存在一个未公开的安全性问题，NSA 提出了 SHA 的一个改进算法 SHA-1 作为安全哈希标准（SHS，FIPS 180-1）。SHA 算法的设计思想来源于 MD 算法，因此其与 MD 系列结构类似，采用迭代技术进行构造，如图 4.1 所示。

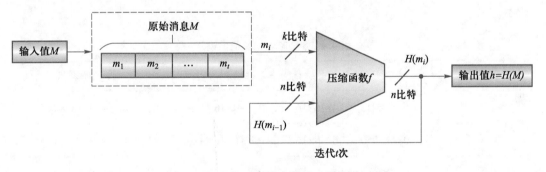

图 4.1　SHA 算法的基础结构

由图 4.1 可知，在使用哈希函数前需对输入的消息 $M$ 进行分块，分为 $t$ 个消息块 $m_1, m_2, \cdots, m_t$，每个消息块的长度为固定的 $k$ 比特，若最后 $m_t$ 消息块的长度未达到 $k$ 比特，可通过填充使其长度为 $k$ 比特。然后将分组的消息块 $m_i$ 和上一个消息块的输出哈希值 $H(m_{i-1})$ 依次通过迭代压缩函数 $f(\ )$，产生出 $n$ 比特的输出 $H(m_i)$，并作为下一次迭代的输入变量。一般来说 $k>n$，这是因为输出的哈希值的长度 $n$ 往往是简短的，对于消息而言内容非常大，通常将分组长度 $k$ 设定长于消息摘要的长度 $n$。最终，经过 $t$ 轮迭代后输出消息 $M$ 的哈希值 $h=H(M)$。

目前，基于哈希函数的基础结构衍生出了 SHA 系列算法，如 SHA-1、SHA-224、SHA-256 和 SHA-384、SHA-512 等，随着 2004 年我国密码专家王小云教授研究小组宣布对 MD5、SHA-1 等哈希算法的破解，密码学研究的不断深入和计算机技术的快速发展，美国政府宣称从 2010 年起不再使用 SHA-1，全面推广使用 SHA-256、SHA-384 和 SHA-512 等哈希算法。其中，SHA-256 算法在区块链中运用最为广泛。另外，还有比特币区块链中地址生成使用的 RIPEMD-160 算法和以太坊区块链中使用的 Keccak 算法（SHA-3）等其他类型的哈希函数，下面主要介绍这几种算法。

### 1. SHA-256 算法描述

SHA-256 属于 SHA-2 算法簇中的一类，随着其应用越来越广泛，引起密码学界研究者的极大关注。许多安全场景下得以体现 SHA-256 算法的价值，得益于 2004 年我国学者王小云、冯登国等人公布了对 MD4、MD5 的碰撞攻击结果。另外，在 2008 年，中本聪提出的比特币网络中大量采用了 SHA-256 算法，当时被公认为是最安全最先进的算法之一。

SHA-256 算法的计算过程可分为三大模块，包括常量的初始化、信息的预处理和逻辑运算。

（1）常量的初始化。首先 SHA-256 算法中用到了 8 个哈希初始值和 64 个哈希常量。哈希初始值取自然数中前面 8 个素数（2，3，5，7，11，13，17，19）的平方根的小数部分，取前面的 32 位转换成十六进制数，则相对应的初始哈希值如表 4.1 所示。

表 4.1　8 个哈希初始值的设定

| 素数开根号 | 小数部分转化为十六进制 | 初始哈希值 |
|:---:|:---:|:---:|
| $\sqrt{2}$ | $0.414\,213\,562\,4 \approx 6\times16^{-1}+a\times16^{-2}+0\times16^{-3}+\cdots$ | $h0 := \text{0x6a09e667}$ |
| $\sqrt{3}$ | $0.732\,050\,807\,6 \approx b\times16^{-1}+b\times16^{-2}+6\times16^{-3}+\cdots$ | $h1 := \text{0xbb67ae85}$ |
| $\sqrt{5}$ | $0.236\,067\,977\,5 \approx 3\times16^{-1}+c\times16^{-2}+6\times16^{-3}+\cdots$ | $h2 := \text{0x3c6ef372}$ |
| $\sqrt{7}$ | $0.645\,751\,311\,1 \approx a\times16^{-1}+5\times16^{-2}+4\times16^{-3}+\cdots$ | $h3 := \text{0xa54ff53a}$ |
| $\sqrt{11}$ | $0.316\,624\,790\,4 \approx 5\times16^{-1}+1\times16^{-2}+0\times16^{-3}+\cdots$ | $h4 := \text{0x510e527f}$ |
| $\sqrt{13}$ | $0.605\,551\,275\,5 \approx 9\times16^{-1}+b\times16^{-2}+0\times16^{-3}+\cdots$ | $h5 := \text{0x9b05688c}$ |
| $\sqrt{17}$ | $0.123\,105\,625\,6 \approx 1\times16^{-1}+f\times16^{-2}+8\times16^{-3}+\cdots$ | $h6 := \text{0x1f83d9ab}$ |
| $\sqrt{19}$ | $0.358\,898\,943\,5 \approx 5\times16^{-1}+b\times16^{-2}+e\times16^{-3}+\cdots$ | $h7 := \text{0x5be0cd19}$ |

而 64 个哈希常量是对自然数中前 64 个素数（2，3，5，7，11，13，17，19，23，29，31，37，41，…）的立方根的小数部分，取前面的 32 位转化成十六进制数，这里

将不做具体运算，对应的哈希常量如表 4.2 所示。

表 4.2　64 个哈希常量

| | | | | | | | |
|---|---|---|---|---|---|---|---|
| 428a2f98 | 71374491 | b5c0fbcf | e9b5dba5 | 3956c25b | 59f111f1 | 923f82a4 | ab1c5ed5 |
| d807aa98 | 12835b01 | 243185be | 550c7dc3 | 72be5d74 | 80deb1fe | 9bdc06a7 | c19bf174 |
| e49b69c1 | efbe4786 | 0fc19dc6 | 240ca1cc | 2de92c6f | 4a7484aa | 5cb0a9dc | 76f988da |
| 983e5152 | a831c66d | b00327c8 | bf597fc7 | c6e00bf3 | d5a79147 | 06ca6351 | 14292967 |
| 27b70a85 | 2e1b2138 | 4d2c6dfc | 53380d13 | 650a7354 | 766a0abb | 81c2c92e | 92722c85 |
| a2bfe8a1 | a81a664b | c24b8b70 | c76c51a3 | d192e819 | d6990624 | f40e3585 | 106aa070 |
| 19a4c116 | 1e376c08 | 2748774c | 34b0bcb5 | 391c0cb3 | 4ed8aa4a | 5b9cca4f | 682e6ff3 |
| 748f82ee | 78a5636f | 84c87814 | 8cc70208 | 90beffffa | a4506ceb | bef9a3f7 | c67178f2 |

（2）信息的预处理。SHA-256 算法的预处理阶段负责在消息后面补充需要的内容，使得整个消息能够符合特有的结构。首先假设消息 M 的二进制编码为 $i$ 位，然后在转化为二进制的消息后面补上一个"1"，再补上 $j$ 个"0"，其中 $j = 448 - 1 - i$，即满足

$$i + 1 + j = 448 \bmod 512 \tag{4.2}$$

为构成完整的结构，由于后面需要附加一个 64 位原始报文的长度信息，因此使得消息的长度在对 512 取模后的余数为 448。之后，继续将原始消息的 64 位二进制消息添加至末尾，这样补充完成后的消息二进制位数就会是 512 的倍数。

（3）逻辑运算。最后一部分就是对处理完成的消息进行逻辑运算，每个逻辑函数对 32 位进行操作，输出 32 位，一共包含 6 个逻辑函数。

$$Ch(x, y, z) = (x \wedge y) \oplus (\neg x \wedge z)$$
$$M_a(x, y, z) = (x \wedge y) \oplus (x \wedge z) \oplus (y \wedge z)$$
$$\sum{}_0(x) = S^2(x) \oplus S^{13}(x) \oplus S^{22}(x)$$
$$\sum{}_1(x) = S^6(x) \oplus S^{11}(x) \oplus S^{25}(x)$$
$$\sigma_0(x) = S^7(x) \oplus S^{18}(x) \oplus R^3(x)$$
$$\sigma_1(x) = S^{17}(x) \oplus S^{19}(x) \oplus R^{10}(x)$$

其中"$\wedge$"表示按位"与"，"$\neg$"表示按位"补"，"$\oplus$"表示按位"异或"，"$S^n$"表示循环右移 $n$ 位，"$R^n$"表示右移 $n$ 位。

以上为 SHA-256 算法的主要计算过程介绍，通过三大步骤的输入消息才能计算出消息摘要。

SHA-256算法的安全性取决于它的抗强碰撞性，它是密码学和信息安全领域中消息摘要较短且安全性高的一种重要的哈希算法。随着当代计算资源和能力的突飞猛进，产生了许多对哈希函数的攻击方法，包括生日攻击、彩虹表攻击和差分攻击等。就目前而言，SHA-256还没有真正有效地被攻破，但仍需进一步研究提升算法强度，以应对未来不可预测的安全性攻击。

### 2. RIPEMD-160 算法描述

RIPEMD（RACE integrity primitives evaluation message digest）系列算法是在 MD4 基础上发展而来的一种哈希函数，它由鲁汶大学的 COSIC 研究小组于 1996 年发布，其中文名称为"RACE 原始完整性校验信息摘要"。RIPEMD 系列包括 RIPEMD-128、RIPEMD-160、RIPEMD-256 和 RIPEMD-320 算法，其中最常见的版本为具有 160 位输出长度的 RIPEMD-160 算法，它被应用于比特币区块链中的地址生成。RIPEMD-160 与 MD4 算法类似，消息输入后需要对其进行填充和分组，用初始常量计算中间结果（称为链接变量），并通过计算输入数据块和之前的链接变量的值，不断地更新迭代，最后的链接变量就为哈希值。但是 RIPEMD-160 算法与 MD4 算法的初始常量、布尔函数（boolean functions）和消息词的顺序都不相同，且由 3 次轮函数操作增加到了 5 次，链接变量增加到了 160 位（5 个 32 位）。

具体算法过程如下。

（1）消息填充。同样地，与前面讲的 SHA-256 算法类似，消息输入后需要对其填充，使其长度模 512 后余数一致为 448。对原始消息进行二进制编码后，在其末尾补上一个"1"，再补上足够多的"0"，使其长度为 448 位。也就是说，预填充后的消息长度加上原始消息的 64 位二进制位数为 512 的倍数。特殊地，若原始消息的长度已经为 448 位，同样需要进行填充（进行 512 位的填充）。

（2）初始化 RIPEMD 的缓冲区。RIPEMD-160 算法需用 160 位的缓冲区存放算法的中间值以及最终的 hash 值，由 5 个 32 位的寄存器 A、B、C、D、E 组成，如下用十六进制表示寄存器的初始值：

$$A = 0x67452301 \qquad B = 0xEFCDAB89$$
$$C = 0x98BADCFE \qquad D = 0x10325476$$
$$E = 0xC3D2E1F0$$

每个寄存器都以最低有效字节存储在低地址字节位置。

（3）计算链接变量。将原始消息分别以 512 位的单位长度进行分块处理，且都通过一个压缩函数 $H$，这个压缩函数 $H$ 是算法的核心部分。RIPEMD-160 算法包括 5 轮函数过程，每轮都使用了不同的基本逻辑运算函数（布尔函数），分别为 $f_1()$、$f_2()$、$f_3()$、$f_4()$、$f_5()$。将原始逻辑函数的输入都设为 3 个字长为 32 位的字（分别为 $X$、$Y$、$Z$），并分别按位逻辑操作后，输出为一个字长 32 位的字，如下表示。

$$f_1(X,Y,Z) = X \oplus Y \oplus Z$$

$$f_2(X,Y,Z) = (X \wedge Y) \vee (\neg X \wedge Z)$$

$$f_3(X,Y,Z) = (X \vee \neg Y) \oplus Z$$

$$f_4(X,Y,Z) = (X \wedge Z) \vee (Y \wedge \neg Z)$$

$$f_5(X,Y,Z) = X \oplus (Y \vee \neg Z)$$

每轮逻辑运算函数包含 16 步操作，每一步有左右两条平行线，则每轮对应左右两轮的逻辑运算函数如表 4.3 所示。

表 4.3　每轮对应的逻辑运算函数

| 线 | 轮数 | | | | |
|---|---|---|---|---|---|
| | 1 | 2 | 3 | 4 | 5 |
| 左边 | $f_1()$ | $f_2()$ | $f_3()$ | $f_4()$ | $f_5()$ |
| 右边 | $f_5()$ | $f_4()$ | $f_3()$ | $f_2()$ | $f_1()$ |

其中单步操作的通用形式如下：

$$A := (A + f(B,C,D) + X[i] + K[i])^{\lll s} + E$$

$$C := C^{\lll 10}$$

其中，A、B、C、D、E 分别为寄存器，$f()$ 从原始逻辑函数 $f_1()$、$f_2()$、$f_3()$、$f_4()$、$f_5()$ 中选择，"$\lll s$" 为对 32 位的字进行循环左移 $s$ 个单位，$X[i]$ 为第 $i$ 个报文分组中的第 $i$ 个 32 位的字，$K[i]$ 为算法中 10 个 32 位的常数之一，$\lll 10$ 为 10 位的左循环移位操作。RIPEMD-160 算法中压缩函数的单步操作（包括左右两条平行线）如图 4.2 所示。

RIPEMD-160 算法通过 5 轮的逻辑函数处理过程，每步两条平行线的链接变量值分别进行更新与迭代计算，得出最终哈希值。

### 3. Keccak 算法描述

随着密码分析学的快速发展，越来越多哈希函数的安全性受到威胁，美国 NIST 在 2007 年开始向全球公开竞选 SHA-3 算法，以寻找可以提高哈希函数安全性的哈希算法。历经 5 年不断对算法进行筛选和更新，最终 Keccak 算法成为 SHA-3 的获胜算法。Keccak 算法的设计与 SHA-2 存在许多差别，它具有良好的加密性和优于 SHA-2 的抗解密性。Keccak 算法采用了一种新颖的海绵构造（sponge construction）方法，如图 4.3 所示。

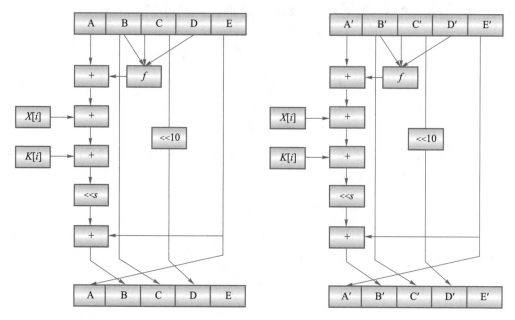

图 4.2　RIPEMD-160算法中压缩函数的单步操作

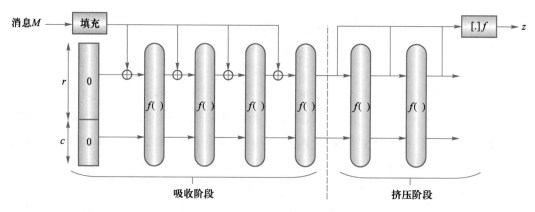

图 4.3　Keccak 算法的海绵构造方法

如图 4.3 所示，Keccak 算法的海绵结构函数处理消息分为两部分：吸收（absorbing）阶段和挤压（squeezing）阶段。吸收阶段顾名思义就是将消息 $M$ 分成消息块依次"吸"入轮函数，无输出；挤压阶段就是根据要求"挤"出固定长度的摘要。首先，Keccak 算法定义了参数 $r$（称为码率）和 $c$（称为容量）以及轮函数 $f$ 表示为 Keccak-$f[b]$，其中 $b$ 为轮函数的置换宽度，$b \in \{25, 50, 100, 200, 400, 800, 1600\}$ 共 7 种长度，且有 $b=r+c$。将消息 $M$ 输入后，同样对其填充为 $r$ 的整数倍（若为 $n$ 倍），并将填充后的消息分为 $n$ 个消息块，而 $b$ 比特状态的初始值为 0。然后，$r$ 比特消息与之前 $r$ 比特输出的变量值进行异或操作，并迭代 $n$ 次 Keccak-$f[b]$ 置换的轮函数，之后进入挤压阶段。在这个阶段，每一次将前 $r$ 比特输出后迭代 $n$ 次 Keccak-$f[b]$ 进行置换，直至

第 4 章　密码学技术

得出最终的消息摘要。

随着 Keccak 算法的良好发展，它独特的海绵结构应用在压缩函数中，不仅比以往的哈希函数更加安全可靠，而且结构相对简单。Keccak 算法的类型主要有 Keccak-224、Keccak-256、Keccak-384 和 Keccak-512 这 4 种，它们根据不同的容量、不同的比特率、不同的输出长度进行划分，从而对应的安全级别也不一样，如表 4.4 所示。

表 4.4　几种 Keccak 算法的比较

| Keccak 算法 | $b$/bit | $r$/bit | $c$/bit | 输出长度/bit | 安全级别/bit |
|---|---|---|---|---|---|
| Keccak-224 | 1 600 | 1 152 | 448 | 224 | 112 |
| Keccak-256 | 1 600 | 1 088 | 512 | 256 | 128 |
| Keccak-384 | 1 600 | 832 | 768 | 384 | 192 |
| Keccak-512 | 1 600 | 576 | 1 024 | 512 | 256 |

## 4.1.3　哈希函数在区块链中的应用

哈希函数不仅存在于密码学和信息安全领域，而且在区块链系统中也有广泛的应用。哈希函数和区块链的结合有许多优势：若判断两个交易是否相等，只需比较消息摘要，即实现快速验证；若判断该数据有没有被篡改，只需比较传输数据和收到数据的消息摘要，即具有防篡改性；若要生成安全可靠、计算简单和易存储的用户地址，只需用哈希函数输出固定长度单位的哈希值，即提供地址生成。

比特币区块链中大量存在 SHA-256 算法的身影，例如，区块中存储着上一个区块的哈希值和当前区块的哈希值，以保护当前区块头部信息的完整性，这也是区块链之所以成为"链"的重要原因。区块体中 Merkle 二叉树结构中也都是使用 SHA-256 算法进行计算，以防止消息被篡改或丢失，从而实现对区块交易数据的保护。另外，在比特币区块链中的挖矿就是解决一道由哈希函数制定的数学难题，全网共同找出满足条件的哈希值，即"哈希碰撞"，这也是利用哈希函数的抗碰撞性特点。由于 SHA-256 算法容易被长度拓展攻击而扰乱哈希，将会可能构造出有意义的区块头，所以比特币区块链中采用了双重 SHA-256 算法，避免了长度拓展问题。

哈希函数的安全可靠、计算简单和固定输出的特性，具备了区块链中用户的地址生成需求。比特币区块链中主要应用了 SHA-256 和 RIPEMD-160 两种哈希函数，先计算公钥的 SHA-256 哈希值，再计算 RIPEMD-160 的哈希值，以生成更短的比特币地址。以太坊（Ethereum）区块链中大多数使用了 Keccak-256 算法，也就是经典的 SHA-3 标准，用于寻址程序、事务处理和阻塞网络等。以太坊中先将私钥转化为椭圆曲线算法

（secp256k1）非压缩格式的公钥，然后才使用 Keccak-256 算法计算公钥的哈希值，并转化为十六进制的地址。

## 4.2　Merkle 树

### 4.2.1　基本概念及特性

在 1989 年，拉尔夫·默克尔（Ralph Merkle）首次提出了 Merkle 树的概念，Merkle 树是一种数据结构，常被用来检验数据的完整性。Merkle 树的结构有二叉树和多叉树两种，通常以二叉树为主，本节阐述的 Merkle 树也都为二叉树。Merkle 树是一种类似树状的数据结构，主要分为叶子节点和非叶子节点（包括中间节点和根节点）两种类型，非叶子节点是由它对两个子节点的内容进行哈希运算（MD5、SHA-1 或 SHA-256）得到，所以 Merkle 树也被称为 Merkle 哈希树。叶子节点存储着数据消息，非叶子节点存储的是其两个子节点的哈希值，一直持续两两节点之间进行哈希运算（若节点数量为奇数，则与自身进行哈希运算），直到最后生成根节点的哈希值，即 Merkle Root（默克尔根）。

若需存储 4 个消息块 $M_i$，$i \in 1, 2, 3, 4$，分别对它们进行 $hash(.)$ 运算，得出叶子节点的哈希值 $hash_i(M_i)$，并根据子节点的哈希值两两结合计算出中间节点（父节点）的哈希值，则有 $hash_{12}(hash_1, hash_2)$、$hash_{34}(hash_3, hash_4)$，一直计算到只剩下两个中间节点时，合并后计算出最终的 Merkle 根，即 $hash_{1234}(hash_{12}, hash_{34})$，如图 4.4 所示。

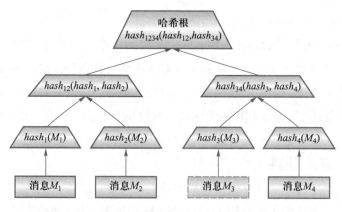

图 4.4　Merkle 树中二叉树的数据结构

根据 Merkle 树的二叉树数据结构，能够快速验证上传的消息是否是未被篡改的，是否是完整的。若已知根节点的哈希值，要校验某个消息的完整性，只需将已知的中间节点与当前节点的哈希值进行计算，对比求出的根节点哈希值是否相等即可。

**例 4.1** 如图 4.4 所示，已知 Merkle 根的哈希值为 $H_{root}(\ )$，判断消息 $M_3$ 的完整性。

根据 Merkle 树的特性，找到已知的中间节点的哈希值，并计算出最终的根节点哈希值，判断它们的值是否相等。

则有

（1）计算 $hash_3(M_3)$ 的值。

（2）计算 $hash_{34}(hash_3, hash_4)$ 的值。

（3）计算 $hash_{1234}(hash_{12}, hash_{34})$，得出根哈希值 $H'_{root}(\ )$。

（4）判断等式 $H'_{root}(\ ) = H_{root}(\ )$ 是否成立。

若等式成立，证明消息 $M_3$ 没有被篡改，是完整的；若等式不成立，则说明消息 $M_3$ 已经被篡改，即不完整。

综上所述，仅根据部分节点的哈希值，不用存储整个消息数组和哈希值，就能检验某个特定节点数据的完整性，这大量节省了存储空间和计算开销。对于一棵有 $N$ 个节点经过哈希函数的 Merkle 树，哈希函数的单向性和抗碰撞性赋予了它高安全性和可靠性。以及 Merkle 树特有的结构特征和高灵敏性，使得检验任何上传数据块的完整性仅需 $2 \times \log_2 N$ 次计算即可，是一种验证效率非常高的数据结构。

## 4.2.2 Merkle 树在区块链中的应用

目前，Merkle 树作为一种高安全和高效率的数据完整性检验方法，有着广泛的用途，如在 P2P 网络、分布式系统、数字签名和区块链中用于确保收到的消息块未被替换或篡改。

### 1. 比特币区块链中的 Merkle 哈希树

自比特币诞生以来，区块链越来越受到密码学界的关注，特别是数据区块的存储方式，它是科研工作者研究的重点之一。比特币区块链中大部分是普通用户，他们没有高配置的存储设备和计算能力，若运行一个全节点程序（将近 200 GB）的区块数据，将会占用太多的存储资源，造成存储负荷。为解决这个困扰，用户可以选择简单支付验证（simplified payment verification，SPV）方案以实现轻节点数据验证，只需保存所有的区块头（block header）就可以实现校验功能，如图 4.5 所示。

比特币区块链中的区块头部分包含了由交易数据通过 Merkle 哈希树生成的 Merkle Root 和哈希值以及时间戳、随机数、前区块哈希值和目标哈希值等信息，这里的 Merkle 哈希树使用了 SHA-256 算法，使其具有高安全性和易计算性。利用 Merkle 哈希树强大的数据定位能力，用户无须存储所有数据，就能对整个交易内容进行查询和筛选，对交易信息的完整性实现快速验证。

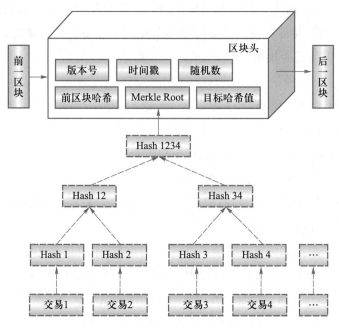

图 4.5　数据区块的区块头结构

### 2. 以太坊区块链中的 MPT

不仅比特币区块链中大量使用了 Merkle 树结构，而且在以太坊区块链中，也提出了具有 Merkle 树优点的数据结构，被称为 MPT。MPT 主要有 4 种类型的节点，分别为空节点、扩展节点、子节点和分支节点，它结合了 Merkle 树、压缩前缀树和前缀树三种数据结构的优点，以实现对交易的快速查询和提高对根哈希的计算能力。

综上所述，Merkle 树对于区块链而言都是十分重要的，无论是比特币区块链还是以太坊区块链，都会用到这类数据结构。因此，Merkle 树在区块链中起到了至关重要的作用，它也是系统能安全稳定运行的关键所在。

## 4.3　公钥密码

传统密码系统中，加密密钥和解密密钥要同时受到保护，这使得密码通信中的密钥管理和密钥共享变得十分困难。尤其是两个陌生人之间的安全通信受到制约，从而使得应用上受到限制。Whitfield Diffie 与 Martin E. Hellman 于 1976 年开创了密码学的新方向，即公钥密码学。本节介绍公钥密码的基本概念以及常见的三种公钥加密算法：RSA

公钥算法、ElGamal 公钥算法和椭圆曲线公钥算法。其中 RSA 公钥算法是基于大整数因子分解问题，目前被认为是安全的；ElGamal 公钥算法是基于有限域上的离散对数问题，目前认为有一定的安全性；椭圆曲线公钥算法是基于椭圆曲线上的离散对数问题，是对 ElGamal 公钥算法的改进，目前认为是安全的。在应用方面，RSA 公钥算法应用得最为普遍，但近年来椭圆曲线公钥算法成为它的一个强有力的竞争对手。两者都已经成为国际标准。

### 4.3.1　公钥密码的基本概念

人们有时候会不希望通信中的消息（message）被不相关的人知晓，因此试图对信息进行隐藏。以某种数学变换进行伪装以隐藏消息内容的过程称为加密（encryption），原始数据称为明文（plaintext），加密之后的消息称为密文（ciphertext），用于加密和解密的数学函数称为密码算法（cryptographic algorithm）。现代密码学不需要对密码算法保密，其安全性依赖于密钥（key）的安全性。密钥的所有可能取值范围称为密钥空间（key space），其大小通常用将密钥转换为二进制数后的位数来描述。密码算法及明文空间、密文空间和密钥空间组成密码系统（cryptosystem）。密码系统如图 4.6 所示。

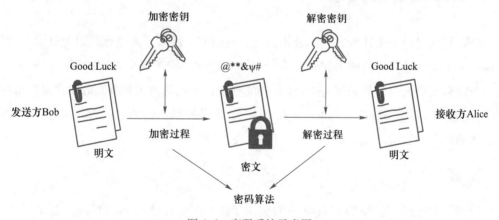

图 4.6　密码系统示意图

在现代密码机制中，加解密算法是公开的，只有密钥需要保密，而按照加密密钥是否公开，又可以分为对称密码（symmetric cipher）和公钥密码（publickey cipher）。对称密码的加密密钥和解密密钥是相同的，都需要保密；而公钥密码算法的最大特点就是采用了两个相关密钥，其中一个密钥是公开的，称为公钥，用于加密；另外一个密钥是保密的，称为私钥，用于解密。因此，公钥密码体制也称为双钥密码体制。

与对称密码相比，公钥密码的运算速度慢得多，不适合加密长度很大的消息，在实际应用中用来加密长度很小但是很重要的消息，例如密钥。一般实际应用中采用混合密码系统（hybrid cryptosystem）：使用对称密码算法加密消息，公钥密码算法只用来加密对称密码算法中的密钥。此外，还可以用公钥密码算法在不传递任何隐秘信息的情况下协商密钥；用私钥对消息数字签名，用公钥验证这个签名，保证消息的完整性和真实性等。

自从公钥密码的思想在 1976 年被首次提出以来，公钥密码得到了广泛的研究，其中很多都是不安全或不实用的，只有少数几个算法既安全又实用，它们的原理大多基于以下计算困难问题：背包问题、大整数因子分解问题、离散对数问题和椭圆曲线上的离散对数问题。第一个用于加密的公钥密码算法由 Palph Merkle 和 Martin Hellman 提出，是基于背包问题的。这个算法后来被证明是不安全的，并且在此之后提出的一系列基于背包问题的公钥密码算法大多数都已经被破解了。目前安全且实用的公钥密码算法大多基于三个计算困难问题：大整数因子分解问题、离散对数问题以及椭圆曲线上的离散对数问题。这些算法有的仅适用于密钥分配，有的适用于加密，还有的只适用于数字签名。只有少数算法能够同时很好地适用于加密和数字签名，其中包括 RSA、ElGamal 和 Rabin。4.3.2 节将介绍基于大整数因子分解的 RSA 公钥算法，4.3.3 节将介绍基于离散对数的 Deffie-Hellman 和 ElGamal 算法，4.3.4 节将介绍椭圆曲线密码算法。

## 4.3.2 RSA 公钥密码算法

RSA 算法是第一个比较完善的公钥算法，它的安全性基于大整数的因子分解，即找到两个大素数并计算它们的乘积是容易的，而知道这一乘积逆向求它的因子是困难的。当一个整数足够大时，如长度为 1 024 比特的整数，采用暴力破解方式分解它是困难的。RSA 算法由 Rivest、Shamir、Adleman 在 1977 年发明并以他们的名字首字母命名，RSA 算法既能用于加密也能用于数字签名，已被广泛使用。

### 1. 数学知识

互素：如果两个正整数只有唯一的公因子 1，那么称这两个数互素。对于互素关系，有一些有用的结论：任意两个素数互素；一个素数和任意一个小于它的正整数互素；如果 $a$ 是大于 1 的偶数，那么 $a$ 和 $a-1$ 互素；如果 $a$ 是大于 1 的奇数，那么 $a$ 和 $a-2$ 互素。

欧拉函数：对于正整数 $n$，欧拉函数是小于等于 $n$ 并且与 $n$ 互素的所有正整数的个数，用 $\varphi(n)$ 表示。例如，小于等于 10 且与 10 互素的正整数有 1、3、7、9 共 4 个数，因此 $\varphi(10)=4$。

欧拉函数具有如下性质。

（1）如果 $n$ 是素数，由于素数与小于它的任意正整数互素，因此 $\varphi(n)=n-1$，例如 $\varphi(7)=6$。

（2）如果 $n=p^a$，其中 $p$ 是素数，那么 $\varphi(n)=(p-1)p^{a-1}$，例如 $\varphi(8)=(2-1)2^2=4$。

（3）如果 $n=pq$，其中 $p$ 和 $q$ 都是素数，那么 $\varphi(n)=\varphi(p)\varphi(q)$，例如 $\varphi(15)=\varphi(3)\varphi(5)=2\times4=8$。

（4）任意正整数都可以分解为若干个素数的乘积，如果对 $n$ 进行素因子分解，$n=p^aq^br^c$，$p$、$q$ 和 $r$ 是素数，则可得求解欧拉函数的通用公式：

$$\varphi(n)=\varphi(p^a)\varphi(q^b)\varphi(r^c)=(p-1)p^{a-1}(q-1)q^{b-1}(r-1)r^{c-1}$$

**带余除法**：给定一个正整数 $n$，任意一个整数 $a$，一定存在等式

$$a=qn+r,\quad 0\leqslant r<n,\quad q=\left\lfloor\frac{a}{n}\right\rfloor$$

其中 $\lfloor x\rfloor$ 表示小于或等于 $x$ 的最大整数，$q$、$r$ 都是整数，称 $q$ 为 $a$ 除以 $n$ 的商，$r$ 为 $a$ 除以 $n$ 的余数。

**模运算**：模运算即求余运算。"模"是"mod"的音译，mod 的含义为求余数。用 $a\bmod n$ 表示 $a$ 除以 $n$ 取余数 $r$，则有 $a=\left\lfloor\frac{a}{n}\right\rfloor n+a\bmod n$。对于正整数 $n$ 和整数 $a$ 与 $b$，定义如下运算。

（1）取模运算：$a\bmod n$，表示 $a$ 除以 $n$ 的余数；

（2）模 $n$ 加法：$(a+b)\bmod n$，表示 $a$ 与 $b$ 的算术和除以 $n$ 的余数。

（3）模 $n$ 减法：$(a-b)\bmod n$，表示 $a$ 与 $b$ 的算术差除以 $n$ 的余数。

（4）模 $n$ 乘法：$(a\times b)\bmod n$，表示 $a$ 与 $b$ 的算术乘积除以 $n$ 的余数。

**模逆元**：如果两个正整数 $n$ 和 $m$ 互素，则一定存在 $t$，满足 $n\times t\bmod m=1$，那么 $t$ 称为 $n$ 在模 $m$ 下的逆元，即 $t=n^{-1}\bmod m$。

**欧拉定理**：如果两个正整数 $a$ 和 $n$ 互素，则有 $a^{\varphi(n)}\bmod n=1$。特别地，当 $n$ 是素数 $p$ 时，$\varphi(p)=p-1$，于是有 $a^{p-1}\bmod p=1$，后者即为费马小定理。

### 2. RSA 算法原理

RSA 算法生成密钥的步骤如下。

（1）随机选择两个不同的大素数 $p$ 和 $q$，并计算乘积 $n$。

（2）计算 $n$ 的欧拉函数 $\varphi(n)=(p-1)(q-1)$。

（3）随机选择一个整数 $e$，满足 $1<e<\varphi(n)$，并且 $e$ 与 $\varphi(n)$ 互素。

（4）计算 $e$ 关于模 $\varphi(n)$ 的乘法逆元 $d$，即满足 $ed\bmod\varphi(n)=1$。

（5）公钥是 $(n,e)$，私钥是 $(d,p,q)$。

RSA 用于加密：假如艾丽斯（Alice）想要与鲍勃（Bob）通信，她想要发送的消息内容是 $m$，如果 $m$（转换为整数）大于 $n$，首先要将 $m$ 分组，使每组大小要小于 $n$，这里假设 $m$ 小于 $n$，然后用 Bob 的公钥 $n$ 和 $e$ 对 $m$ 进行加密，密文 $c=m^e(\bmod n)$，然后将 $c$ 发送给 Bob。解密时，Bob 收到 $c$ 之后用自己的私钥可以解密，即 $m=c^d(\bmod n)$，于是

Bob 收到了 Alice 传递的消息 $m$。

RSA 用于数字签名：用户用自己的私钥 $d$ 对消息 $m$ 进行签名，签名 $h = (hash(m))^d(\mod n)$，使用公钥 $e$ 和 $n$ 验证签名时只需检测 $h$ 是否与 $(hash(m))^e(\mod n)$ 相同。$hash(m)$ 表示计算消息 $m$ 的哈希函数。

### 3. RSA 解密的正确性证明

为什么密文 $c$ 满足 $c^d = m(\mod n)$？现在做如下检查：

$$c^d = (m^e)^d = m^{ed} = m(\mod n)$$

即验证

$$m^{ed} = m(\mod n)$$

$$ed = 1(\mod \varphi(n)) \Rightarrow ed = 1 + k\varphi(n) \Rightarrow m^{ed} = m^{1+k\varphi(n)}(\mod n)$$

① 当 $m$ 与 $n$ 互素时：由欧拉定理，有

$$m^{\varphi(n)} = 1(\mod n)$$

$$m^{1+k\varphi(n)} = m(m^{\varphi(n)})^k = m(\mod n)$$

因此原式成立。

② 当 $m$ 与 $n$ 不互素时：由 $n = pq$ 且 $p$、$q$ 都是素数，所以 $m$ 必然等于 $tp$ 或 $tq$。不妨设 $m = tp$，由于 $t$ 小于 $q$ 且 $q$ 是素数，所以 $t$ 与 $q$ 互素，由费马小定理

$$(tp)^{q-1} = 1 \mod q$$

$$m^{1+k\varphi(n)} = (tp)^{1+k(p-1)(q-1)}$$

$$= tp((tp)^{q-1})^{k(p-1)}$$

$$= tp = m(\mod q)$$

假设

$$m^{1+k\varphi(n)} = m + hq, h \in z$$

因为 $m^{1+k\varphi(n)} = 0(\mod p)$ 且 $p$、$q$ 互素，有

$$h = rp, r \in z$$

所以 $m^{1+k\varphi(n)} = (m+rpq) = (m+rn) = m(\mod n)$，故原式成立。

RSA 算法的安全性依赖于大数因子分解的难度，即若大数因子分解容易，则 RSA 不安全。如果攻击者能够将公钥 $n$ 做因子分解，即可以得到 $p$ 和 $q$，则能算出 $\varphi(n) = (p-1)(q-1)$，因为 $e$ 也是公开的，于是可以计算 $d = e^{-1} \mod \varphi(n)$。大整数的因子分解是一件非常困难的事情。目前，虽然不能证明大整数的因子分解问题是 NP 问题，但经过长期的实践研究，还没有发现一个有效的分解大整数的算法，这一事实正是建立 RSA 公钥密码体制的基础。

值得注意的是，为了鼓励更多的人加入整数因子分解的研究，跟踪整数分解研究进展，1991 年"RSA 因子分解大挑战"项目被启动。根据 1965 年英特尔联合创始人

戈登·摩尔提出的摩尔定律，计算机芯片的晶体管数量每隔 18 个月就会翻一番。晶体管的增加反过来又提高了运行它们的计算机的计算能力，使计算机的速度和性能随着时间的推移而提高。随着计算机硬件性能的提升，大整数被分解的记录被逐渐突破。截至 2020 年 3 月，来自法国和美国的计算机科学家挑战了迄今为止最大的整数 RSA-250（即密钥长度为 250 位十进制数，约 829 个二进制数）的分解，从而创造了新的纪录。

大整数因子分解问题的深入研究具有重要的理论意义和应用价值。数学上，目前已经出现了十几种大整数因子分解的算法，具有代表性的大整数因子分解算法有试除法、二次筛法（quadratic sieve，QS）、椭圆曲线加密算法（elliptic curve cryptography，ECC）以及数域筛法（number field sieve，NFS）等。其中，数域筛法是最快的整数分解算法，但也不是多项式时间的有效算法。另一方面，一些基于量子的整数因子分解算法充分利用了量子计算机强大的并行计算能力，使得大整数因子分解存在多项式时间算法，但现有的量子计算机尚不能实现有实际意义的量子算法。

由于计算机能力的不断强大及大整数因子分解方法的不断提高和改进，以前被认为具有相对安全长度的密钥已在越来越短的时间内被破解。当前普遍认为 RSA 密钥的长度至少为 2 048 个二进制位时，RSA 本身算法的安全性就可以得到保障。

### 4.3.3　ElGamal 公钥密码算法

ElGamal 公钥密码算法是 1985 年 7 月由 Taher ElGamal 发明的，它是建立在有限域上的离散对数求解困难性问题上的一种公钥密码体制。

#### 1. 群和域的基本概念

**群的定义**：对于非空集合 $G$ 和其上的二元运算" $*$ "，如果满足封闭性、结合律、单位元 $e$ 存在、逆元存在，则集合 $G$ 和二元运算" $*$ "构成群，记作 $<G, *>$。

在群 $<G, *>$ 中，如果对于" $*$ "满足交换律，则群 $<G, *>$ 是交换群。

**域的定义**：设" $+, *$ "是非空集合 $F$ 上的二元运算，集合的基数 $|G|>1$，如果满足

（1）$<F, +>$ 是一个交换群，单位元记为 0。

（2）$<F-\{0\}, *>$ 是一个交换群，单位元记为 1。

（3）运算" $*$ "对" $+$ "可分配。

则称 $<F, +, *>$ 是域。

其中，有限域是指域集合 $F$ 中元素个数有限的域，又称伽罗华域。

有限域按照构造方式分两种，分别是 $GF(p)$ 和 $GF(p^m)$。有限域 $GF(p)$ 可看作为集合元素是区间 $[0, p-1]$ 上的全体整数，域中的加法为模 $p$ 加法，域中的乘法为模 $p$ 乘法。$GF(p^m)$ 可以看作是 $GF(p)$ 上的一个 $m$ 维向量空间，以 $GF(2^m)$ 为例，域中元素对应于所有长度为 $m$ 的比特串，并且乘法单位元用 $(0, 0, \cdots, 0, 1)$ 表示，加法的零元用 $(0, 0, \cdots, 0, 0)$ 表示，域中的加法为两个比特串的异或，而域中的乘法为将元素用多项式表示后，其乘积结果等于两个多项式相乘之后除以某个 $m$ 次不可约多项式之后的余式。数学上可以证明任意有限域的乘法群 $F^*$ 在乘法之下可以由一个元素所生成，即构成循环群。

**2. 有限域上的离散对数问题**

有限域上的离散对数问题（discrete logarithm problem）描述如下：已知 $p$ 是大素数，$g$ 是乘法群 $Z_p^* = \{1, 2, \cdots, p-1\}$ 的一个生成元，$y \in Z_p^*$，求满足同余方程 $y = g^x (\mod p)$ 的整数 $x$ 的解，其中 $0 \le x \le p-2$。此时可以发现方程存在唯一解。基于有限域上离散对数问题的公钥密码算法有很多，其中包括：Diffie-Hellman 算法，适用于密钥交换；ElGamal 算法，既可以用于加密也可以用于数字签名。

**3. Diffie-Hellman 密钥分配算法描述**

Diffie-Hellman 算法是第一个公钥算法，在 1976 年 Diffie 和 Hellman 提出公钥密码这个概念时被给出。Diffie-Hellman 算法用于密钥分配，不能用于加密或签名。其密钥分配方法如下。

（1）Alice 和 Bob 协商大素数 $p$ 以及它的原根 $g$，这两个数是公开的。

（2）Alice 选择一个大随机整数 $x$，计算 $X = g^x (\mod p)$，将 $X$ 发送给 Bob。

（3）Bob 选择一个大随机整数 $y$，计算 $Y = g^y (\mod p)$，将 $Y$ 发送给 Alice。

（4）双方分别在本地计算 $k = X^y (\mod p)$ 以及 $k' = Y^x (\mod p)$，$k = k' (\mod p)$ 即共享密钥。

密钥协商过程即使被窃听，攻击者也只能获取到 $g$、$p$、$X$、$Y$，除非计算离散对数求出 $x$ 和 $y$，否则是无法得到密钥 $k$ 的。

Diffie-Hellman 密钥分配算法的原理简单，但在使用时容易遭受到阻塞性攻击和中间人攻击，Oakley 算法是对 Diffie-Hellman 密钥交换算法的优化，它保留了后者的优点，同时克服了其弱点。

**4. ElGamal 算法描述**

参数选择和密钥生成：首先选取一个大素数 $p$ 以及它的生成元 $g$，在 1 到 $p-1$ 范围内随机选择 $x$，计算 $y = g^x \mod p$，公钥就是 $(y, g, p)$，私钥是 $x$。

（1）ElGamal 算法用于加解密。

加密：对消息 $m$，随机选择 $k$ 与 $p-1$ 互素，计算 $c_1 = g^k (\mod p)$，$c_2 = my^k (\mod p)$，生成 $(c_1, c_2)$ 密文对。

解密：因为 $c_2/c_1^x = my^k/g^{kx} = mg^{kx}/g^{kx} = m(\mod p)$，所以根据私钥 $x$，计算 $c_2/c_1^x$ 即可解密。

（2）ElGamal 算法用于数字签名。

假设要签名的消息是 $m$，选择随机数 $k$ 满足 $k$ 与 $p-1$ 互素，计算 $a = g^k \mod p$，用拓展欧几里得算法求出满足 $m = (xa+kb)(\mod(p-1))$ 的 $b$，则得到签名 $(a,b)$。用公钥 $(y, g, p)$ 验证签名，检测 $y^a a^b \mod p = g^m \mod p$ 是否成立。

ElGamal 算法有很多种变形，使它适用于身份证明、口令验证和密钥交换等多种场景。

如果能够求出同余方程 $y = g^x (\mod p)$ 的解，则可以破解 ElGamal 密码算法。由于这个同余方程的解可以通过计算 $g^1, g^2, \cdots$，直到找到某个正整数 $k$ 使得 $y = g^k (\mod p)$ 为止，这种穷搜算法需要的运行时间是 $O(p)$，这里的运行时间是指在运行算法时所需要的群运算次数。

关于 $Z_p^*$ 上的离散对数问题的研究取得了很多重要的研究成果。

公开参数 $p$ 和 $g$ 对于 Diffie-Hellman 算法和 ElGamal 算法的安全性有很大影响，$p$ 应该尽可能大，它的安全性相当于对与 $p$ 同等长度的数进行因子分解，而 $g$ 可以选择模 $p$ 的任意原根，实际上尽可能选择较小的 $g$。

### 4.3.4　椭圆曲线加密算法

1985 年，Neal Koblitz 和 Victor Miller 共同提出可以将椭圆曲线用于公钥密码体制的构造，即椭圆曲线加密算法。它是一种基于椭圆曲线群上的新的公钥体制，与 RSA 算法相比，在提供同样的安全性时具有密钥长度更短、计算速度更快和所需要的存储空间更小等优点。

**1. 密码学中的椭圆曲线**

应用在密码学中的椭圆曲线是基于有限域 $GF(p)$ 上的椭圆曲线群，由方程 $y^2 = x^3 + ax + b$ 确定，并且满足 $4a^3 + 27b^2 \neq 0 (a,b \in GF(p))$，这个条件限定了椭圆曲线是非奇异的，即从几何图像上看曲线上任意一点都有唯一切线。所有满足该方程的点 $P(x,y) \in (GF(p) \times GF(p))$ 以及无穷远点 $O$ 组成的集合在加法运算下构成 $GF(p)$ 上的椭圆曲线群，记作 $E$，这里的加法运算法则如下。

（1）对任意 $P(x,y) \in E$，都有 $P+O=P$。

（2）对任意 $P(x,y) \in E$，都有 $-P = (x, -y)$。

（3）设 $P(x_1, y_1) \in E$，$Q(x_2, y_2) \in E$，$P \neq Q$，则 $P+Q = (x_3, y_3)$，记 $\lambda = (y_1 - y_2) / (x_1 - x_2)$，其中 $x_3 = \lambda^2 - x_1 - x_2$，$y_3 = \lambda (x_1 - x_3) - y_1$。

（4）设 $P(x_1, y_1) \in E$，则 $2P = P+P = (x_2, y_2)$，记 $\lambda = (3x_1^2 + a) / (2y_1)$，其中 $x_2 = \lambda^2 - 2x_1$，$y_2 = \lambda (x_1 - x_3) - y_1$。

椭圆曲线群是加法交换群，并且由以上加法定义，可以得到一个数乘的计算方法：$kP = P+P+\cdots+P$，其中 $k$ 是整数，$P$ 是椭圆曲线群中的点；如果 $k<0$，那么 $kP = (-k)(-P)$。

**2. 基于椭圆曲线的公钥密码算法**

ECC 是基于椭圆曲线离散对数问题（ECDLP）来保证安全性的，具体描述为，对于非奇异椭圆曲线上的一个基点 $P$ 和一个大整数 $k$，已知它们乘积 $kP$ 的值和基点 $P$ 求解 $k$ 是困难的。在非奇异椭圆曲线中，无论是基于 $GF(p)$ 还是 $GF(2^m)$ 的 ECC 系统，求解 ECDLP 问题都是指数复杂度的。基于 ECDLP 的 ECDSA 算法是目前广泛使用的标准签名算法，将在 4.4 节中介绍。

下面介绍基于 ECC 的公钥加密算法和 Diffie-Hellman 算法。

确定椭圆曲线系统参数后，密钥产生过程如下。

（1）选择随机整数 $d$，满足 $1 \leq d \leq n-1$。

（2）计算 $Q = dG$。

（3）公钥为 $Q$，私钥为 $d$。

公钥加密：选择随机数 $k$，满足 $1 \leq k \leq n-1$，对于需要加密的消息 $m$，计算密文 $c = (kG, kQ+m)$；解密时，计算明文 $m = (kQ+m) - d(kG)$。

DH 交换：Alice 选择随机数 $k$，满足 $1 \leq k \leq n-1$，计算 $kG$ 并发送给 Bob；Bob 选择随机数 $d$，满足 $1 \leq d \leq n-1$，计算 $dG$ 发送给 Alice；双方计算获得 $kdG$ 作为共享密钥。

**3. ECC、RSA 算法和 ElGamal 算法的比较**

RSA、ElGamal 和 ECC 算法原理比较如表 4.5 所示，RSA 与 ECC 密钥强度比较如表 4.6 所示。

表 4.5　RSA、ElGamal 和 ECC 算法原理比较

| 算法 | 公钥 $e$ 与私钥 $d$ 的关系 | 加密过程 | 解密过程 | 安全性 |
|---|---|---|---|---|
| RSA | $d = e^{-1} \bmod \varphi(n)$ | $c = m^e \bmod n$ | $m = c^d \bmod n$ | 因子分解难题 |
| ElGamal | $e = g^d \bmod p$ | $a = g^k \bmod p$ <br> $b = me^k \bmod p$ | $ba^{-d} \bmod p$ | 离散对数难题 |

| 算法 | 公钥 $e$ 与私钥 $d$ 的关系 | 加密过程 | 解密过程 | 安全性 |
|---|---|---|---|---|
| ECC | $e=dG$ | $c=\{kG, m+ke\}$ | $m+ke-dkG$ | 椭圆曲线上的离散对数难题 |
| 相同点 | 密钥管理简单，运算速度较慢 | | | |
| 区别 | 依据的数学难题不同，运算效率不同 | | | |

表 4.6　RSA 与 ECC 密钥强度比较

| 攻破时间 | RSA/DSA | ECC 密钥长度 | RSA/ECC |
|---|---|---|---|
| MIPS 年 | 密钥长度 | | 密钥长度比 |
| $10^4$ | 512 | 106 | 5∶1 |
| $10^8$ | 768 | 132 | 6∶1 |
| $10^{11}$ | 1 024 | 160 | 7∶1 |
| $10^{20}$ | 2 048 | 210 | 10∶1 |
| $10^{78}$ | 21 000 | 600 | 35∶1 |

# 4.4　数字签名

## 4.4.1　基本概念及原理

在生活中，签名常被用来证明身份或表明同意文件内容。之所以有这样的用途是因为我们一定程度上认为手写签名具有不可伪造性、不可重用性、不可抵赖性以及签名的文件不可改变性等性质，不过实际的签名很难真正拥有这些理想的性质。而数字签名就是在计算机中设法构造的具有上述性质的一段数据，例如，在电子文件的末尾添加一段数据来确认文件拥有者身份以及检查文件是否在传输过程中被篡改。

实现这样的功能需要依赖密码学技术来实现，理论上对称密码和公钥密码都可以，但是基于对称密码设计的协议一般都需要仲裁者，在实际应用中很容易成为通信瓶颈，不能很好实现。在绝大多数情况下，用公钥密码算法设计的数字签名更实用。由于公钥算法运算速度较慢以及出于安全的考虑，一般对消息的哈希函数值（消息摘要）进行签名。一个数字签名协议如下。

（1）Alice 计算文件的哈希值。

（2）Alice 用私钥和文件的哈希值计算签名。

（3）Alice 将文件和签名一起发送给 Bob。

（4）Bob 用相同的哈希函数计算文件的哈希值，用 Alice 的公钥验证签名，如果得到的计算结果与文件哈希值相同，则签名是有效的。

数字签名的过程如图 4.7 所示。

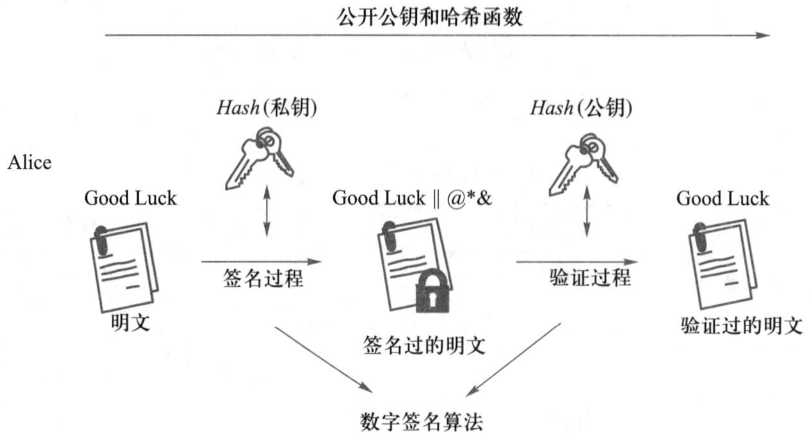

图 4.7　数字签名过程示意图

实现以上协议有很多签名算法可供选择，如 DSA、ECDSA 等，将在 4.4.3 节进行具体介绍。

## 4.4.2　数字签名的攻击类型

手写的签名有可能被模仿，数字签名也有可能受到攻击。恶意用户可能尝试伪造、篡改已签名的文件或拒绝承认签名。数字签名的安全性要从三个方面考虑：算法本身的安全性、协议的安全性以及系统安全性，对数字签名的攻击也是从这三个方向入手。好的算法可能经过了世界上诸多密码分析家多年的分析，也仍然没有被破译。但是攻击者也可以不破译算法，他们更多地攻击协议，利用算法在具体实现中的漏洞。

攻击者又称密码分析者，一般认为他们掌握了算法原理及其实现的全部资料。按照掌握资源的不同，密码分析攻击分为 4 种：唯密文攻击，已知明文攻击，选择明文攻击和选择密文攻击。除此之外还有选择密钥攻击（chosen-key attack）和软磨硬泡攻击（rubber-hose attack）。选择密钥攻击指攻击者具有密钥之间关系的信息，不太实际；软磨硬泡攻击指威胁密钥拥有者以便得知密钥，这种方法通常是非常有效的攻击途径。

（1）唯密文攻击（ciphertext-only attack）攻击者只能获取到密文的攻击称为唯密文攻击。在加密通信场景中，攻击者通过窃听加密的消息得到密文，通过统计特性分析规律等方式尝试恢复尽可能多的明文，或者推算出加密密钥，以便破解其他用相同密钥加密的消息。

（2）已知明文攻击（known-plaintext attack）。攻击者不仅获得了一些密文，而且也知道这些密文对应的明文。攻击者尝试从中推算出加密密钥，或构建一个可以对任意用相同密钥加密的消息进行解密的算法。

（3）选择明文攻击（chosen-plaintext attack）。攻击者不仅获得了一些密文及对应的明文，而且可以选择明文，即有途径对自己构造的明文进行相同的加密。与已知明文攻击相比，攻击者可以选择一些特殊的明文，通过分析它们的密文能够暴露更多密钥的信息。另外，自适应选择明文攻击（adaptive-chosen-plaintext attack）是选择明文攻击的一种特殊情况，攻击者能够选择一些明文，然后基于之前的情况选择另一些明文。

（4）选择密文攻击（chosen-ciphertext attack）。攻击者可以任意构造密文并获得解密后的明文。这种攻击主要用于公钥密码算法。我们知道，公钥密码数字签名的过程可以看作用私钥加密的过程，但是如果签名的内容是用公钥加密过的，那么这个过程也可以看作在解密。攻击者可能设法获取自己精心构造的消息的数字签名，据此还原加密的内容。如果协议没有对签名内容进行充分检查，有可能导致这种攻击的发生。

对数字签名协议来讲，经常考虑下面的攻击模型。

（1）唯密钥攻击（key-only attack），即攻击者拥有签名者的公钥。

（2）已知消息攻击（known message attack），即攻击者拥有一系列签名者签名的消息。

（3）选择消息攻击（chosen message attack），即攻击者请求签名者对一个消息列表进行签名。

攻击者可能有以下几种目的。

（1）完全破译。攻击者能够确定签名者的私钥，因此能对任何消息产生有效的签名。

（2）选择性伪造。攻击者能以某一不可忽略的概率对另外某个人选择的消息产生一个有效的签名。

（3）存在性伪造。攻击者至少能够为一则消息产生一个有效的签名。

### 4.4.3 常用的数字签名算法

公钥密码算法中的一部分适用于数字签名，其中 RSA 算法和 ElGamal 算法在之前已有介绍。本节主要介绍 DSA 数字签名算法和椭圆曲线数字签名算法。

**1. DSA 数字签名算法**

DSA（digital signature algorithm）数字签名算法是 ElGamal 签名算法的变形，1991 年被提出并用于数字签名标准。

（1）密钥生成：选择 $L$ 位的素数 $p$，其中 $L$ 在 512 到 1 024 之间且是 64 的倍数；$q$

是 160 位长的素数并可以整除 $p-1$；选择随机数 $h$，计算 $g = h^{(p-1)/q} (\bmod\ p)$，其中 $1 < h < p-1$ 并且 $g > 1$；选取随机数 $x$，计算 $y = g^x \bmod p$。以上参数中 $p$、$q$ 和 $g$ 公开，$y$ 是公钥，$x$ 是私钥。

（2）数字签名：首先使用安全哈希函数计算消息 $m$ 的哈希值 $H(m)$，数字签名标准指定了使用 SHA 算法。生成随机整数 $k$，满足 $0 < k < q$，计算 $r = (g^k \bmod p) \bmod q$，计算 $s = k^{-1}(H(m) + xr) \bmod q$，$r$ 和 $s$ 就是对 $m$ 的签名。

（3）验证签名：计算 $w = s^{-1}(\bmod\ q)$，计算 $u_1 = (H(m) \times w)(\bmod\ q)$，计算 $u_2 = rw(\bmod\ q)$，计算 $v = ((g^{u_1} y^{u_2}) \bmod p)(\bmod\ q)$，如果 $v = r$，则签名是有效的。

### 2. 椭圆曲线数字签名算法

椭圆曲线签名算法（elliptic curve digital signature algorithm，ECDSA）是目前使用非常广泛的标准签名算法，它的安全性基于 ECDLP 问题。

（1）参数选择：选择椭圆曲线群的必要参数，包括确定参数 $a$ 和 $b$ 的值，确定有限域及其类型（$GF(p)$ 或 $GF(2^m)$），选择基点 $G$，需要满足 $G$ 的阶 $n$ 是一个素数。以上工作实际上可以依据现有的标准，详见 4.4.4 节。

（2）密钥产生：随机选择一个大整数 $d$，满足 $1 \leqslant d \leqslant n-1$，然后计算 $Q = dG$，则公钥为 $Q$，私钥为 $d$。

（3）数字签名：首先计算需要签名的消息的哈希值 $e = H(M)$，$H$ 是安全哈希函数，$M$ 是需要签名的消息。选择一个随机数 $k$，满足 $1 \leqslant k \leqslant n-1$，计算 $P(x_1, y_1) = kG$，然后计算 $r = x_1(\bmod\ n)$，计算 $s = k^{-1}(e + dr)(\bmod\ n)$，$r$ 和 $s$ 即对消息 $M$ 的签名。

（4）验证签名：计算消息 $M$ 的哈希值 $e = H(M)$，计算 $c = s^{-1}(\bmod\ n)$，计算 $u_1 = ec(\bmod\ n)$，计算 $u_2 = rc(\bmod\ n)$，计算 $(x_1, y_1) = u_1 G + u_2 Q$，计算 $v = x_1(\bmod\ n)$，如果 $v = r$，则签名是有效的。

除了上述常用的数字签名算法以外，还有基于这些算法形成的特殊形式的数字签名。

**盲签名**：前面提到的数字签名，文件的签名者需要知道文件的内容，这一点在很多场合下都是很有必要的。如果有时候需要对一个未看过内容的文件签名，这就是盲签名。盲签名需要具有以下性质：① 签名者无法获得签名文件的内容；② 保持数字签名的有效性，即文件是否被签名，文件是否被篡改以及签名者身份都容易验证；③ 签名者看到一份自己签名过的文件无法确定自己在什么时候进行的签名。

**群签名**：也是一种特殊的数字签名，一个群体使用同一个公钥，每个群成员生成自己的私钥，允许群中的成员用自己的私钥进行签名；验证者可以验证签名的有效性，但是只能得知签名者所属群体而无法确定签名者，也无法确定两个签名是否来自同一签名者；群体设有管理员，在有必要时可以确定某个数字签名的具体签名者。群签名的一个应用场景是单位职工代表单位进行授权或执行决策时，不必向客户泄露个人身份信息，但进行必要的审查时上级部门有权限知道当初是哪个员工做出的行为。

**环签名：** 是一种简化的群签名，与群签名相比没有管理员，环成员有自己的公钥和私钥，环成员使用自己的私钥和其他环成员的公钥进行签名，验证者通过产生环签名的公钥列表和环参数验证签名有效性，无法确定具体签名者，包括环成员也无法追踪签名者的信息。环签名没有可信中心以及完全匿名的性质与区块链系统很契合，使用环签名的区块链系统常常用在强调隐私保护的场景中。

### 4.4.4　区块链中的数字签名算法

区块链系统中可以用数字签名进行身份认证和保障信息的不可否认性，在数字货币中还可以用数字签名算法生成交易地址等，对于以上功能，比特币和以太坊等区块链系统都使用的是 ECDSA 算法，并依据高效密码学标准协会开发的算法标准 secp256k1 确定椭圆曲线域参数。此外，群签名、盲签名和环签名等特殊形式的数字签名，在一些特定的区块链系统中常常被使用。

关于区块链中的椭圆曲线密码，使用椭圆曲线密码时系统参数的选择会影响密码系统的安全性和运算效率，高效密码标准二（SEC 2）推荐了一系列的椭圆曲线域参数，以便开发者在不同需求下使用。比特币和以太坊中均采用的是其中的 secp256k1，sec 是高效密码学标准（standards for efficient cryptography）的简称，$p$ 表示有限域 $GF(p)$，数字 256 是参数 $p$ 的二进制位数，反映了安全级别，数字 $k$ 表示与 Koblitz 曲线相关的参数，如果是 $r$ 则表示可验证随机参数，最后一位数字是序列号。在该标准中推荐的其他参数也全部用类似的方式命名。

根据该标准，基于 $GF(p)$ 的椭圆曲线域参数用六元组 $T = (p, a, b, G, n, h)$ 表示，其中整数 $p$ 指定了有限域 $GF(p)$，$a$ 和 $b$ 是椭圆曲线方程 $y^2 = x^3 + ax + b$ 的参数，$G$ 是椭圆曲线中的一个基点，$n$ 是基点 $G$ 的阶，$n$ 必须是素数，最后 $h$ 是辅因子，它的值 $h = \#E(GF(p))/n$，其中 $\#E(GF(p))$ 表示椭圆曲线 $E(GF(p))$ 中点的总个数。$p$ 的大小需要满足一定条件，即 $\lceil \log_2 p \rceil \in \{192, 224, 256, 384, 521\}$，这个限制旨在提高互操作性的同时让标准的实现者能够提供常用的安全级别。在高效密码学标准中可以找到六元组中每个参数的具体数值，这里不再列出。比特币系统之所以选用 secp256k1 而不是 secp256r1 或其他，一般认为是基于安全性和性能两方面综合考量的结果。使用标准参数构建椭圆曲线的优点很明显，一方面与其他曲线相比性能更高，另一方面标准化的参数提高了互用性。

# 4.5　比　特　承　诺

## 4.5.1　基本概念

比特承诺（bit commitment，BC）是密码学中重要的基础协议，其概念最早由图灵奖获得者 Blum 在 1995 年提出。比特承诺方案可用于构建零知识证明、可验证秘密共享、硬币投掷等协议，同时和不经意传输协议一起构成两方安全计算的基础，是信息安全领域研究的热点。

比特承诺协议的基本思想是，使某一方对其秘密或声明做出承诺然后在特定时间后进行验证，并保证该秘密或声明在承诺之后无法更改，在验证之前无法得知。

可以形象地理解比特承诺：A 向 B 进行承诺，A 将秘密或声明写在纸上放到带锁的盒子里，B 保管盒子 A 保管盒子钥匙，在某个时间点后双方见面并将盒子打开对承诺进行验证。由于 B 没有钥匙无法开锁，所以在验证之前除了 A 自己没有人知道 A 承诺了什么；且盒子一直在 B 手上 B 没有钥匙无法开锁，所以在打开盒子验证之前里面的消息无法更改。

在上述例子中 A 称为承诺者或证明者 P，B 称为验证者 V。A 将秘密或声明写在纸上放到带锁的盒子里，A、B 分别保管钥匙和盒子这一过程称为承诺阶段；双方见面并将盒子打开对承诺进行验证的过程称为验证阶段。

一个安全的承诺方案的典型框架如下。

设承诺者 P 有一个比特 $b \in \{0,1\}$。$X$ 与 $Y$ 是两个有限集，函数

$$f: \{0,1\} \times X \to Y$$

被称为比特承诺函数，对从 $X$ 中随机选取的一个元素 $x$ 满足下列两个性质。

（1）隐藏性（concealing）：对任意 $b \in \{0,1\}$，在打开承诺者 A 的承诺之前，验证者 B 不能从 $f(b,x)$ 确定出 $x$。

（2）绑定性（binding）：验证者 B 在承诺者 A 揭示承诺时获得唯一的承诺信息，即承诺者 A 无法改变承诺，不能找到 $x_1$ 与 $x_2$，使得 $f(0,x_1)=f(1,x_2)$。

可以看出，隐藏性是使验证者在 $b$ 被公开前不能从 $f(b,x)$ 获得 $b$ 的值；绑定性是使得承诺者在作出承诺后不能改变承诺的信息。它们分别代表了两方的不同利益，因此 $f$ 应该由双方共同选定，或者由第三方选定。在实际应用中，比特承诺函数由承诺者选定，验证者选择重要的参数。比特承诺协议在许多密码协议中具有重要的应用，包括零知识证明和安全多方计算。在区块链中一切需要提前确定但不希望立刻揭示的信息都可

以通过承诺方案来完成，例如基于区块链的投票、拍卖和私密交易金额承诺等。

### 4.5.2 哈希承诺

哈希承诺是较为常见的一种基于哈希函数构造的承诺协议。协议方案如下。

若 A 要向 B 承诺一个消息 $m$，流程如图 4.8 所示。

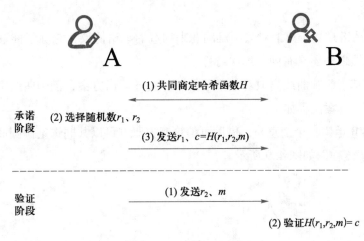

图 4.8　哈希承诺示意图

承诺阶段：

（1）A 和 B 共同商定一个哈希函数 $H$。

（2）A 产生两个随机数 $r_1$、$r_2$，并计算 $m$、$r_1$、$r_2$ 的哈希值 $c=H(r_1,r_2,m)$。

（3）A 将其中一个随机数 $r_1$ 和计算结果 $c$ 发送给 B。

验证阶段：

（1）A 将随机数 $r_2$ 和承诺 $m$ 发送给 B。

（2）B 计算 $H(r_1,r_2,m)$，通过将计算结果与 A 承诺时发来的 $c$ 进行对比，从而验证承诺 $m$ 的有效性。

在上述哈希承诺方案中那个"带锁的盒子"是哈希函数，利用哈希函数的单向性可以保证 A 承诺的值不会被篡改，从而保证隐藏性。但如果只对承诺 $m$ 计算哈希值则该方案并不安全，因为哈希函数是一个确定性函数，即对于同一个承诺 $m$ 其哈希值 $H(m)$ 总是固定的，不具备随机性，因此可以通过穷举列出所有可能的 $m$ 从而反推出实际的承诺，从而破坏了隐藏性；而且哈希函数有发生碰撞的可能，A 可以构建一个 $H(m')=H(m)$ 从而骗过 B，这破坏了绑定性。

为了防止上述情况的发生，方案引入了两个随机数 $r_1$、$r_2$。在承诺阶段 A 只透露一个随机数 $r_1$ 使得 B 在验证阶段之前即使用穷举也只能得到 $(r_2,m)$ 不会得到 $m$ 的具体值，保证了隐藏性。而且引入的两个随机数使得 A 成功构建 $H(r_1',r_2',m')=H(r_1,r_2,m)$ 的难度大大提高，从而保证了绑定性。

哈希承诺的优点是 B 无须发送信息，减少了交互过程。但相比其他密码学承诺技术，哈希承诺不能对密文形式的承诺进行额外处理，例如，多个相关的承诺值之间的密文运算和交叉验证，也限制了哈希承诺的作用和应用场景。

### 4.5.3　Pedersen 承诺

Pedersen 承诺是基于离散对数困难问题来构造的承诺协议，它除了能够提供优异的隐藏性和绑定性之外还具有同态加法特性。

这里介绍基于椭圆曲线离散对数难题的 Pedersen 承诺方案，椭圆曲线密码算法的内容见 4.3.4 节。方案流程如下。

若 A 要向 B 承诺一个消息 $m$，借助可信第三方双方可以共同选定椭圆曲线的两个基点 $G$、$H$。方案流程图如图 4.9 所示。

图 4.9　Pedersen 承诺示意图

承诺阶段：

（1）A 选择一个随机数 $r$。

（2）A 在椭圆曲线上计算 $c=m\times G+r\times H$，$c$ 即为承诺 $m$ 的证据。

验证阶段：

（1）A 将承诺 $m$ 以及随机数 $r$ 发送给 B。

（2）B 计算 $m\times G+r\times H$ 并与 $c$ 对比，从而验证承诺的有效性。

Pedersen 承诺利用椭圆曲线的离散对数问题以及随机数 $r$ 保证了方案的隐私性和绑定性，并且由于方案利用椭圆曲线算法中的点加、点乘运算生成承诺，因此该方案的承诺具有加法同态属性。

$$c(A)+c(B)=m_A\times G+r_A\times H+m_B\times G+r_B\times H$$
$$=(m_A+m_B)\times G+(r_A+r_B)\times H$$
$$=c(A+B)$$

在实际应用中，Pedersen 承诺自带的加法同态性使其获得了验证某个约束关系的功能，这使其可以在区块链中有广泛的应用，下面以比特币 MW（Mimble-Wimble）协议中一个简单的私密交易验证为例。

若 A 要在其他人不知道数额和地址的情况下向 B 支付 4 个比特币（这里 A 向 B 支付的数值是双方提前沟通好的），且 A 只有 2 比特币和 3 比特币的 UTXO（unspent transaction outputs，未花费的交易输出）（UTXO 这里不多做解释，可以看成类似现实世界中的无法拆分金额的纸币），那么整个交易逻辑是 A 用 2 比特币和 3 比特币的 UTXO 发起交易，然后 B 会得到一个 4 比特币的 UTXO，A 得到一个 1 比特币的 UTXO，之前 A 的 2 比特币和 3 比特币的 UTXO 失效。比特币交易示例如图 4.10 所示。

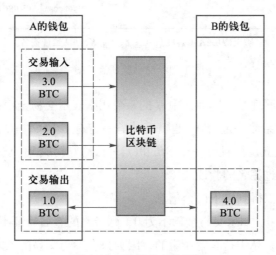

图 4.10　比特币交易示例

Pedersen 承诺方案可以保证其他人不知道数额和地址的情况下，这笔交易是有效的，具体过程如下。

（1）首先 A 对其 2 比特币和 3 比特币的 UTXO 以及找零得到的 1 比特币的 UTXO 进行承诺：$C_{A1}=2\times G+r_1\times H$；$C_{A2}=3\times G+r_2\times H$；$C_{change}=1\times G+r_3\times H$。

（2）然后 A 计算 $r_A=r_1+r_2-r_3$，并将 $C_{A1}$、$C_{A2}$、$C_{change}$、$r_A$ 发送给 B。

（3）B 收到数据后利用 Pedersen 承诺的加法同态性来验证 A 发来的数据是否正确，验证方法：$C_{A1}+C_{A2}=C_{change}+4\times G+r_A\times H$。

（4）然后 B 对其收到的 4 比特币的 UTXO 进行承诺：$C_B=4\times G+r_1\times H$，并计算交易私钥：$k=r_A-r_4$，根据该交易私钥用 ECDSA 签名算法对某个公开的信息 message 进行签名。

（5）最终矿工或其他节点利用 Pedersen 承诺的加法同态性验证交易，首先计算 $C_{A1}+C_{A2}-C_{change}-C_B=K$，然后利用 K 验证 ECDSA 签名，签名验证通过则交易验证通过。交易验证流程图如图 4.11 所示。

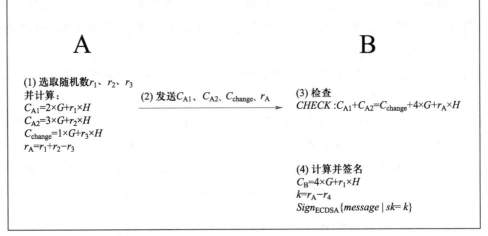

$$\text{矿工}CHECK:C_{A1}+C_{A2}-C_{\text{change}}-C_B=K，用K验证签名。$$

图 4.11　交易验证流程图

这里验证交易的原理是，因为式中 $G$ 的系数用来表示交易金额，所以当交易的输入输出金额相等时 $G$ 的系数一定为 0，也就意味着一定有 $C_{A1}+C_{A2}-C_{\text{change}}-C_B=(r_1+r_2-r_3-r_4)\times H=(r_A-r_4)\times H$ 成立。而且 $(r_A-r_4)\times H$ 和 $(r_A-r_4)$ 恰好构成 ECDSA 签名算法的公私钥对，所以一定可以通过签名的验证。

如果验证通过可以得到以下两个信息。

交易金额部分为 0。如果交易金额不为 0，则最终的签名验证不能通过。

证明交易是由交易私钥持有者产生的，因为只有参与交易的人才知道交易私钥。

Pedersen 承诺产生的密文与通过同态加密算法生成的数据密文有一定相似性。但承诺方案并不提供解密算法，即只有随机数 $r$ 是无法有效地提取出承诺 $m$ 的明文的，所以 Pedersen 承诺重在"承诺"；而且由于不提供解密算法，Pedersen 承诺无法应用于安全多方计算，这一点与同态加密算法有很大区别。

## 4.6　零知识证明

### 4.6.1　基本概念

零知识证明（zero-knowledge proof，ZKP），是由 S. Goldwasser、S. Micali 及 C. Rackoff 在 20 世纪 80 年代初提出的一种密码学协议。它要解决的问题是，一方不透露关于某个论断的任何有用信息，使另一方相信这个论断是正确的。

如图 4.12 所示，有一个环形的长廊，出口和入口距离非常近（在目距之内），但长廊中间某处有一道只能用钥匙打开的门，A 要向 B 证明自己拥有该门的钥匙，但不想将钥匙展示给 B。

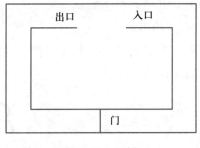

图 4.12　示例

此时 A 可以采用零知识证明的方法：让 B 看着 A 从入口进入长廊然后从出口走出。通过利用零知识证明，A 在不展示钥匙的情况下，向 B 证明了他有钥匙。

在这个例子中 A 要向 B 证明自己拥有该门的钥匙，即 A 为证明者；B 为验证者；"有钥匙"就是 A 需要证明的一个论断。

一个安全的零知识证明协议一般具有三个性质。

（1）正确性：证明者无法欺骗验证者。用例子来说就是如果 A 没有钥匙，那么 A 是无法让 B 认为 A 有钥匙的（因为 A 打不开门不会从出口走出）。

（2）完备性：验证者无法欺骗证明者。如果 A 真的有钥匙，那么 A 一定可以说服 B，B 一定会相信 A 是有钥匙的。

（3）零知识性：验证者不会得到除关于论断是否正确以外的任何其他信息，即 B 是不知道 A 的钥匙长什么样的，只知道 A 有这把钥匙。

正确性保证了恶意的 A 一定失败，而完备性保证了诚实的 A 一定成功。

零知识证明是一个非常重要的理论，在区块链中也有广泛的应用，例如用于区块链扩容以及 ZCash 中隐私交易的验证。

## 4.6.2　交互式与非交互式

现有的零知识证明协议大多是交互式的，顾名思义就是需要证明者和验证者在不断的交互中完成对某一论断的证明。下面提到的 Schnorr 协议就是交互式的一个例子。

Schnorr 机制由德国数学家和密码学家 Claus-Peter Schnorr 在 1990 年提出，是一种基于离散对数难题的身份证明机制，身份证明即证明你有一个正确私钥。这里介绍基于椭圆曲线离散对数难题的 Schnorr 协议。

协议初始化阶段证明者 A 首先要生成密钥以及椭圆曲线加密算法的公共参数，这里 $G$ 表示椭圆曲线的一个基点，随机数 $x$ 为 A 生成的私钥，$y=x×G$ 为 A 相应的公钥。

协议的目的是证明者 A 要向验证者 B 证明他知道私钥 $x$。协议流程如下。

（1）A 首先选取一个随机数 $r_A$，并计算 $R = r_A \times G$，然后将 $R$ 传给 B。

（2）B 选取一个随机数 $r_B$，并将 $r_B$ 给 A。

（3）A 计算，并将 $s = r_A + r_B x$ 给 B。

（4）B 计算 $s \times G$、$R + r_B \times y$ 并验证两式是否相等，相等则通过验证。

图 4.13 直观地表示了 Schnorr 协议的过程。

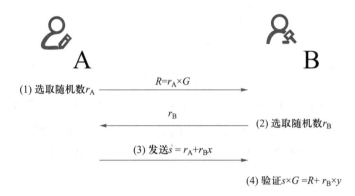

图 4.13　Schnorr 协议过程

上述协议保证正确性的方式是"随机挑战"，即 B 发送一个随机数 A 返回一个响应。其中 B 所挑选的随机数需要足够随机，因为当足够随机且随机数的取值范围足够大时 A 是无法预测到 B 的随机数的，从而保证了零知识正确性。

交互式零知识证明无法应用于某些特定的应用场景。例如，当证明方或验证方无法实时在线时，便无法进行交互进而无法进行零知识证明；当验证方过多时，交互流程会变得复杂且缓慢。

非交互式零知识（non-interactive zero knowledge，NIZK）证明的出现解决了这个问题。非交互式零知识证明使证明方直接发送一个证明给验证方，无须进行交互，而且始终有效。

非交互式零知识证明保证正确性的依据不再是随机挑战，因为不存在交互也就不存在随机挑战，而是通过引入第三方来完成随机挑战从而保证正确性。还是以 Schnorr 协议为例对非交互式零知识证明进行阐释。

可以将 Schnorr 协议从交互式变为非交互式，方法是改变协议第二步 B 的随机数的产生方式，这里可以让 A 用哈希函数来计算这个随机数，协议变化后流程如图 4.14 所示。

选择哈希函数的原因有两方面：一方面哈希函数是单向性的，无法从输出得到输入，所以 A 无法在声明某个论断之前得到哈希输出值，也就无法提前伪造 $z$ 来欺骗 B。另一方面，这里假设哈希函数的输出概率是均匀分布的，这等价于其输出是足够随机的，可以作为一个随机数。

图 4.14　非交互式 Schnorr 协议过程

通过哈希函数将 Schnorr 协议从交互式变为非交互式。之前说过交互式协议的正确性基础是 B 所挑选的随机数足够随机，而在刚才的非交互式协议中正确性基础变为引入的"可信第三方"——哈希函数，只要哈希函数这个第三方可以保证单向性和随机性，那么该方案就是一个安全的零知识证明协议。（在现实世界中哈希函数并不能保证随机输出，在密码学领域中实现这一功能的是随机预言机，但真正的随机预言机并不存在，所以一般会用一个安全假设，即一个密码学安全的哈希函数可以近似地模拟传说中的随机预言机。）

### 4.6.3　zk-SNARK

除了采用随机预言机之外，非交互零知识证明协议还可以采用公共参考字符串（common reference string，CRS）完成随机挑战。它是证明者 A 在构造非交互式零知识证明之前由一个受信任的第三方产生的随机字符串，并全网公布。这里的第三方不直接参与证明，但是它要保证 CRS 产生的过程是可信的。

使用 CRS 最典型的协议就是 Zcash 中广泛应用的 zk-SNARK 协议（zero-knowledge succinct non-interactive arguments of knowledge）。zk-SNARK 协议拥有出色的简洁性和非交互性，从而可以适用于多种应用场景。

zk-SNARK 协议解决了以下三个问题。

（1）零知识（zero knowledge）：即在证明的过程中不透露任何有用信息。

（2）简洁性（succinctness）：主要是指验证过程不涉及大量数据传输以及验证算法简单。

（3）非交互性（non-interactivity）：证明方直接发送证明给验证方，验证方无须交互。

由于 zk-SNARK 的原理有些复杂，本书将原理分为以下几部分以便直观讲解：QAP（quadratic arithmetic programs，二次算术程序）转换、简洁验证、同态隐藏、KCA（knowledge of coefficient test and assumption）、双线性映射。

这里用一个简单的方程 $x^3+x+5=35$ 来举例并站在 B 的角度对 zk-SNARK 协议进行

详细讲解，即假设 A 知道该方程的解 $x=3$ 并要向我们证明。但由于 A 不会透露关于解的任何有用信息，所以我们要设计一种安全的零知识证明方案以防止 A 在不知道解的情况下对我们进行欺骗。

首先 zk-SNARK 不能直接应用于任何计算问题，必须将问题转换成适合 zk-SNARK 处理的多项式运算形式即 QAP，所以第一部分要将目标方程转换为 QAP 形式，第一部分流程如图 4.15 所示。

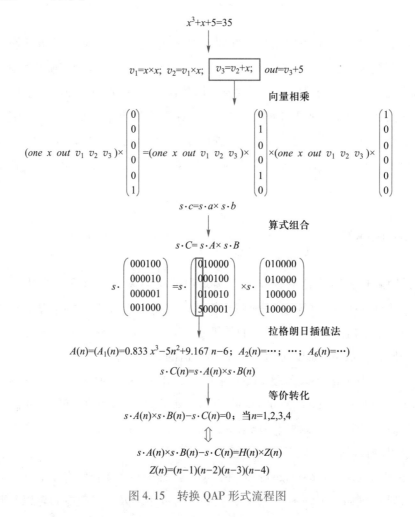

图 4.15　转换 QAP 形式流程图

第一步要将式子"拍平"，将原方程转换为多个门电路的形式如下所示。

$$v_1=x\times x;\quad v_2=v_1\times x;\quad v_3=v_2+x;\quad out=v_3+5$$

其中，$v_1$、$v_2$、$v_3$ 为中间变量。

第二步定义向量 $s=(one,x,out,v_1,v_2,v_3)$，这里的虚拟变量 $one$ 的作用是表达常数，将上述 4 个算式用 $s$ 表达成如下形式：$s\cdot c=s\cdot a\times s\cdot b$，其中的 $a$、$b$、$c$、$s$ 都是向量，"·"表示向量内积。以第三个算式为例，其表达结果如下。

$$s\cdot(0,0,0,0,0,1)=s\cdot(0,1,0,0,1,0)\times s\cdot(1,0,0,0,0,0)$$

将 4 个算式组合，可写成 $s \cdot C = s \cdot A \times s \cdot B$，其中 $A$、$B$、$C$ 为矩阵。

最后一步把矩阵转换为多项式形式的向量，转换方式为对矩阵中的每一列用拉格朗日插值法构建多项式。以 $A$ 矩阵第一列为例：

| $n$ | $A_1(n)$ |
| --- | --- |
| 1 | 0 |
| 2 | 0 |
| 3 | 0 |
| 4 | 5 |

按照拉格朗日插值法，则有如下计算过程。

$$A_1(n) = A(n-2)(n-3)(n-4) + B(n-1)(n-3)(n-4) +$$
$$C(n-1)(n-2)(n-4) + D(n-1)(n-2)(n-3)$$

由于 $n = 1$、2、3 时，$A_1(n) = 0$；$n = 4$ 时，$A_1(n) = 5$，可得 $5 = 6D$，$D = 0.833$，代入可得 $A_1(n) = 0.833x^3 - 5n^2 + 9.167n - 6$。所有矩阵转换完成后原式可写成 $s \cdot C(n) = s \cdot A(n) \times s \cdot B(n)$，$(n = 1, 2, 3, 4)$，其中 $A(n)$、$B(n)$、$C(n)$ 为多项式向量。此时多项式方程的解为 $s = (one, x, out, v_1, v_2, v_3) = (1, 3, 35, 9, 27, 30)$。

多项式方程等价于 $s \cdot A(n) \times s \cdot B(n) - s \cdot C(n) = H(n) \times Z(n)$，其中 $Z(n) = (n-1)(n-2)(n-3)(n-4)$，$n = 1, 2, 3, 4$。令 $P(n) = s \cdot A(n) \times s \cdot B(n) - s \cdot C(n)$，此时验证者 A 可以用 $P(n) \div Z(n)$ 计算出 $H(n)$，并将 $P(n)$ 和 $H(n)$ 交给 B 进行验证，B 通过判断 $P(n) = H(n) \times Z(n)$ 是否成立来进行验证，到此为止通过 QAP 建立了一个基础的零知识证明方案，如图 4.16 所示。

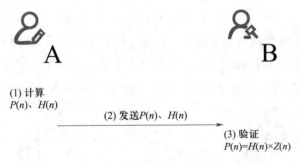

图 4.16 初始简洁方案

第二部分是简洁验证，刚刚所建立的一个的零知识证明方案效率并不高，因为传输多项式需要的开销很大，可以通过只传输多项式在某一点的值进行验证以提高效率。例如，用多项式在 $t$ 点的值进行验证，A 只需要发送 $P(t)$ 和 $H(t)$，B 验证 $P(t) = H(t) \times Z(t)$，注意 $P(n)$ 表示多项式，$P(t)$ 代表多项式在 $t$ 点的取值，$H(t)$、$Z(t)$ 同理，下文表示方法相同不再解释。方案如图 4.17 所示。

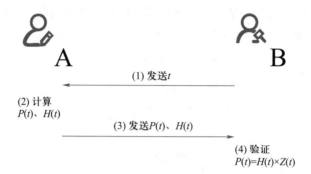

图 4.17　改进的简洁方案

但是这个简洁的零知识证明存在很多问题，第一个问题：A 提前知道 $t$，那么 A 可以伪造一个 $H'(n)$ 使 $P(t)=H'(t)\times Z(t)$ 从而骗过验证者 B。第二个问题：B 根本没法验证 A 是否真正利用多项式 $P(n)$ 去计算结果，也就是说无法证明 A 真正知道这个多项式 $P(n)$。

第三部分是同态隐藏，同态隐藏是利用加法同态密码算法解决第一个问题，即在 A 不知道 $t$ 值的情况下提交正确的 $P(t)$ 和 $H(t)$。

如果一个函数是同态隐藏的，则它满足以下性质。

（1）对于大部分的 $x$，给定 $E(x)$ 很难求解出 $x$。

（2）输入不同则输出也会不同，如果 $x\neq y$，则 $E(x)\neq E(y)$。

（3）若已知 $E(x)$ 和 $E(y)$，则可以生成 $x$ 加 $y$ 的算术运算式的同态隐藏。例如，可以使用 $E(x)$ 和 $E(y)$ 来计算 $E(x+y)$。例如，基于椭圆曲线离散对数难题定义一种加密算法 $E(x)=x\times g$，则

$$E(ax+by)=(ax+by)\times G=a\times x\times G+b\times y\times G=aE(x)+bE(y)$$

可以提供一系列 $t$ 指数的加密形式，例如，$E(1),E(t),E(t),E(t^2),\cdots,E(t^n)$，由于 A 的多项式是 $t$ 的指数的线性组合，所以 A 可以在不知道 $t$ 情况下根据这些密文计算出关于 $t$ 的多项式 $P(t)$ 和 $H(t)$。加入同态隐藏算法后的方案如图 4.18 所示。

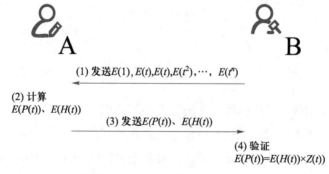

图 4.18　加入同态隐藏算法的方案

第 4 章　密码学技术

为了解决第二个问题引入第四部分内容 KCA（knowledge of coefficient test and assumption）。

首先要介绍 $\alpha$ 对，设有一对值 $b$、$c$ 满足 $c = b \times \alpha$，则 $(b,c)$ 称为一个 $\alpha$ 对，$\alpha$ 对的特性是无法从结果 $(b,c)$ 推出 $\alpha$。这一特性导致的结果就是当我们给出一个 $\alpha$ 对 $(b,c)$ 并且要求 A 再给出一个 $\alpha$ 对时，由于只有我们知道 $\alpha$，A 不知道，所以 A 只能根据给出的 $\alpha$ 对去构建新的 $\alpha$ 对返回，即 $(b,c)$ 乘以某个值 $r$ 形成新 $\alpha$ 对 $(b \times r, c \times r)$。当我们给出多个 $\alpha$ 对 $(b_1,c_1)$、$(b_2,c_2)$、$(b_3,c_3)$、$(b_4,c_4)$、……、$(b_n,c_n)$ 时，方法类似，A 返回一个由 $b$ 和 $c$ 序列线性组合组成的值对，即 $(d_1 \times b_1 + d_2 \times b_2 + \cdots + d_n \times b_n, d_1 \times c_1 + d_2 \times c_2 + \cdots + d_n \times c_n)$，其中 $d_i(i=1,\cdots,n)$，$n$ 为任意整数。也就是说通过 $\alpha$ 对我们是可以限制 A 只能使用我们给出的信息来构建新的 $\alpha$ 对。

然后回顾一下第一部分的内容，将原方程式 $x^3 + x + 5 = 35$ 处理成 $s \cdot A(n) \times s \cdot B(n) - s \cdot C(n) = 0$ 的形式，且令 $P(n) = s \cdot A(n) \times s \cdot B(n) - s \cdot C(n)$。这里的 $A(n)$、$B(n)$、$C(n)$ 也是可知的，因为方程的处理过程并没有涉及方程的解，所以任何人都可以做同样的处理，但只有 A 知道 $P(n)$，因为其中包含了 $s$，这是 A 独有的。而且 $s = (1,3,35,9,27,30)$ 是一个向量，$P(n)$ 可以看成是 $A(n)$、$B(n)$、$C(n)$ 的线性组合，而且它们的系数相同，都是 $s$。

根据前两段的内容，可以利用之前对多项式的描述和 $\alpha$ 对限制 A 提交的信息，来保证 A 计算的是正确的 $P(n)$。第一个限制就是 A 要提供 $P(n)$ 中三个部分 $s \cdot A(n)$、$s \cdot B(n)$、$s \cdot C(n)$ 的 $\alpha$ 对，以保证 A 提交的多项式是由 $A(n)$、$B(n)$、$C(n)$ 构成的；第二个限制是 A 要提交证据以证明它所提交的三个 $\alpha$ 对使用了相同的系数，从而进一步保证 A 计算的是正确的 $P(n)$。也就是说 A 要返回组成多项式 $P(n)$ 的三个部分的 $\alpha$ 对，还要证明构建三个部分的 $\alpha$ 对的系数相等。

具体过程如下。

首先将 $t$ 代入 $A(n)$、$B(n)$、$C(n)$ 并将其写成如下形式（在 $x^3 + x + 5 = 35$ 的例子中 $M = 4$）：

$$A(t) = (A_1(t), A_2(t), \cdots, A_M(t))$$
$$B(t) = (B_1(t), B_2(t), \cdots, B_M(t))$$
$$C(t) = (C_1(t), C_2(t), \cdots, C_M(t))$$

并将多项式写成 $P(t) = s \cdot A(t) \times s \cdot B(t) - s \cdot C(t) = SA(t) \times SB(t) - SC(t)$，其中 $SA(t) = s_1 \times A_1(t) + s_2 \times A_2(t) + \cdots + s_M \times A_M(t) = \sum_{i=1}^{M} s_i \times A_i(t)$。

同理 $SB(t) = \sum_{i=1}^{M} s_i \times B_i(t)$，$SC(t) = \sum_{i=1}^{M} s_i \times C_i(t)$。

对于第一个限制，需要提供表 4.7 所示的三组数据以使 A 进行计算并最终返回 $SA(t)$、$SB(t)$、$SC(t)$ 三个部分的 $\alpha$ 对。

表 4.7  三 组 数 据

| 第一组 | 第二组 | 第三组 |
|---|---|---|
| $E(A_1(t)),E(\alpha_A A_1(t))$ | $E(B_1(t)),E(\alpha_B B_1(t))$ | $E(C_1(t)),E(\alpha_C C_1(t))$ |
| $E(A_2(t)),E(\alpha_A A_2(t))$ | $E(B_2(t)),E(\alpha_B B_2(t))$ | $E(C_2(t)),E(\alpha_C C_2(t))$ |
| … | … | … |
| $E(A_M(t)),E(\alpha_A A_M(t))$ | $E(B_M(t)),E(\alpha_B B_M(t))$ | $E(C_M(t)),E(\alpha_C C_M(t))$ |

A 拿到这三组数据后计算出 $P(t)$ 三个部分的 $\alpha$ 对，以 $SA(t)$ 为例，A 要计算出 $E(SA(t))$，$E(\alpha_A SA(t))$ 并返回给 B 进行验证。计算方法如下：

$$E(SA(t))=E\Big(\sum_{i=1}^{M}s_i\times A_i(t)\Big) \qquad E(\alpha_A SA(t))=E\Big(\sum_{i=1}^{M}s_i\times \alpha_A A_i(t)\Big)$$

$$=\sum_{i=1}^{M}s_i\times A_i(t)\times G \qquad\qquad =\sum_{i=1}^{M}s_i\times \alpha_A A_i(t)\times G$$

$$=\sum_{i=1}^{M}s_i\times E(A_i(t)) \qquad\qquad =\sum_{i=1}^{M}s_i\times E(\alpha_A A_i(t))$$

第一个限制保证了 A 只能从我们给出的信息中构建多项式，大大降低了 A 作弊的风险；对于第二个限制，相同系数的保证，可以构建一个新的多项式如下：

$$F(n)=SA(n)+n^{d+1}\times SB(n)+n^{2(d+1)}\times SC(n)$$

这里用 $d$ 来表示 $SA$、$SB$、$SC$ 中最高的指数，其目的是保证前 $d$ 项系数为 $SA$ 的系数，中间 $d$ 项系数为 $SB$ 的系数，后 $d$ 项系数为 $SC$ 的系数，让 $F(n)$ 多项式能完美地表达出 $SA$、$SB$、$SC$ 的系数。

根据之前的处理可知

$$SA(n)=\sum_{i=1}^{M}s_i\times A_i(n)=\sum_{i=1}^{M}SA_i(n)$$

$$SB(n)=\sum_{i=1}^{M}s_i\times B_i(n)=\sum_{i=1}^{M}SB_i(n)$$

$$SC(n)=\sum_{i=1}^{M}s_i\times C_i(n)=\sum_{i=1}^{M}SC_i(n)$$

将上述式子代入可得

$$F(n)=s\times A(n)+n^{d+1}\times s\times B(n)+n^{2(d+1)}\times s\times C(n)$$

$$=s\times(A(n)+n^{d+1}\times B(n)+n^{2(d+1)}\times C(n))$$

令 $F_i(n)=A_i(n)+n^{d+1}\times B_i(n)+n^{2(d+1)}\times C_i(n)$，得 $F(n)=\sum_{i=1}^{M}s_i\times F_i(n)$。

也就是说如果 A 可以给出 $F(n)$ 关于 $F_i(n)$ 的线性组合，即可证明 $SA$、$SB$、$SC$ 的系数符合限定条件。这时还要给 A 提供关于 $F_i(n)$ 的 $\alpha$ 对，并要求 A 响应。具体流程如下。

与之前一样，将 $t$ 代入，计算出：$E(\beta F_1(t)),E(\beta F_2(t)),\cdots,E(\beta F_M(t))$（这里用 $\beta$ 表示新的 $\alpha$ 对）。

A 根据我们给的信息计算出 $E(\beta F(t))$ 并返回响应。

注意：这里计算 $E(\beta F(t))$ 方式与之前计算 $E(\alpha_A SA(t))$ 的方式同理，这里不再赘述。这里不提供 $E(F_i(t))$ 以及 A 不返回 $E(F(t))$ 的原因是构建多项式 $F(n)$ 的目的在于检查 $SA$、$SB$、$SC$ 的系数是否相等，而不是为了检查 A 是否根据我们给出的信息构建了 $F(n)$。

前文所有需要提供的数据（包括 4 个多项式序列的 $\alpha$ 对、一个用于计算 $H(t)$ 序列的 $\alpha$ 对等信息）就是 CRS，为了方案的简洁性，CRS 一般都是通过可信方生成并全网公开。CRS 的出现避免了我们与 A 交互的过程。引入 CRS 后协议如图 4.19 所示。

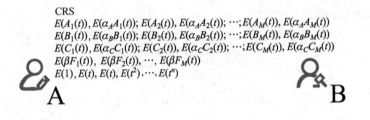

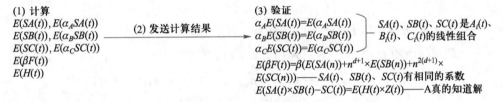

图 4.19　引入 CRS 后的协议流程

到这里，协议的验证过程仍然存在两个问题，第一个问题是在最后验证步骤中需要用到乘法 $E(SA(t)\times SB(t))$，之前讲的同态隐藏无法处理两个明文相乘的情况。第二个问题是由于验证数据 CRS 由第三方生成，我们不知道 $\alpha$、$\beta$ 和 $t$ 的值，无法进行验证。

为解决上述两个问题引入第五部分——双线性映射。

双线性映射是将两个不同域的元素映射到第三个域中的元素，即 $e(X,Y)\to Z$，其中最重要的性质是双线性：$e(R+S,Q)e(R,Q+S)=e(R,Q)e(R,S)$。根据椭圆曲线双线性映射的特性，可以得到一个弱化版的乘法同态。

定义 $E_1(x):=x\times g,E_2(x):=x\times h$ 是利用椭圆曲线离散对数难题构建的密码算法，$g$、$h$ 分别是两个椭圆曲线上的基点，通过改变椭圆曲线实现双线性可得以下结果。

（1）$E_1(ab)=ab\cdot g=aE_1(b)=bE_1(a)$，$E_2$ 同理。

（2）$e(E_1(a),E_2(b))=e(E_1(a),bE_2(1))=e(E_1(a),E_2(1))^b=e(bE_1(a),E_2(1))=e(E_1(ab),E_2(1))$。

（3）可以构造出 $E(x):=x\times e$，使 $E(xy)=e(E_1(x),E_2(y))$。

有了以上的条件，并且在 CRS 中添加 $\alpha$、$\beta$ 和 $t$ 的加密值（例如 $E_1(\alpha_A)$ 等）就可以解决上述的两个验证问题，例如，验证 $E(SA(t))$, $E(\alpha_A SA(t))$，只需计算 $e(E_1(\alpha_A)$, $E_2(SA(t)))$ 并验证是否与 $E(\alpha_A SA(t))$ 相等即可。

引入双线性映射后，最终的协议如图 4.20 所示。

CRS：
$E_1(A_1(t)), E_1(\alpha_A A_1(t)); E_1(A_2(t)); E_1(\alpha_A A_2(t)); \cdots; E_1(A_M(t)), E(\alpha_A A_M(t))|E_1(\beta F_1(t)), E_1(\beta F_2(t)), \cdots, E_1(\beta F_M(t))$
$E_2(B_1(t)), E_2(\alpha_B B_1(t)); E_2(B_2(t)); E_2(\alpha_B B_2(t)); \cdots; E_2(B_M(t)), E(\alpha_B B_M(t))|E_1(1), E_1(t), E_1(t), E_1(t^2), \cdots, E_1(t^n)$
$E_1(C_1(t)), E_1(\alpha_C C_1(t)); E_1(C_2(t)); E_1(\alpha_C C_2(t)); \cdots; E_1(C_M(t)), E_1(\alpha_C C_M(t))|E_2(1), E_2(\alpha_A), E_1(\alpha_B), E_2(\alpha_C), E_1(\beta), E_2(\beta)$

(1) 计算
$E_1(SA(t)), E_1(\alpha_A SA(t))$
$E_2(SB(t)), E_2(\alpha_A SB(t))$
$E_1(SC(t)), E_1(\alpha_C SC(t))$
$E_1(\beta F(t))$
$E_1(H(t))$

(2) 发送计算结果 →

(3) 计算
$E_1(Z(t))$
(4) 验证
(1) $e(E_1(SA(t)), E_2(\alpha_A)) = e(E_1(\alpha_A SA(t)), E_2(1))$
(2) $e(E_1(\alpha_B), E_2(SB(t))) = e(E_1(1), E_2(\alpha_B SB(t)))$
(3) $e(E_1(SC(t)), E_2(\alpha_C)) = e(E_1(\alpha_C SC(t)), E_2(1))$
(4) $e(E_1(\beta F(t)), E_2(\beta)) = e(E_1(SA(n)) + n^{2(d+1)} \times E_1(SC(n),$
$E_2(\beta))e(E_1(\beta), n^{d+1} \times E_2(SB(n)))$
(5) $e(E_1(SA(t)), E_2(SB(t))) = e(E_1(H(t)), E_2(Z(t)))e(E_1(SC(t)), E_2(1))$

图 4.20　最终协议

最后一步 $E(H(t) \times Z(t) + SC(t))$ 的计算过程如下：

$$E(H(t) \times Z(t) + SC(t)) = e(E_1(1), E_2(1))^{H(t) \times Z(t) + SC(t)}$$
$$= e(E_1(1), E_2(1))^{H(t) \times Z(t)} e(E_1(1), E_2(1))^{SC(t)}$$
$$= e(E_1(H(t)), E_2(Z(t)))e(E_1(SC(t)), E_2(1))$$

# 4.7　秘密分享

## 4.7.1　基本概念

秘密分享（secret sharing）是现代密码学领域中一个非常重要的分支，也是信息安全方向一个重要的研究内容，在区块链中有广泛应用。秘密分享最早由 Shamir 和 Blakley 于 1979 年独立提出，他们分别基于拉格朗日插值算法和多维空间点的性质提出了第一个 $(t, n)$ 门限秘密共享方案。秘密分享是一种将秘密分割存储的密码技术，目的是阻止秘密过于集中，以达到分散风险和容忍入侵的目的，是信息安全和数据保密中的重要手段。

考虑这样一个场景：某公司需要保护保险库的密码。他们可以使用一些标准的方法，例如，用 AES 算法来生成密码，但是如果密钥的持有者忘记了密钥怎么办？或者如果密钥通过恶意黑客被泄露，或者密钥的持有者被腐化，并利用这一权力为自己谋利呢？

这时秘密分享技术便有了用武之地，它可以用来加密保险库的密码并生成一定数量的秘密份额，这些份额可以分配给××公司内的每位管理者。现在，只有他们把自己的份额集中起来，才能打开保险库。所以即便一两个份额落入坏人手中，密码也是安全的。

类似地，在现实生活中，一些重要的决定或事件往往需要多人同时参与才能生效，对于一个重要的秘密信息，如主密钥、根私钥等，同样需要多人认可才可以使用，而在密码学上，解决这类问题的技术称为秘密分享技术。

秘密分享用分布式的方式保护秘密，最常见的用途是保护其他密钥。其基本概念是将秘密 $D$ 以适当的方式拆分为若干份额 $D_1, \cdots, D_n$，记为 $n$ 份，每个份额都是独一无二的，拆分后的每一个份额由不同的参与方管理，并设定一个恢复秘密所需份额数的最小阈值 $k$，$k$ 为一个小于等于 $n$ 的整数，由安全策略确定，这一最小阈值也被称为门限（threshold），秘密恢复的基本要求如下。

（1）已知任意 $k$ 个份额 $D_i$ 的值易于计算出 $D$。

（2）已知任意 $k-1$ 个或更少个数的 $D_i$，无法恢复出 $D$，并且也不会泄露任何有关 $D$ 的信息。

当 $k$ 小于 $n$ 时，也称之为 $(k,n)$ 门限秘密分享。

## 4.7.2　门限秘密分享

### 1. Shamir 门限秘密共享方案

Shamir 提出了 $(k,n)$ 门限秘密分享的概念并基于多项式的拉格朗日插值法给出了构造方法，此外，实现 $(t,n)$ 门限秘密共享的方法除了 Shamir 和 Blakley 的方案外，还有基于中国剩余定理的 Asmuth-Bloom 法以及使用矩阵乘法的 Karnin-Greene-Hellman 方法等，感兴趣的读者可以进一步去了解。但最常用的还是 Shamir 的 $(t,n)$ 门限方案，它实现简单，并且是一个完备的理想方案，这一构造法在区块链中具有广泛应用，下面将由简单到一般情形介绍这一构造。

首先考虑最简单的情形，如果要实现 $(2,n)$ 门限秘密分享，只需将秘密隐藏在直线方程的点中，如图 4.21 所示，假设秘密信息是 $S$，直线方程的斜率为 $m$，则可得直线方程 $y=mx+S$，然后对于 $n$ 个参与方，只需从直线上任取 $n$ 个点（$(0,S)$ 除外）：$(1, m+S), (2, 2m+S), \cdots, (n, nm+S)$ 作为份额分发给 $n$ 个参与方，$n$ 个参与方中的任意 2 方合作即可确定出原直线方程，从而构造出秘密信息 $S$，而如果只有一方试图构造出原直线方程是不可能的，例如，某方收到的点为 $(3,5)$，那么直线方程可以是 $y=3x-4$，$y=$

$102x-301$，$y=30\,384x-91\,147$ 等无限多种可能。

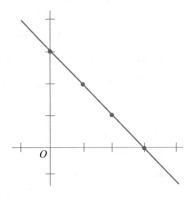

图 4.21　$(2,n)$门限秘密分享示意图

类似地，如果要实现$(3,n)$门限秘密分享，则将秘密信息隐藏在二次函数中，如图 4.22 所示。假设秘密信息是$S$，则可以构造二次函数 $y=ax^2+bx+S$。同样地，对于$n$个参与方，只需从抛物线上任取$n$个点（$(0,S)$除外）作为秘密份额分发给$n$个参与方，$n$个参与方中的任意 3 方合作，利用多项式插值法，即可解出二次函数$y$的三个变量，确定出原二次多项式并恢复秘密信息$S$，而其中任意的一方或两方合作是无法恢复出秘密信息$S$的。

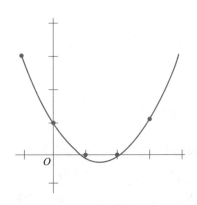

图 4.22　$(3,n)$门限秘密分享示意图

因此如果要实现$(k,n)$门限秘密分享，对于秘密信息$S$，只需以同样的方式构造$k-1$次多项式 $q(x)=a_0+a_1x+\cdots+a_{k-1}x^{k-1}$，其中 $a_0=S$，然后计算
$$S_1=q(1),\cdots,S_i=q(i),\cdots,S_n=q(n)$$

给定这$n$个值$S_i$中的任意$k$个，都可以通过多项式插值求出$q(x)$的系数，然后只需要计算$q(0)$即可得到秘密信息$S$。

对于$k$较小的情形，通过方程组解多项式尚可容忍，但对于$k$较大的情形，如何高效求解多项式呢？这便要提到恢复秘密时用到的多项式插值法，何为插值法？插值法其实就是通过一定数量的已知点，来求解通过已知点的未知函数解析式的数学方法。下面将介绍 Shamir 的秘密分享方案所使用的拉格朗日插值公式（Lagrange interpolation formula）。

现假设有 $N$ 阶多项式 $f(x)$，已知多项式上的点 $(x_i, f(x_i))$，$i=0,1,2,\cdots,N$，且这些点无重合，即 $i \neq j$ 时，有 $x_i \neq x_j$，则通过拉格朗日插值法求解多项式 $f(x)$ 的公式如下：

$$f(x) = \frac{(x-x_1)\cdots(x-x_n)}{(x_0-x_1)\cdots(x_0-x_n)}f(x_0) + \cdots + \frac{(x-x_0)\cdots(x-x_{n-1})}{(x_n-x_0)\cdots(x_n-x_{n-1})}f(x_n)$$

化简后可得拉格朗日插值公式：

$$f(x) = \sum_{i=0}^{n}\left[\left(\prod_{\substack{j=0 \\ j\neq i}}^{n}\frac{x-x_j}{x_i-x_j}\right)f(x_i)\right]$$

代入已知点到该公式即可求解出未知函数 $f(x)$ 的解析式。

**2. 存在的安全隐患**

前面介绍的 Shamir 秘密共享方案其实存在安全隐患，下面举例说明这一问题。

假设 $n=6$，$k=3$，$f(x) = a_0 + a_1 x + \cdots + a_{k-1}x^{k-1}$，$a_0 = S$，$a_i \in \mathbf{N}$，这些是要公开的信息。然后取 $a_0 = S = 1\,234$，$a_1 = 166$，$a_2 = 94$，这些是保密的信息。

现假设敌手 Eve 已经知道了两个点 $D_0 = (1, 1\,494)$ 和 $D_1 = (2, 1\,942)$，而她始终无法搜集到第 $k=3$ 个点，因此理论上她仍无法获取到关于秘密消息 $S$ 的更多信息。但是她已经知道了 $k=3$ 以及 $a_0 = S$。于是她可以得到

（1）$f(x) = S + a_1 x + a_2 x^2$。

（2）代入点 $D_0 = (1, 1\,494)$，可得 $1\,494 = S + a_1 + a_2$。

（3）代入点 $D_1 = (2, 1\,942)$，可得 $1\,942 = S + 2a_1 + 4a_2$。

（4）用（3）式减去（2）式可得 $448 = a_1 + 3a_2$，进一步地，可写为 $a_1 = 448 - 3a_2$。

（5）已知 $a_2 \in \mathbf{N}$，所以她开始将（4）式中的 $a_2$ 替换为 $0,1,2,3,\cdots$ 来寻找 $a_1$ 所有的可能取值：

$$a_2 = 0 \rightarrow a_1 = 448 - 3 \times 0 = 448$$
$$a_2 = 1 \rightarrow a_1 = 448 - 3 \times 1 = 445$$
$$a_2 = 2 \rightarrow a_1 = 448 - 3 \times 2 = 442$$
$$\vdots$$
$$a_2 = 148 \rightarrow a_1 = 448 - 3 \times 148 = 4$$
$$a_2 = 149 \rightarrow a_1 = 448 - 3 \times 149 = 1$$

在 $a_2 = 149$ 之后她停止了计算，因为如果继续计算，她将得到取值为负数的 $a_1$，而 $a_1 \in \mathbf{N}$，所以她的结论是 $a_2 \in [0, 1, \cdots, 148, 149]$

（6）将（2）式中的 $a_1$ 替换为（4）式可得 $1\,494 = S + (448 - 3a_2) + a_2 \Rightarrow S = 1\,046 + 2a_2$。

（7）将（4）式中的 $a_2$ 依次替换为（5）式中找到的取值，可以得到

$$S \in [1\,046+2\times0, 1\,046+2\times1, \cdots, 1\,046+2\times148, 1\,046+2\times149]$$

这使得她获取到一个更小的 $S$ 取值范围：

$$S \in [1\,046, 1\,048, \cdots, 1\,342, 1\,344]$$

现在，敌手 Eve 只需从 150 个自然数中进行猜测即可得到秘密信息 $S$，而不再是无穷多种可能性。所以由此可以看出该方案存在的安全隐患。

**3. 解决方法**

以上攻击方法主要思想是利用已知多项式的次数这一事实以及点必须在曲线上这一约束条件来进一步缩小可能的取值范围。

该问题可通过将自然数域上的运算转化为有限域上的运算加以解决。图 4.23 是一条有限域上的多项式曲线，可以看出此时多项式的次数与图的形状几乎没有关系，并且与一般的平滑曲线相比也是杂乱无章的，由此也可以大体感受到攻击者在这种图像下想要有效地缩小取值范围的困难程度。

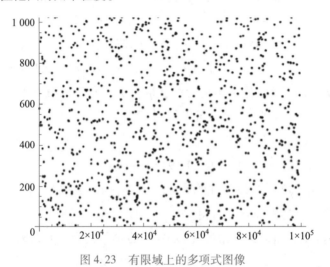

图 4.23　有限域上的多项式图像

现取一个较大的素数 $p$ 作为域的大小，素数 $p$ 要满足 $p>n$ 并且 $p>a_i$（包括 $a_0=S$），并且计算点时要将函数值取模 $p$：$(x, f(x) \bmod p)$，而不是 $(x, f(x))$。

因为每个拿到份额（坐标）的参与方都必须知道素数 $p$ 的值，所以可认为 $p$ 是公开的，因此 $p$ 取值不可以太小，否则是有风险的，因为敌手知道 $p>S \Rightarrow S \in [0, 1, \cdots, p-2, p-1]$，所以 $p$ 的值越小，敌手 Eve 猜测秘密信息 $S$ 所需要尝试的值就越少。

下面再举例说明改进后的安全性如何保证。

取 $p=1\,613$，设多项式 $f(x)=1\,234+166x+94x^2(\bmod 1\,613)$，给出以下点的值：$(1, 1\,494)$；$(2, 329)$；$(3, 965)$；$(4, 176)$；$(5, 1\,188)$；$(6, 775)$，分发这些份额之后假设敌手 Eve 又获取到了其中两个点的值：$D_0=(1, 1\,494)$ 和 $D_1=(2, 329)$。此次公开的信息为 $n=6, k=3, p=1\,613, f(x)=a_0+a_1x+\cdots+a_{k-1}x^{k-1}(\bmod p), a_0=S, a_i \in \mathbf{N}$。

因此按照之前的攻击思路，Eve 进行如下计算。

（1）根据已知的 $k$ 和 $p$ 的值，将函数表示为

$$f(x)=S+a_1x+a_2x^2(\bmod 1\ 613)\Rightarrow f(x)=S+a_1x+a_2x^2-1\ 613m_x,m_x\in \mathbf{N}$$

（2）将 $D_0$ 坐标的值代入表达式（1）可得

$$1\ 494=S+a_1+a_2-1\ 613m_1$$

（3）将 $D_1$ 坐标的值代入表达式（1）可得

$$329=S+2a_1+4a_2-1\ 613m_2$$

（4）用（3）式减去（2）式可得

$$-1\ 165=a_1+3a_2+1\ 613(m_1-m_2)$$

进一步地，移项可得

$$a_1=-1\ 165-3a_2-1\ 613(m_1-m_2)$$

（5）已知 $a_2\in\mathbf{N}$，可将（4）式中的 $a_2$ 替换为 $0,1,2,3,\cdots$ 来找出 $a_1$ 所有的可能取值：

$$a_2=0\rightarrow a_1=-1\ 165-3\times0-1\ 613(m_1-m_2)=-1\ 165-1\ 613(m_1-m_2)$$

$$a_2=1\rightarrow a_1=-1\ 165-3\times1-1\ 613(m_1-m_2)=-1\ 168-1\ 613(m_1-m_2)$$

$$a_2=2\rightarrow a_1=-1\ 165-3\times2-1\ 613(m_1-m_2)=-1\ 171-1\ 613(m_1-m_2)$$

$$\vdots$$

这一次，敌手 Eve 无法像之前一样找到停止计算的终点了，因为 $(m_1-m_2)$ 可以是任意整数（如果 $m_2>m_1$ 甚至也可以是负数），这样 $a_1$ 的取值就有了无限种可能，因此敌手 Eve 并不能获得猜测秘密信息 $S$ 的任何优势。

所以由上面的分析可以得出，将自然数域上的计算转化为有限域上的计算可以保证秘密分享的安全性。

那么将原方案改为有限域上的计算后，拉格朗日插值法还能否应用于有限域呢？

答案是肯定的，拉格朗日插值法在有限域上也是成立的。此外有一点要特别注意，拉格朗日插值法计算过程中的除法，在有限域上计算时相当于乘这个元素的逆元（逆元的计算方法在此不再展开，具体可查阅扩展欧几里得算法）。而这也可以作为理解 $p$ 为什么是素数的原因，因为只有模数 $p$ 是素数，域上元素才能保证逆元存在且唯一，才能构成有限域，这样插值计算才可以正确使用。

### 4.7.3　秘密分享在区块链中的应用

#### 1. 交易数据分发

秘密共享方案有利于安全多方计算在多方之间分发份额，Shamir 的秘密共享方案早就被用在分发交易数据中，而在区块链中的数据完整性并没有明显的损失。

### 2. 系统状态分布式存储

Vitalik Buterin 认为，秘密共享可以帮助加强去分布式自治组织。分布式自治组织（distributed autonomous organization，DAO）可以通过分发信息的各个部分给系统中各个节点以体现秘密共享的优势，而不是在每个节点都存储完整的信息。DAO 中的秘密共享可以在参与节点存储一组系统状态的份额，而不是存储整个系统状态的情况下实现共识。这些份额是多项式上的一些点，这些点组成了系统状态的一部分。

### 3. 私钥保护

秘密共享策略也用在了不同的链下和链上比特币钱包以保护密码持有者的私钥。秘密共享策略通过去中心化的方式存储秘密信息为区块链带来好处，这样未授权方就无法访问它。

### 4. 其他

秘密共享以不同的目的在区块链中使用，例如，基于秘密共享的公平且安全的投票协议（SHARVOT），基于迷你区块链（mini blockchain）的新加密货币。

# 4.8 可验证伪随机函数

## 4.8.1 基本概念

如何可靠安全地生成一个随机数？也许你会想到掷骰子的结果，更进一步地，还可以从电路的热噪声、核裂变等其他物理现象中采集随机源，这些随机源来自自然界，无法预测，结果不确定，被称为真随机数（true random number）。

而真随机数存在的问题在于，采集成本高，难以在短时间内生成大量的随机数；虽然能保证随机性，但是其结果的分布往往是不均匀的，不均匀的分布会给很多现实应用，如彩票软件、摇号软件、随机选举甚至网络游戏等内部的公平性带来很多问题，所以并不适合实际应用。

伪随机数（pseudo-random number）则是指由计算机执行特定的算法模拟生成的随机数，这种算法也被称作伪随机数生成器（pseudo-random number generator，PRNG），对于 PRNG，给定一个较短的初始值作为产生随机数的"种子"，就能得到一个伪随机数，且其结果是确定的。换言之，对于同一算法，用相同的"种子"初始化就会得到相同的输出。

那么伪随机性的定义是什么呢？如何衡量一个伪随机数生成器的好坏呢？为什么伪随机数可以在实际应用中使用呢？

**1. 伪随机数生成器（PRNG）**

设 $\ell$ 是一个多项式，$G$ 是一个确定的多项式时间的算法，使得对于任意 $n$ 以及任何输入 $s \in \{0,1\}^n$，输出 $G(s)$ 是一个长度为 $\ell(n)$ 的字符串。我们说 $G$ 是一个伪随机数生成器当且仅当满足以下两个条件。

（1）扩展性（expansion）：对任何 $n$ 的取值都有 $\ell(n) > n$。

（2）伪随机性（pseudorandomness）：对于任意多项式时间的区分算法 $D$，都存在一个可忽略函数 negl 使得

$$\left| \Pr\left[ D(G(s)) = 1 \right] - \Pr\left[ D(r) = 1 \right] \right| \leqslant \mathrm{negl}(n)$$

其中第一个概率表示均匀选取 $s \in \{0,1\}^n$ 的情况下 $D$ 所表现出的随机性，第二个概率表示均匀选取 $r \in \{0,1\}^{\ell(n)}$ 的情况下 $D$ 表现出的随机性。$\ell$ 可理解为 $G$ 的长度扩展因子。

简单来说，如果 $G$ 生成的随机数与均匀分布任意选取的随机数之间在多项式时间内是不可区分的，就说该随机数满足伪随机性。

伪随机数可以在实际应用中使用很重要的一点就是它满足均匀分布，这避免了真随机数可能的不均匀性，并且 PRNG 属于多项式时间的算法，可以在短时间内高效生成大量的伪随机数。

PRNG 的实现往往会直接使用编程语言自带的函数库生成随机数，而这样生成随机数往往是不安全的，虽然它们有的会采集很多随机源作为种子，如键盘、鼠标的敲击次数等，但因为这类随机源的熵值过低，对于安全性要求比较高的用户群体，他们通常会认为这种随机数的生成算法不够安全，而且他们可能担心开发人员在程序中设计了后门。

可能很多人会觉得在区块链这种实时动态地发生着未知变化的分布式网络中，想要获取一个可靠的随机源作为"种子"是一件很容易的事情，但其实在区块链这样的分布式网络中想要生成一个安全可用的伪随机数往往要面临更多的问题。例如，2018 年 11 月 3 日，竞猜游戏 EOSDice 就因为 dApp 中存在可被预测随机数漏洞被黑客攻击，因为 EOSDice 中，随机数种子是很多账户余额的总和，黑客完全可以通过计算能让黑客稳赢的状态下这个余额的值，然后再给任意账户转账即可控制 EOSDice 的随机数结果。

另一方面，如果开发伪随机数生成器而不公开源代码，不透露随机数的生成细节，用户该如何相信自己拿到的随机数是通过安全可信的算法生成，而不是你精心设计过的一串数字呢？但公开随机数生成算法便又带来了被黑客攻击的风险。如何安全高效地生成随机数，又让别人可以验证你的随机数生成过程是否是正确的成为一个问题。

可验证伪随机函数（verifiable random function，VRF）解决的正是这一问题，VRF 的概念最初由 Micali、Rabin 和 Vadhan 在 1999 年提出，简单来说，VRF 就是将输入映射为伪随机输出，并为该输出提供了非交互的可验证证明，来验证这一伪随机数确实是私钥拥有者正确执行函数生成的，本质是与非对称密钥思想结合的哈希函数。

**2. 可验证伪随机函数**

设 $G$、$F$ 和 $V$ 是多项式时间算法，VRF 是以下三个算法的综合。

（1）$G(1^k) \rightarrow (\text{PK}, \text{SK})$（密钥生成算法）。

输入：$k$（安全参数）比特的二进制串。

输出：公钥 PK，作为验证秘钥；私钥 SK，与随机输入 $1^k$ 有关。

（2）$\text{PROVE}(\text{SK}, x) \rightarrow (F(\text{SK}, x), \pi(\text{SK}, x))$（VRF 输出及证明生成算法）。

输入：私钥 SK 和消息 $x$。

输出：VRF 关于输入消息 $x$ 输出的伪随机二进制串 $v = F(\text{SK}, x)$ 和相应的证明 $\text{proof} = \pi(\text{SK}, x)$。

（3）$V$（验证函数）。

输入：$(\text{PK}, x, v, \text{proof})$。

输出：YES 或 NO。当且仅当 proof 是 PROVE 算法以 $(\text{SK}, x)$ 为输入时的输出 $\pi(\text{SK}, x)$ 一致时才会输出 YES。

VRF 满足以下基本性质。

（1）唯一性（uniqueness）：对于所有的 $\text{PK}, x, v_1, v_2, \text{proof}_1, \text{proof}_2$ 并且 $v_1 \neq v_2$，$i = 1$ 和 $i = 2$ 同时满足 $V(\text{PK}, x, v_i, \text{proof}_i) = \text{YES}$ 的概率小于 $2^{-\Omega(k)}$（$k$ 为安全参数）。

（2）可证明性（provability）：对于所有的 $x$，如果 $(v, \text{proof}) = F(\text{SK}, x)$，则有

$$\Pr[(V(\text{PK}, x, v, \text{proof}) = \text{YES}] > 1 - 2^{-\Omega(k)}$$

（3）伪随机性（pseudorandomness）：VRF 的输出值都是伪随机的，即便是多个不同输入的输出值及其证明 proof 放在一起，对于任何不知道密钥的敌手来讲，输出值与任意选取的随机数也是不可区分的。

## 4.8.2 基本构造

本节将主要介绍基于数字签名、哈希函数的 VRF 构造，该构造简单高效，在区块链中应用较广。

该过程的参与方有两个：所有者（Owner）和验证者（Verifier）。

（1）$G(1^k) \rightarrow (\text{PK}, \text{SK})$（密钥生成算法）。

输入：$k$（安全参数）比特的二进制串。

执行过程：所有者生成一对自己的公私钥，其中公钥为 PK，私钥为 SK。

（2）$\text{PROVE}(\text{SK}, x) \rightarrow (H(\text{Sig}_{\text{SK}}(x)), \text{Sig}_{\text{SK}}(x))$（VRF 输出及证明生成算法）。

输入：私钥 SK 和消息 $x$。

执行过程：

① 私钥 SK 的所有者对输入消息 $x$ 进行签名，得到 $\text{Sig}_{\text{SK}}(x)$。

② 所有者对签名 $\text{Sig}_{\text{SK}}(x)$ 通过哈希函数 $H$ 计算得到伪随机数 $H(\text{Sig}_{\text{SK}}(x))$。

③ 所有者将 $\text{Sig}_{\text{SK}}(x)$ 作为验证伪随机数生成过程正确性的证明 proof 也一并输出。

（3）$V(\text{PK}, x, v, \text{proof}') \rightarrow \text{YES/NO}$（验证函数）。

输入：$(\text{PK}, x, v, \text{proof}')$。

执行过程：

① 验证者首先计算 $H(\text{proof}')$ 验证是否满足 $H(\text{proof}') = v$，如果不满足则输出 NO，满足则执行（2）。

② 验证者通过公钥 PK 和 proof′ 对 proof′ 执行签名验证算法。

$\text{Ver}_{\text{PK}}(\text{proof}') = x'$，如果 $x' = x$，则由签名算法验证的唯一性可知，必定有 $\text{proof}' = \text{proof} = \text{Sig}_{\text{SK}}(x)$，proof′ 为真，伪随机数生成过程的正确性验证通过，输出 YES；如果 $x' \neq x$，则输出 NO。

粗略一看，VRF 与普通的数字签名好像没有什么区别，但实际上，VRF 中用到的数字签名与普通的数字签名是有区别的。首先回顾一下 4.8.1 节中谈到的 VRF 的基本性质——唯一性，即对于同一个消息 $x$，输出的伪随机数应该是唯一确定的。而对应到本节的具体构造，如果要保证 $H(\text{Sig}_{\text{SK}}(x))$ 唯一确定，则 $x$ 的签名也应该是唯一的。但普通的数字签名方案并不能完全保证这一点，以 ECDSA 为例，假设对消息 $x$ 签名后生成的签名对为 $(r, s)$，则 $(r, -s)$ 也是合法的签名，并且也可以通过签名验证。类似地，国密 SM2 数字签名算法也同样无法保证签名的唯一性。

如果签名算法不能保证签名的唯一性，那么随机数的生成者就可以通过提前尝试生成不同的签名来对比挑选出对自己最有利的随机数结果，而这显然会降低 VRF 的安全性。而目前 VRF 有基于 RSA-FDH 实现的，也有基于椭圆曲线（elliptic curves）实现的。

VRF 对于签名算法的唯一性是有要求的，这是出于安全性的考虑，是尤其要注意的。此外，对于 VRF 的构造还有比较经典的 Dodis 和 Yampolskiy 在 2005 年提出的基于双线性映射的 VRF 构造方案，基于 q-DBDHI 假设保证安全性，是 VRF 的一种高效的构造，可通过椭圆曲线定义的群实现，其证明的长度以及密钥的长度固定，与输入的大小无关。该构造适合有抽象代数、基于椭圆曲线的公钥密码学基础的读者阅读，如需学习，先简单了解一下群论尤其是乘法循环群的知识即可理解本构造。

## 4.8.3 应用场景

在目前所见到的用法中，VRF 在区块链中的应用主要是确定出块者。其中比较有名的项目便是 Algorand，这是由 VRF 的提出者 Micali 教授与合作者于 2016 年提出的一个区块链协议，使用 VRF 是为了高效、公平、可验证地实现秘密抽签（cryptographic sortition）算法，并解决比特币区块链系统中能耗过多、出块慢、易分叉的问题。

Algorand 的共识机制假设网络中 2/3 的用户是诚实的，节点用户通过 VRF 的输出来选举出验证者和出块人。首先系统会不断更新一个"种子参数"，每一轮协议开始时，所有用户在本地使用私钥和"种子参数"秘密地计算自己的 VRF 输出。VRF 的输出小于某个阈值即可被选为验证者，这个阈值在用户节点足够多的情况下可以保证稳定比例的用户被选中。然后被选中为验证者的用户将自己的凭证（VRF 输出）连同自己组装的区块一起输出，凭证最小的验证者即被当选为出块人。出块人得益于 VRF 的可验证性，验证者及出块人的身份合法性都是可以得到验证的，而种子参数和 VRF 又保证了谁被当选为出块人是不可预测的，所以即便敌手能瞬间腐化出块人，也无法撤回出块人已经发出的区块内容。而下一轮的种子参数通常由本轮出块人的 VRF 输出确定，这也保证了每一轮种子参数的随机性。

而这样依赖大多数用户使得诚实的系统容易遭受女巫攻击（sybil attack），即攻击者以极低的代价生成大量用户，提高选举成功的概率。所以 Algorand 引入了权益证明（PoS）的思想，不只考虑用户的数量，还考虑用户的资产所占的总比例来决定最终的中签概率，抵御女巫攻击。

当然除了以上介绍的，还有很多 Algorand 需要考虑的问题，例如缺乏用户激励、真实网络的扩散速度等问题。而本节的重点仅在于理解 VRF 在区块链中所起到的作用，因为 VRF 在其他区块链项目如 DFINITY、TASchain 中的用法也是大同小异的。如果读者对 Algorand 以及其他 VRF 相关的区块链项目感兴趣，可以进一步去查阅相关文献。

因为 VRF 本身的特性，它在区块链中已经有很多应用实例。Witnet 网络协议也采用了 VRF 来完成加密抽签。Ouroboros Praos 使用 VRF 根据当前的时间戳和 nonce 值来决定参与者是否有资格发布块。Dfinity 网络是一个去中心化的云计算资源，它使用 VRF 来随时间产生输出流。因此，可验证随机函数的使用带来了区块链领域很多有待发掘的优势和更多研究的机会。

# 第 5 章

# 区块链共识算法

## 5.1　共识算法总体介绍

教学课件：
第 5 章

作为一种分布式系统的应用范式，一致性问题是区块链系统需要解决的基础性问题，而共识算法是解决区块链系统一致性问题的基本途径。在区块链系统中，共识算法不但决定了系统中链上数据对外呈现出一致状态的方式，还提供了一定程度下的容错性能，保证系统的稳定运行。根据许可方式的不同，不同的区块链中节点的类型也不尽相同，其中有部分节点会参与到共识算法中，依照特定规则对系统中产生需要上链的数据进行验证，打包之后写入到区块链中。可以被写入到区块链中的数据是各节点依据共识算法一致认可的，即保证了链上数据的一致性状态。

### 5.1.1　拜占庭将军问题

分布式系统共识算法可以追溯到 1982 年 Leslie Lamport 提出的拜占庭将军问题。该问题的大意描述如下：来自拜占庭的几支军队集结在敌人的城邦下，每支军队都有一位将军发号施令，将军之间只能通过信使相互联系。在观察过敌人之后，各将军会给出一个行动计划（进攻或撤退）。最终需要所有将军就行动计划达成一致并执行，避免行动失败。但是，有种情形是这几位将军中有人叛变，叛变者会尝试阻止其他忠诚的将军达成一致的计划。而拜占庭将军问题就是，这些忠诚的将军如何在不知道谁是叛徒的情况下，只依靠信使通信来做出一致的行动计划避免行动失败。

拜占庭将军问题自提出以来就成为分布式系统中点对点通信的一个基本问题。该问题形式化地描述了在分布式系统中的节点由于硬件、网络或者受到恶意攻击等原因可能出现不可预料的行为。在此背景下，系统中的各诚实节点（未出现问题的节点）需要一个合适的算法达成共识，即共识算法。Lamport 为用于解决拜占庭将军问题的共识算法提出了两点要求。

（1）所有忠诚的将军需就一致的行动计划达成共识。

忠诚的将军会严格按照共识算法行事，但是叛徒不会。无论叛徒有何举动，共识算法必须保证要求（1）的实现。

（2）少数的叛徒无法使忠诚的将军做出不合理的计划。

共识算法不仅要使各忠诚的将军采取一致行动，还应保证该行动是合理的。

拜占庭将军问题提出后，共识算法被分为了两类：拜占庭容错算法和非拜占庭容错算法。本章后文将介绍的各种共识算法中，除 Raft 算法为非拜占庭容错算法，其余均为拜占庭容错算法。

为了解决拜占庭将军问题，Lamport 提出了两种解决方案：基于口头消息的方案和基于签名消息的方案。下面先来介绍一下这两个方案，使大家对共识算法有一个初步的了解。

## 5.1.2　拜占庭将军问题的解决方案

### 1. 基于口头消息的解决方案

口头消息的意思是消息完全由发送者控制，在此条件下，叛徒可以发送任意可能的消息。这里先给出一个不可能结论。

**定理 5.1**　如果将军们只能发送口头消息，那么在存在 $m$ 个叛徒的情况下，若将军总数小于 $3m+1$，则没有方法解决拜占庭将军问题。

特别的，如果只有三个将军，且其中有一位叛徒，那么没有任何解决方案可以解决该问题。

下面先就三位将军的特殊情况进行说明。为了讨论方便，可以把拜占庭将军问题等价描述如下。

一名指挥官要向他的 $n-1$ 个副官发出指令，所有副官要就指挥官发出的指令做出满足一定条件的决定，要满足的条件如下。

IC1：所有忠诚的副官都服从同样的指令。

IC2：如果将军是忠诚的，那么所有忠诚的副官都应服从将军发出的指令。

需要注意的是，如果将军是忠诚的，那么条件 IC1 可以由条件 IC2 保证，但是将军并不一定是忠诚的。

在上述模型下，来分析一下三位将军的情况（一位指挥官有两名副官，其中有一个叛徒），假设指挥官发出的指令只有"进攻"和"撤退"两种。

图 5.1 给出了三位将军中存在一个叛徒时的可能情况。对于情况一：指挥官是忠诚的，并且发出了"进攻"的指令，但是副官 2 是叛徒，他向副官 1 报告他收到的指令是"撤退"。由于 IC2 的限制，副官 1 必须做出进攻的决定。然后来看情况二：此时，指挥

官是叛徒，他向副官 1 发出"进攻"指令，向副官 2 发出"撤退"指令，由于副官 2 是忠诚的，他向副官 1 报告将军的指令是"撤退"。对于副官 1 来说，在这两种情况下，他收到的消息是完全一样的，因此他无法判断谁是叛徒，那么他只能服从指挥官的指令。类似的，如果副官 2 是忠诚的，无论副官 1 报告的消息如何，他也只能服从指挥官的指令。因此，在情况二中，副官 1 做出"进攻"的决定而副官 2 做出"撤退"的决定，而该决定违反了 IC1。由此可知，在有一个叛徒在场的情况下，没有可行的方案解决拜占庭将军问题。

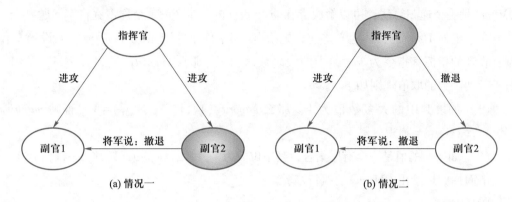

图 5.1　三位将军时的可能情况

在此结论的基础上可以证明定理 5.1，该证明采用反证法，证明如下。

假设存在可以解决 $3m$（或者更少）个将军的拜占庭将军问题的方案，则可以通过该方案构造满足三个将军的拜占庭将军问题的解决方案，而这与之前的结论矛盾，即可证明定理 5.1 的正确性。

构造的具体过程如下。

为了不引起混淆，将假设中的解决方案称为阿尔巴尼亚将军，而要构造的问题的解决方案称为拜占庭将军。可以让每个拜占庭将军模拟大约 1/3 的阿尔巴尼亚将军，而每个拜占庭将军最多只能模拟 $m$ 个阿尔巴尼亚将军，这样就得到了三个拜占庭将军问题的解决方案。具体的模拟过程为，拜占庭指挥官模拟阿尔巴尼亚指挥官和最多 $m-1$ 个阿尔巴尼亚副官，另外两名拜占庭副官每人模拟最多 $m$ 个阿尔巴尼亚副官。由于只有一名拜占庭将军可能成为叛徒，而他最多只能模拟 $m$ 个阿尔巴尼亚将军，因此，最多只会有 $m$ 个阿尔巴尼亚将军是叛徒。由于假设的解决方案要满足 IC1 和 IC2，因此，所有忠诚的阿尔巴尼亚副官必须服从同样的指令，而这些忠诚的副官由忠诚的拜占庭副官扮演，那么，拜占庭将军的行为也就满足 IC1 和 IC2，而之前已经证明，这是不可能的，因此，假设不成立，得证。

定理 5.1 说明了要解决基于口头消息传递的拜占庭将军问题，必须至少有 $3m+1$ 名将军，下面就来介绍适用于 $3m+1$ 或者更多的拜占庭将军问题的解决方案。

首先给出基于口头消息的拜占庭问题解决方案的模型约束。

A1：消息在传递过程中不会出现错误。

A2：接收者知道接收的消息来自谁。

A3：可以检测到消息的缺失。

约束 A1 和约束 A2 避免了叛徒干扰忠诚的将军通信，约束 A3 避免了叛徒通过不发送消息的方式来阻止忠诚的将军达成一致。如果指挥官是叛徒，那么他可能不发送指令，而副官必须要对行动做出决定，在此种情况下，副官默认做出"撤退"决定。

下面定义基于口头消息的拜占庭将军问题解决方案 $OM(m)$（$m$ 为非负整数），$OM(m)$ 是一个递归算法，可以解决存在 $m$ 个叛徒的至少 $3m+1$ 个拜占庭将军问题。

在给出 $OM(m)$ 的具体定义之前，先给出一个副官的行动函数 $majority$。假设第 $i$ 个副官收到的指挥官指令为 $V_i$，$V_i$ 中的大多数值为 $V$，那么 $majority(V_1, V_2, \cdots, V_{n-1}) = V$。对于行动函数的取值规则如下。

（1）如果 $V_i$ 中的大多数值为 $V$，那么 $majority(V_1, V_2, \cdots, V_{n-1}) = V$，否则 $majority(V_1, V_2, \cdots, V_{n-1}) = $ 撤退。

（2）如果 $V_i$ 的值是一个有序集合，其中位数为 $V$，那么 $majority(V_1, V_2, \cdots, V_{n-1}) = V$。

下面递归地给出 $OM(m)$ 的执行步骤。

$OM(0)$：

（1）指挥官发送指令 $V$ 给每一位副官。

（2）若副官收到了指挥官的消息 $V$，则他服从 $V$ 指令，否则该副官决定撤退。

$OM(m)$，$m>0$：

（1）指挥官发送指令 $V$ 给每一位副官。

（2）对于副官 $i$，若他收到了来自指挥官的指令，则设他收到的指令为 $V_i$，否则他决定撤退。然后副官 $i$ 对其他 $n-2$ 个副官执行 $OM(m-1)$。

（3）对于副官 $i$，设 $V_j$ 为副官 $i$ 在步骤（2）收到的副官 $j$ 的指令（$j \neq i$），如果副官 $i$ 没有从副官 $j$ 处收到指令，默认为撤退，副官 $i$ 最终的决定为 $majority(V_1, V_2, \cdots, V_{n-1})$。

为了更好地理解该算法，下面举例说明。

假设 $m=1$，$n=3m+1=4$。当一个副官是叛徒时，一种情况如图 5.2 所示。

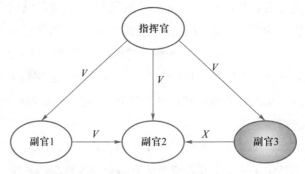

图 5.2　$OM(1)$ 示例，副官 3 为叛徒

图 5.2 给出了当指挥官发出指令 $V$，且副官 3 为叛徒时副官 2 收到的消息情况。根据上面的算法定义：第一步，指挥官把 $V$ 发送给三个副官；第二步，副官 1 根据 OM(0) 将 $V$ 发送给副官 2，叛徒副官 3 为了阻止达成一致发送了 $X$。第三步，副官 2 收到的消息为 $V_1 = V_2 = V$，$V_3 = X$，则副官 2 的决定为 $majority(V,V,X) = V$。

当指挥官为叛徒时，情况如图 5.3 所示。

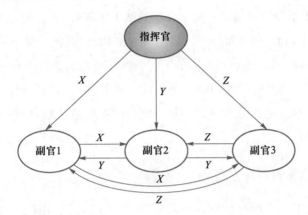

图 5.3　OM(1) 示例，指挥官为叛徒

如图 5.3 所示，在指挥官为叛徒的情况下，无论他发给副官 1、副官 2、副官 3 的指令 $X$、$Y$、$Z$ 为何，最终三个副官通过 $majority(X,Y,Z)$ 做出的决定都将是一致的。

通过上面的示例对 OM($m$) 算法有了大致的了解，那么该算法是否能解决存在 $m$ 个叛徒的至少 $3m+1$ 个拜占庭将军问题呢，下面就来证明这一点。为了证明 OM($m$) 算法的正确性，首先给出如下引理。

**定理 5.2**　对于任意的 $m$ 和 $k$，如果在多于 $2k+m$ 个将军中最多只有 $k$ 个叛徒，算法 OM($m$) 满足 IC2。

采用归纳法证明引理 5.2 如下。

IC2 规定了如果将军是忠诚的，那么所有忠诚的副官都应遵从将军的指令，根据模型约束 $A1$，如果指挥官是忠诚的，那么 OM(0) 满足 IC2。假设 OM($m-1$)($m-1>0$) 满足 IC2，则对于 OM($m$)：根据算法定义，在步骤（1）中，忠诚的指挥官向所有 $n-1$ 个副官发送一个指令 $V$。在步骤（2）中，每个忠诚的副官采用 OM($m-1$) 算法给其他副官发送他们接收到的指令。由于 $n>2k+m$，则 $n-1>2k+(m-1)$，根据假设，对于每个忠诚的副官 $j$，$V_j = V$。由于至多有 $k$ 个叛徒且 $n-1>2k+(m-1)>2k$，则 $n-1$ 个副官中的大多数都是忠诚的。因此，在步骤（3）中每个忠诚的副官计算 $majority(V_1,V_2,\cdots,V_{n-1}) = V$，满足 IC2，得证。

在证明了引理 5.2 后，给出如下定理。

**定理 5.3**　对于任意的 $m$，若拜占庭将军总数大于 $3m$ 且最多只有 $m$ 个叛徒，OM($m$) 满足 IC1 和 IC2。

采用归纳法证明如下。

对于 $m=0$，显然 OM(0) 满足 IC1 和 IC2。假设对于 $m-1>0$，OM($m-1$) 满足 IC1 和 IC2，则对于 OM($m$)：首先考虑指挥官是忠诚的情况，根据引理 5.2，当 $k=m$ 时，OM($m$) 满足 IC2，而 IC1 可由 IC2 推导出。因此在指挥官是忠诚的情况下，定理 5.3 成立。下面来看指挥官是叛徒的情况。由于最多有 $m$ 个叛徒，而且指挥官也是其中之一，那么，最多有 $m-1$ 个副官是叛徒。由于将军总数多于 $3m$，因此副官的总数多于 $3m-1$，$3m-1>3(m-1)$。根据假设，OM($m-1$) 满足 IC1 和 IC2，因此，对于每个 $j$，任何两个忠诚的副官都会在步骤（3）中获得相同的 $V_j$（若两个忠诚的副官中有一个是 $j$，那么根据 IC2，他们的 $V_j$ 相同，否则，根据 IC1，他们的 $V_j$ 也相同）。因此，任意两个忠诚的副官得到的指令集合 $V_1,V_2,\cdots,V_{n-1}$ 都是相同的，则他们在步骤（3）中做出的决定也是相同的，满足 IC1，得证。

### 2. 基于签名消息的解决方案

上文给出了基于口头消息的拜占庭将军问题解决方案，由图 5.2 和图 5.3 可以看出，就是因为叛徒可以任意改变指挥官的指令而不被发现，所以使得问题的解决如此复杂。如果将军发送不可伪造的签名消息，或者说在基于口头消息解决方案的约束模型上增加一个条件 A4，该条件如下。

（1）忠诚将军的签名是不可伪造的，对其签名消息的内容的任何篡改都可以被检测到。

（2）任何人都可以核实将军签名的正确性。

需要注意的是，A4 只对忠诚将军的签名做了约束，而叛徒的签名是没有任何约束的，在这种情况下，不同的叛徒之间可以相互勾结，阻止忠诚将军达成一致。

在增加了约束 A4 之后，给出基于签名消息的拜占庭将军问题解决方案 SM($m$)，SM($m$) 可以解决存在 $m$（$m$ 是任意的）个叛徒的 $m+2$ 个拜占庭将军问题。该算法的大致流程为，指挥官向所有副官发送一份签名指令，然后每个副官将自己的签名附加在原指令上，并将其发送给其他副官，然后这些副官再把自己的签名加上去，把该消息发送出去，以此类推。

在给出 SM($m$) 的具体定义之前，首先引入一个 $choice(V)$ 方法，该方法用来从一个指令集合 $V$ 中返回一条指令 $v$，该方法需要满足以下条件。

（1）若 $V$ 中只存在一条指令 $v$，则 $choice(V)=v$。

（2）若 $V$ 为空，则 choice($V$)= 撤退。

在 SM($m$) 算法中，$x{:}i$ 表示将军 $i$ 签名的指令 $x$，因此，$v{:}j{:}i$ 表示将军 $j$ 签名的值为 $v$，而将军 $i$ 签名的值为 $v{:}j$。算法中的 0 号将军为指挥官，每一个副官 $i$ 维护一个指令集合 $V_i$，其中包含他目前为止收到的一组正确签名的指令（如果指挥官是忠诚的，那么该指令集合中应该不超过一个元素）。下面给出 SM($m$)的具体定义。

初始化：$V_i = \phi$。

（1）指挥官将其指令进行签名，并发送给所有副官。

（2）对于每一个副官 $i$ 有以下两种情况。

① 若副官 $i$ 收到来自指挥官的形如 $v$:0 的指令，并且他未从其他副官处收到消息。

a. 令 $V_i = \{v\}$。

b. 发送 $v$:0:$i$ 给其他副官。

② 若副官 $i$ 从其他副官处收到形如 $v$:0:$j_1$:$\cdots$:$j_k$ 的消息，且 $v$ 不在 $V_i$ 中。

a. 将 $v$ 加入 $V_i$。

b. 如果 $k < m$，那么向未对该消息签名的其他副官发送消息 $v$:0:$j_1$:$\cdots$:$j_k$:$i$。

（3）对于每一个副官 $i$，当没有将军再向其发送任何消息时，该副官选择 $choice(V_i)$ 为自己服从的指令。

在步骤（2）中，若副官收到的消息中的指令 $v$ 已经存在于 $V_i$ 中，那么他将忽略该消息。

下面给出 $m = 1$，$n = 3$ 时 SM($m$)的执行示例。

如图 5.4 所示，指挥官 0 为叛徒。在步骤（1）中，指挥官 0 发送指令 $v$ 给副官 1，发送指令 $x$ 给副官 2；在步骤（2）中每个副官的指令集合中都将包含两个指令值，即 $V_1 = V_2 = \{v, x\}$；在步骤（3）中，副官 1 和副官 2 通过 $choice(V)$ 做出了相同决定。

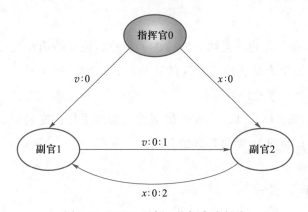

图 5.4  SM(1)示例，指挥官为叛徒

由上述示例说明，在指挥官为叛徒的情况下，SM(1)算法满足 IC1。若指挥官是忠诚的，那么副官无法篡改指挥官的指令，因此每个忠诚副官的指令集合中只包含指挥官的指令，其做出的决定也是正确的，满足 IC2。那么 SM($m$)算法是否是正确的呢？下面给出定理 5.4。

**定理 5.4** 对于任意的 $m$，不少于 $m$ 个将军中存在 $m$ 个叛徒，SM($m$)算法满足 IC1 和 IC2。

定理 5.4 的证明如下。

若指挥官是忠诚的，显然 SM($m$) 算法满足 IC2，而 IC1 可由 IC2 推导得出，因此定理 5.4 是正确的。

若指挥官是叛徒，如果两个忠诚的副官的最终指令集合 $V_i = V_j$，那么副官 $i$ 和 $j$ 将遵循相同的指令，因此，要证明 IC1，只需证明如果步骤（2）中副官 $i$ 将指令 $v$ 放入了 $V_i$，那么副官 $j$ 一定将 $v$ 放入了 $V_j$ 中。要证明这一点，如果副官 $i$ 在步骤（2）的情况 ①的第 a 步收到 $v$，那么他会在第 b 步中将该指令发给 $j$，因此，$j$ 也会收到 $v$。如果副官 $i$ 在步骤（2）的情况②中第 a 步将 $v$ 添加到 $V_i$ 中，那么他肯定接收了形如 $v{:}0{:}j_1{:}\cdots{:}j_k$ 的消息，如果 $j$ 是 $j_1{:}\cdots{:}j_k$ 中的一个，那么他肯定收到了指令 $v$，否则有以下两种情况。

C1：$k<m$。在这种情况下，副官 $i$ 会发送 $v{:}0{:}j_1{:}\cdots{:}j_k{:}i$ 给其他的副官，因此副官 $j$ 一定会收到指令 $v$。

C2：$k=m$。在这种情况下，因为司令是叛徒，那么副官中至多有 $m-1$ 个叛徒，因此在副官 $j_1{:}\cdots{:}j_k$ 中一定有一个是忠诚的，而他必定将指令 $v$ 发送给了副官 $j$，因此副官 $j$ 收到了指令 $v$。

# 5.2　工作量证明

2008 年，中本聪发表的论文详细地描述了一种名为比特币系统点对点的电子现金系统，而该论文也被认为是比特币系统的奠基之作。2009 年 1 月，中本聪开发了首个实现比特币算法的客户端程序并进行了首次"挖矿"，标志着比特币交易体系的正式诞生。工作量证明（proof of work，PoW）机制首次实现了拜占庭容错算法在实际分布式系统中的应用。下面将对 PoW 进行详细介绍。

## 5.2.1　比特币相关概念

**区块链**：区块链的概念最初在中本聪的论文中被提出，指的是由相互连接的使用密码学方法进行加密过的数据块（区块）组成的链式数据结构。

**交易**：比特币的所有者对前一次交易和本次交易对象的公钥签署一个随机散列的数字签名，并将这个签名附加在比特币的末尾，该比特币就将交易给指定的交易对象。

**时间戳服务器**：时间戳服务器通过对区块形式的数据实施随机散列，打上时间戳后，将该散列进行广播。每个时间戳将前一个时间戳纳入其随机散列值中，即形成了一个逻辑上的链条。时间戳服务器通过挖矿产生，挖矿成功的节点将成为时间戳服务器。

**挖矿**：比特币系统中的各节点（矿工）基于自己的算力资源来相互竞争共同寻找一个 SHA256 数学难题的解，该过程被称作挖矿，挖矿成功的节点将获得对交易进行打包上链的权利，并获得一定的激励（以比特币的形式呈现）。

**双花**：指的是一枚比特币被支付了两次或两次以上，也叫"双重支付""双花问题"，是共识算法需要解决的主要问题之一。

## 5.2.2　PoW 工作原理

PoW 机制引入了对某个符合要求的 SHA256 散列值的扫描工作，该散列值要求以一个或多个前导 0 开始。前导 0 的数量越多，通过扫描找到该散列值的难度越大，但验证该值正确性的难度是较小的。

比特币要求在区块中添加一个随机数，使该区块的散列值结果出现指定数量的前导 0。节点可以通过穷举法寻找这个随机数，直到找到为止，该过程就形成了一个工作证明机制。如果算力节点耗费的工作量能够满足该机制，那么在产生一个区块后，除非重新完成相当量的工作，否则该区块信息不可更改。由于以后的区块会链接在该区块之后，因此如果想要更改某区块中的信息，不只需要计算满足要修改区块的随机数，其后所链接的所有区块的随机数也都需要重新计算，如图 5.5 所示。因此，PoW 保证了比特币系统的健壮性，保证系统很难被恶意节点攻击。

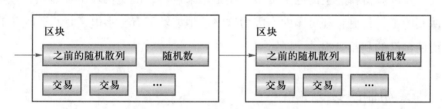

图 5.5　区块链的形式示意图

PoW 的工作流程如下。

（1）当系统中的某节点产生新的交易时，会将该交易广播到系统网络中。

（2）收到该笔交易的节点将交易信息打包进一个本地区块中。

（3）各节点根据自己的区块信息寻找满足条件的随机数，形成可以上链的区块。

（4）当某一节点完成了随机数的寻找工作，将打包好可以上链的区块进行广播。

（5）只有包含在该区块中所有交易都是有效且全新的条件下，才会被其他节点认同，否则该区块会被丢弃。

（6）若节点认同收到的区块，会将该区块的散列值作为计算新区块时的依据，在该区块的末尾制造新的区块使整个系统的区块链得以延长。

系统中的各节点始终都以长度最长的（区块）链为正确的链条，并在该链条的基础上继续添加新区块，维护该区块链系统。如果有不同的节点同时广播符合要求的新区块，那么节点将根据收到这些区块的先后顺序决定用哪个区块延长原区块链；同时，节点也会保留其他的区块，当下一个新的区块到来时，可以确定用合适的区块延长原链。

需要注意的是，（1）中的"将该交易广播到系统中"并不需要将交易广播到系统中的所有节点，只要交易的信息被广播到了足够多的节点，该交易就能很快地被打包进一个新区块中。由于区块中包含了之前的区块信息，所以若区块未被广播到某节点，该节点也可以发现自己缺失了这一区块的信息，从而向系统提出下载该区块的请求。

比特币系统约定对通过 PoW 产生的区块中的第一笔交易进行特殊化处理，该交易将会产生一枚属于制造该区块的节点的电子货币，即比特币。这样就增加了节点支持比特币网络系统的激励，并且在没有中央集权机构发行货币的情况下，提供了一种将电子货币分配到流通领域的方法。这种将一定数量的新货币持续增添到货币系统中的方法非常类似于消耗资源去挖掘金矿并将黄金注入现实流通领域。这也是节点通过 PoW 共识打包区块上链被称为"挖矿"的原因。在这种情况下，挖矿节点的时间、算力和电力消耗就是消耗的资源。而这个约定也有助于防止节点作恶。如果一个贪婪的攻击者能够调集比所有诚实节点加起来还要多的算力资源，那么他将面临一个选择：是将这些资源用于诚实工作以获得新产生的电子货币，还是用来进行二次支付攻击。显然，按照规则行事，诚实的工作是更有利可图的，因为这将使他能够拥有更多电子货币，而不是破坏这个系统使自己的利益受损。

### 5.2.3 PoW 机制的安全性

想象一下下面这种可能的威胁情况：一个恶意节点试图将自己生产的恶意区块链连接到区块链中。首先需要声明的是，即使该恶意节点达到了目的，整个区块链系统也不是就完全受控于该恶意节点了。因为系统中的其他节点不会接受无效的交易，如果恶意节点想要凭空创造比特币，或者掠夺他人的比特币是不可能的。恶意节点能做到的只是改变自己的交易信息，如将他支付的比特币"拿回来"。

诚实节点区块链和恶意节点区块链之间的竞争，可以使用二叉树随机漫步来描述。成功事件定义为诚实节点区块链产生了一个新的区块，使其与恶意节点区块链间差距加 1；而失败事件定义为恶意节点区块链被延长了一个区块，使得其与诚实节点区块链间差距减 1。若恶意节点区块链长度大于诚实节点区块链长度，那么按照比特币系统的规则，恶意节点区块链也就成了合法区块链，使得比特币系统安全性遭到破坏。

可以将恶意节点区块链追上诚实节点区块链的可能性抽象成赌徒破产问题：如果一个赌徒拥有可以无限透支的一张银行卡，他使用该银行卡去进行赌博，他可以一直赌下去直到他赌赢钱为止，那么他赌赢钱的概率，也就是恶意节点区块链长度追上诚实节点区块链长度的概率由以下公式给出：

$$q_z = \begin{cases} 1 & \text{当 } p \leqslant q \text{ 时} \\ \left(\dfrac{q}{p}\right)^z & \text{当 } p > q \text{ 时} \end{cases}$$

其中，$p$ 表示诚实节点制造出下一个区块的概率；$q$ 表示恶意节点制造出下一个区块的概率；$q_z$ 表示恶意节点区块链追上了与诚实节点区块链间 $z$ 个区块的差距。

如果恶意节点产生区块的速度比诚实节点快，那么他将必然会最终获得整个区块链的控制权，也就是 $p \leqslant q$ 的情况。而如果 $p > q$，那么恶意节点成功的概率会因为差距区块数的增长而指数下降。那么需要考虑的问题就是，一个收款人需要等待多长时间才能够确认付款者无法更改此次交易的信息。假设付款者是一个恶意节点，他希望收款人相信他已经完成了付款操作，然后立即将支付的款项重新支付给自己，使得他并未真正付款成功。如果该操作被打包上链，那么即使收款人发现这一情况也无能为力了。

假设这样一次攻击：收款人生成一对新的密钥组合，然后预留一个较短的时间将公钥发送给付款者（该前提是为了防止付款者提前进行攻击操作），付款者在付款交易发出后就开始秘密地准备一条包含该交易替代版本的平行于原链条的区块链。收款人在原区块链中发现原始交易出现在最新区块中，然后再次等待 $z$ 个区块链接在该区块后。此时，他不知道攻击者进展如何，但是如果诚实节点耗费平均预期时间产生一个区块，那么恶意节点的进展服从泊松分布，其期望值 $\lambda$ 如下：

$$\lambda = z\frac{q}{p}$$

在此情况下，为了计算恶意节点攻击成功的概率，可以将恶意节点取得进展区块数量的泊松分布概率密度乘上在该数量下攻击者攻击成功的概率。表达式如下：

$$\sum_{k=0}^{\infty} \frac{\lambda^k e^{-\lambda}}{k!} \cdot \begin{cases} \left(\dfrac{q}{p}\right)^{z-k} & \text{当 } k \leqslant z \text{ 时} \\ 1 & \text{当 } k > z \text{ 时} \end{cases}$$

上式可以化为如下形式：

$$1 - \sum_{k=0}^{z} \frac{\lambda^k e^{-\lambda}}{k!} \cdot \left(1 - \left(\frac{q}{p}\right)^{z-k}\right)$$

根据上式可以计算出如表 5.1 所示结果。

表 5.1   计 算 结 果

| 当 $q=0.1$ 时 | | 当 $q=0.3$ 时 | |
|---|---|---|---|
| 恶意节点与诚实节点间的区块差距 $z$ | 恶意节点攻击成功概率 $P$ | 恶意节点与诚实节点间的区块差距 $z$ | 恶意节点攻击成功概率 $P$ |
| $z=0$ | $P=1$ | $z=0$ | $P=1$ |
| $z=1$ | $P=0.204\,587\,3$ | $z=5$ | $P=0.177\,352\,3$ |
| $z=2$ | $P=0.050\,977\,9$ | $z=10$ | $P=0.041\,660\,5$ |
| $z=3$ | $P=0.013\,172\,2$ | $z=15$ | $P=0.010\,100\,8$ |
| $z=4$ | $P=0.003\,455\,2$ | $z=20$ | $P=0.002\,480\,4$ |
| $z=5$ | $P=0.000\,913\,7$ | $z=25$ | $P=0.000\,613\,2$ |
| $z=6$ | $P=0.000\,242\,8$ | $z=30$ | $P=0.000\,152\,2$ |

上述的计算结果对 PoW 机制的安全性进行了一个定量说明，基于以上结果，比特币系统规定，当一个区块产生后，需要它之后再链接上 6 个区块才能认定该区块中的交易是有效的。虽然该规定不能保证交易百分之百有效，但是该规定却是权衡性能和安全性之后合适的规定。

### 5.2.4   PoW 机制小结

PoW 机制的提出使得去中心化的电子货币系统得以真正实现，并运用到现实生活中。该机制以非确定的方式为比特币系统提供了拜占庭容错性能，只要诚实节点控制大于 50% 的算力，那么整个系统就有很大概率就最长链达成共识，保证了系统的安全性和去中心性。然而，PoW 机制也存在着许多问题。例如，挖矿造成了巨大的算力资源和能源的浪费；出块速度慢导致该机制无法支持大规模交易量的应用；只以算力为基础的共识机制可能会产生垄断，即大量的算力被少部分的人、组织或集体占据会对系统产生潜在的威胁等。下一节将介绍权益证明机制。该机制在一定程度上克服了 PoW 算力资源大量浪费的缺点，并且提高了出块的速度。

# 5.3   权 益 证 明

2011 年，一位化名为 Quantum Mechanic 的网友在 Bitcoin Forum 上发表了一篇题为 *Proof of stake instead of proof of work* 的帖子，首次提出了权益证明（proof of stake，PoS）的想法，并希望该机制在提供与 PoW 相似的隐私性和可信性的同时，可以降低系统的交易费用和算力资源消耗。在此之后，经过不断的完善，最终形成了可用于实际区块链系统的 PoS 算法。

## 5.3.1　PoS 相关概念

**权益**：节点所拥有的权益决定了在系统中开采区块的难度，节点拥有的权益越高，开采区块的难度越低。

**币龄**：币龄是权益的表现形式，一个节点的币龄越长，所拥有的权益就越大，也就是说该节点更有可能挖掘出区块。不同的 PoS 实现算法对币龄的计算方式有所不同。一种简单的计算方式是，币龄＝货币数量×拥有这些币的天数。

**验证者**：拥有权益可以产生区块的节点。

## 5.3.2　PoS 工作原理

在 PoS 中，当节点的币龄增长到一定程度后，就会变成验证者，允许参与完成新区块的创建与验证。区块链系统会维护一个由所有验证者组成的集合。当有新的交易需要被打包时，系统会从验证者集合中根据概率随机选出一个节点，该节点将获得打包交易产生新区块的权利。在产生新区块后，由其他验证节点验证该区块合法性，决定该区块是否可以上链。若新区块合法，则该区块将被写入区块链中，同时产生该区块的节点将获得激励，币龄清零。验证者的币龄越高，被选中获得打包交易的权利的概率就越大。

与 PoW 相比，PoS 的网络安全性并不依赖算力。在 PoW 机制中，算力高低是影响出块的唯一因素，为了获得更高收益，PoW 中的各节点会不断地增加算力投入。但是算力的持续增长会不断提升出块的难度。随着时间推移，节点获得的合法收益会变得越来越低。在这种趋势演变下，节点作恶的可能性将大幅提高，降低了系统的安全性。

PoS 改变了影响出块的因素，即以节点的权益高低决定出块权。节点要获得收益，只能通过提高自身的权益实现，也就是增加自己的币龄。而且，PoS 机制中的节点执行攻击的代价会比 PoW 高很多。如果某节点想通过攻击区块链网络获益，那么该节点必须持有整个区块链中大部分的货币。但是在这种情况下，该节点也会遭受到自己的攻击，PoS 通过验证者抵押权益的方式限制节点本身的作恶动机，其安全模型和网络组织方式与 PoW 有显著差异。

## 5.3.3　PoS 机制小结

PoS 是一种用于公共区块链的共识算法。作为 PoW 的替代算法，该方法不需要大量的算力和其他资源即可达成共识，不但避免了资源的浪费，还提升了出块的速度。然而，若系统只以 PoS 作为共识机制，那么系统中的原始代币就需通过公开募股的方式发行，这种方式为少数人在系统初始时获得大量原始代币提供了可能，也就无法完全保证代币的价值。因此，多数区块链系统无法只以 PoS 作为共识算法。目前，一种可行的方案是将 PoW 与 PoS 同时应用在系统中，在系统初期运行 PoW 来生成原始代币，在代币发行数量达到一定规模后，运行 PoS 来维持系统稳定。这样的结合，既发挥了 PoW 和 PoS 各自的优势，也有效地规避了两者的弊端。

# 5.4 实用拜占庭容错

针对拜占庭将军问题，Leslie Lamport 提出了基于口头消息传递和基于消息签名的解决方案，但由于方案的复杂性太高，并不能实际应用。1999 年，Miguel Castro 和 Barbara Liskov 在操作系统设计和实现大会上发表了一篇题为 *Practical Byzantine Fault Tolerance* 的论文，文中介绍了一种实用拜占庭容错算法（practical Byzantine fault tolerance，PBFT），将原始 BFT 算法的复杂度降低了一个数量级，从指数级降低到了多项式级，从理论上说明了拜占庭容错算法的实际应用的可行性。

PBFT 可以在有 $\lfloor (n-1)/3 \rfloor$ 个节点同时出现错误的情况下保证 $n$ 个节点系统的安全性和活性，并可运用在异步系统中。下面将对 PBFT 进行详细的介绍。

## 5.4.1 PBFT 相关概念

**拜占庭错误**：节点因异常或有意地对请求做出恶意响应（如发送伪造的信息），被称为拜占庭错误，发生拜占庭错误的节点被称为拜占庭节点。

**非拜占庭错误**：节点因异常无法响应请求，但不会做出恶意响应，被称为非拜占庭错误，也叫崩溃错误（crush fault）。

**服务**：包含了服务状态和服务操作的在分布式系统的各节点上执行的状态机。

**服务节点**：执行服务的节点称作服务节点，系统中的服务节点从 0 到 $n-1$ 依次编号。

**视图**：服务被执行的一系列过程称作视图。在一个视图中，有一个服务节点为主服务节点，其余节点为从属服务节点，视图从 0 开始连续编号，主服务节点 $p = v \bmod n$，其中 $v$ 是视图编号，$n$ 是系统中的节点总数。当主服务节点失效后，视图将进行切换。

**客户端**：向主服务节点发送请求的节点，客户端发送的每个请求形式为 $<REQUEST, o, t, c>$，其中 $o$ 为客户端请求主服务节点执行的操作，$t$ 为时间戳，$c$ 为客户端编号。客户端发出的请求是有序的，即越早发出的请求其 $t$ 值越小。

## 5.4.2  PBFT 工作原理

PBFT 算法执行的大致步骤如下。

假设服务节点总数为 $3f+1$。

（1）客户端向主服务节点发送执行操作的请求。

（2）主服务节点向从属节点广播该请求。

（3）各服务节点执行请求并将结果回复给客户端。

（4）客户端等待收到 $f+1$ 个执行结果相同的不同服务节点的回复，该结果即为客户端请求执行操作的最终结果，其中 $f$ 为系统可容忍的最大错误服务节点数。

PBFT 采用数字签名的方法来保证消息的真实性。服务节点向客户端发送的操作结果回复形如 <REPLY,v,t,i,r>，其中 $v$ 是当前的视图编号，$t$ 是该回复发出的时间戳，$i$ 是发出该回复的服务节点编号，$r$ 是操作执行结果。当客户端收到 $f+1$ 个不同服务节点发来的签名正确且 $v$ 和 $t$ 都相同的回复时，将接受执行结果 $r$。

下面将介绍服务节点如何对执行客户端发来的请求达成一致。

当主服务节点 $p$ 收到一个客户端的请求 $m$ 后，将执行一个三段协议将该请求广播到节点服务系统中。一般情况下，$p$ 会在收到 $m$ 时立即执行该三段协议，然而，若节点 $p$ 正在执行的协议过程已达到上限，那么将会缓存 $m$ 并稍后执行三段协议来避免网络拥塞或者 CPU 占用过高。

三段协议中的"三段"指的是预准备（pre-prepare）、准备（prepare）和提交（commit）三个阶段。其中，预准备和准备阶段用于排序相同视图下的请求；准备和提交阶段用于保证在不同的视图中，请求是完全有序的。服务节点按顺序来执行这些请求，保证了系统的一致性。

在预准备阶段，主服务节点为请求 $m$ 分配一个编号 $n$，向所有从属服务节点广播预准备消息，并在预准备消息后跟上 $m$。主服务节点广播的消息形如 <<PRE-PREPARE,v,n,d>,m>，其中 $v$ 是视图编号，$d$ 是 $m$ 的摘要。预准备消息本身并不包含 $m$。由于预准备消息只在视图切换时用来证明 $m$ 在视图 $v$ 中被分配了序列号 $n$，与消息 $m$ 本身关联性不强，所以可以将预准备消息和请求解耦来减小预准备消息的大小。在实际网络传输过程中可以对预准备消息应用短消息传输优化，对请求消息应用长消息传输优化来提高传输效率。

当从属服务节点收到预准备消息时，假设该消息满足以下条件。

（1）预准备消息和请求的签名是正确的，并且 $d$ 确实是 $m$ 的摘要。

（2）当前的视图编号为 $v$。

（3）该从属服务节点未接受过属于 $v$、序列号为 $n$ 包含不同于 $d$ 的其他预准备消息。

（4）序列号 $n$ 在一个确定的阈值内。

最后一个条件用来避免一个出错的恶意主节点选择一个很大的序列号来使得序列号空间被耗尽。

如果从属服务节点 $i$ 接受了消息 $<<PRE\text{-}PREPARE,v,n,d>,m>$，就将进入准备阶段，并发出一个广播消息，形如 $<PREPARE,v,n,d,i>$，然后将这两个消息记录到自己的消息列表中。当一个服务节点（包括主服务节点）收到一个准备消息时，若该消息签名正确、属于视图 $v$ 且 $n$ 合法，那么就将该准备消息记录到自己的消息列表中。若节点 $i$ 的消息列表中包含了 $m$、对应 $m$ 的预准备消息、$2f$ 个不同的对应于预准备消息的准备消息（包含节点 $i$ 自己发送的准备消息），那么就称 $i$ 对消息 $m$ 准备就绪（prepared），记为 $prepared(m,v,n,i)$，在不引起歧义下简称 $i$ 准备就绪。

三阶段协议的预准备和准备阶段保证非错误服务节点在同一视图下对请求的序列达成一致，也就是说，如果 $prepared(m,v,n,i)$ 为真，那么对于任何非错误服务节点 $j$，$prepared(m',v,n,j)$ 也为真当且仅当 $m=m'$。这是因为对于 $prepared(m',v,n,j)$ 为真，由于系统总服务节点数为 $3f+1$，而根据准备就绪的条件，$j$ 一定至少收到了 $2f$ 个对应于 $m'$ 的预准备消息，也就是说，至少有 $f+1$ 个非错误服务节点在视图 $v$ 中对 $m'$ 发送了预准备或准备消息，若 $m'$ 不等于 $m$，则至少有一个非错误的服务节点在视图 $v$ 中既对 $m$ 发出了预准备或准备消息又对 $m'$ 发出了预准备或准备消息，而这是不可能的，因此若 $prepared(m,v,n,i)$ 为真，那么对于任何非错误服务节点 $j$，$prepared(m',v,n,j)$ 也为真当且仅当 $m=m'$。

当节点 $i$ 准备就绪后，将进入提交阶段并广播提交消息，形如 $<COMMIT,v,n,d,i>$，其他服务节点收到提交消息并验证其正确后，将其记录到自己的消息记录中。若节点 $i$ 已经准备就绪，且收到了 $2f+1$ 个提交消息（可能包括自己的提交消息），且这些消息和接受的预准备消息拥有相同的 $v$、$n$、$d$，那么将按照序列号从小到大的顺序执行 $m$ 请求的操作。在执行完操作后，将向客户端发送一个回复消息告知客户端请求的执行结果。

根据上述过程可以定义消息已提交（committed）和本地提交（committed-local），定义如下：若对于 $f+1$ 个非错误服务节点集合中的每一个节点 $i$ 都有 $prepared(m,v,n,i)$，称消息 $m$ 已提交，记为 $committed(m,v,n)$；若对于节点 $i$ 有 $prepared(m,v,n,i)$，并且 $i$ 已经接收了 $2f+1$ 个关于 $m$ 的提交消息（可能包括他自己生成的），称消息 $m$ 对于节点 $i$ 本地提交，记为 $committed\text{-}local(m,v,n,i)$。

三段协议的提交阶段保证了如果消息 $m$ 对于某些非错误服务节点 $i$ 已本地提交，那么消息 $m$ 一定已提交，并且最终会有至少 $f+1$ 服务节点向客户端返回一致的执行结果。

为了避免消息记录过大，PBFT 引入了垃圾回收机制。各服务节点通过交换一些特殊的消息（检查点消息）实现确定的一致性状态，该状态称为检查点（checkpoint）。

在检查点之前的消息记录将被删除。

图 5.6 为 4 个服务节点下的"三段协议"运行示意图，其中，$C$ 为客户端节点，0~3 为服务节点，0 为主服务节点，3 为出错节点。$C$ 向系统主服务节点 0 发送请求消息 $m$，主服务节点收到 $m$ 后向节点 1、2、3 发送预准备消息 $<<PRE\text{-}PREPARE,1,1,d>,m>$；节点 1、2 收到 0 发来的预准备消息后，验证其合法并接受了该消息，分别向其他节点发送准备消息 $<PREPARE,1,1,d,1(2)>$；此时节点 0、1、2 满足准备就绪条件，完成准备就绪，开始向其他节点广播提交消息 $<COMMIT,1,1,d,0(1 或 2)>$；节点 0、1、2 收到了足够的提交消息，开始按顺序执行 $m$ 中请求的操作，执行完成后，向 $C$ 回复 $<REPLY,1,1,0(1 或 2),r>$，$C$ 收到了 3 个合法回复，结果 $r$ 为自己请求操作的执行结果，此时系统由初始状态转移到执行 $m$ 之后的一致性状态。

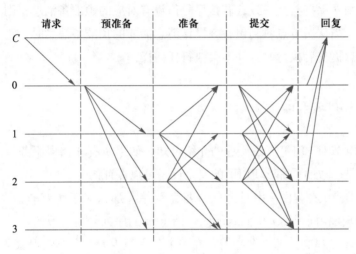

图 5.6　"三段协议"示意图

如果客户端在发出请求后，在足够长的时间内没有收到足够多的有效回复，将向所有的服务节点广播请求。如果这个请求已经被执行过了，服务节点会重新发送一遍回复（服务节点会缓存他最后一次发向客户节点的回复）；如果这个请求未被执行过，且收到请求的节点非主服务节点，那么将把这个请求转发给主服务节点。如果在此之后主服务节点没有广播这个请求，那么最终可以认为主服务节点失效了，继而进行视图切换。

节点 $i$ 发现主服务节点失效后进行视图切换的具体流程如下。

（1）停止接受除检查点消息、视图切换消息和新视图中发来的消息之外的其他消息。

（2）广播视图切换消息，该消息形如 $<VIEW\text{-}CHANGE,v+1,n,C,P,i>$，其中 $n$ 为节点 $i$ 已知的检查点，$C$ 为 $2f+1$ 个检查点消息，用来证明 $n$ 的正确性，$P$ 为节点 $i$ 中序号大于 $n$ 的请求消息 $m$ 及其对应的预准备消息和 $2f$ 个准备消息的集合，对于 $i$ 未准备就绪的消息不包含在 $P$ 中。

（3）若视图 $v+1$ 中的主服务节点 $p$ 收到了 $2f$ 个不同的请求将视图切换为 $v+1$ 的视图切换消息，将广播新视图消息，形如<*NEW-VIEW*,$v+1$,$V$,$O$>，其中 $V$ 为 $2f+1$ 个视图切换消息集合（包含 $p$ 收到的 $2f$ 和他自己产生的），$O$ 为一系列预准备消息集合。$V$ 用于证明该消息的可信性，$O$ 用于保证系统的一致性。

（4）从属服务节点收到 $p$ 发来的新视图消息后，检查消息签名、$V$、$O$ 是否准确，若均无误，将为 $O$ 中的所有预准备消息广播准备消息，并将这些消息加入自己的消息列表中，然后进入视图 $v+1$。

该过程中，新视图消息中 $O$ 的具体产生方法为，主服务节点 $p$ 从 $V$ 中选择最小的检查点的值 min 和准备消息中最大的序号 max。对于 min 和 max 之间的每个序号值，$p$ 为其生成一个预准备消息，形如<*PRE-PREPARE*,$v+1$,$n$,$d$>，若该序号值在 $V$ 中有对应的预准备消息，则 $d$ 保持与其一致；若该序号值没有对应的预准备消息，则 $d$ 为一个空操作消息的摘要。当从属节点收到包含空操作消息摘要的预准备消息时，正常执行三段协议，只是在消息提交后执行时，并不会执行任何操作。

### 5.4.3　PBFT 的安全性

根据前面章节对 PBFT 算法流程的介绍可知，如果所有非错误服务节点对客户端请求执行的顺序是一致的，那么 PBFT 的安全性是可以保证的。

如果服务节点 $i$ 在视图 $v$ 中对消息 $m$ 准备就绪，那么对于所有非错误的服务节点 $j$（包括 $i=j$），其在相同视图 $v$ 中同意的同一消息 $m$ 的序列号是一致的。

如果消息 $m$ 已提交，那么意味着存在一个包含至少 $f+1$ 个非错误服务节点集合 $R_1$，对于 $R_1$ 中的每个服务节点 $i$ 都有 $prepared(m,v,n,i)$。而在视图切换过程中，一个非错误服务节点在没有收到 $v'(v'>v)$ 的新视图消息时，他不会接受 $v'$ 中发来的预准备消息。而任何一个合法的新视图消息中一定包含由 $2f+1$ 个服务节点（称为集合 $R_2$）发出的视图切换消息。因为服务节点总数为 $3f+1$，因此 $R_1$ 和 $R_2$ 的交集中一定存在一个非错误的服务节点 $k$，$k$ 的视图切换消息可以保证除非新视图消息中的检查点包含的序列号大于 $n$，对于视图 $v$ 中已经准备就绪的拥有序列号 $n$ 的消息 $m$ 一定会被广播到视图 $v'$ 中，而这就保证了非错误的服务节点同意的消息 $m$ 的序列号 $n$ 是一致的。因此视图切换的过程保证了所有非错误服务节点对于不同视图中同一消息 $m$ 的序列号是一致的。

综上，PBFT 保证了所有非错误服务节点中客户端请求消息序列是一致的，进而保证了其对客户端请求执行的顺序是一致的，实现了安全性。

### 5.4.4　PBFT 机制小结

PBFT 机制可以提供较强的一致性并且克服了原始 BFT 算法效率不高的缺点。该机制运用在区块链系统中，能够大幅提高系统的出块速度，同时还提供了一定的安全性，可以保证在少于 1/3 的节点出错的情况下系统安全运行。PBFT 中的消息采用了数字签名的方法减少了被欺诈的可能性。但是，该机制也存在一些缺点，由于三段协议要求节点向整个系统广播消息，因此，若系统中的节点数目过多会导致网络中的消息数量大幅增加，导致网络拥塞。多数情况下，PBFT 机制不适宜应用于大型（包含大量区块链节点）的区块链系统。

## 5.5 Raft 共识

Leslie Lamport 在 1990 年提出了一种基于消息传递的具有高效容错性的共识算法 Paxos，用来解决可能出现崩溃错误的分布式系统的一致性问题。之后很多共识算法都是基于 Paxos 的改进。但是由于 Paxos 算法复杂性太高，难以用于实际系统，简化 Paxos 共识算法是改进该算法的主要途径之一。本节将要讲述的 Raft 算法就是其中之一。

Raft 的含义是可靠（reliable）、可复制（replicated）、可冗余（redundant）和可容错（fault tolerant）。Raft 算法提出的初衷就是要寻找一种可理解的共识算法。

### 5.5.1 Raft 相关概念

**领导者（leader）**：从所有服务节点中选出的一个主节点，负责与客户端的交互以及请求的复制分发。正常情况下，一个任期内有且只有一个领导者。

**追随者（follower）**：当领导者被选出来时，其他服务节点即成为追随者。追随者不会主动发送消息，只会被动地响应领导者或候选人发来的消息。

**候选人（candidate）**：若追随者长时间未收到领导者的心跳消息会自发变成候选人并开始新的选举。

**心跳（heartbeat）**：领导者定期向追随者发送心跳消息以保持活性。

**任期（term）**：Raft 将时间分成了若干长度不等的任期，每一个任期从一次选举发起开始，到该选举选出的领导者服务终止时结束。在某些情况下，选举可能无法选出一个领导者（例如有两个候选人且其得票相同），这时该任期将因无领导者而直接终止并进入下一任期开始一次新的选举。不同任期按顺序编号，在系统初始化时任期编号为 0，然后依次递增。

### 5.5.2 Raft 工作原理

在 Raft 系统初始化时，所有的服务节点都是追随者。Raft 利用心跳机制来触发选举，若追随者超过一定时间未收到来自领导者的心跳消息，则会认为系统中没有领导者的存在，因此，追随者节点会向其他服务节点发送消息请求进入下一任期并开始选举。

在选举开始时，追随者将所处的任期编号加 1，并将自己的状态改为候选人，追随者会自己投自己一票并向系统中的其他节点发送请求投票的消息。当该节点在该任期内收到大多数节点的投票时，就成为领导者节点并向其他节点发送心跳消息来证明自己已经成为领导者，同时避免一个新的选举开始。若候选人没有赢得此次选举，而是收到了其他领导者的心跳消息，则该候选人将退回到追随者状态。若在等待了足够长的时间后，没有候选人收到足够多的投票，那么该任期将因为没有领导者而直接终止，并开始一个新的任期，继续选举过程，该过程如图 5.7 所示。

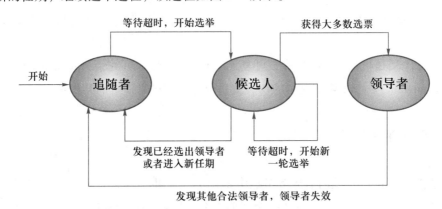

图 5.7　Raft 节点类型转换示意图

Raft 使用一个称为选举超时的参数来控制追随者成为候选人的概率，以减少同一任期内出现多位候选人的可能，具体方法为，每个节点维护一个选举超时计时器，其具体值从 150~300 ms 内随机选取。在选举开始时，各节点启动选举超时计时器，在倒计时完毕后，节点将成为候选人并广播请求投票消息。由于选举超时计时器的值是随机选取的，在多数情况下，将只有一个节点最先完成倒计时并成功选举成为领导者。

图 5.8 为一次成功选举的示意图，图的上半部分为节点消息发送情况，下半部分为节点所处的任期。系统共有 5 个节点，在初始化时，各节点都处于任期 1，角色为候选者；由于选举超时计时器选取的值不同，节点 1 最先完成倒计时，然后该节点进入任期 2，角色转换为候选人，并向其他节点发送消息请求投票；当节点 1 收到多数人的投票时，就转换成领导者，处理并转发客户端消息直至任期 2 结束。

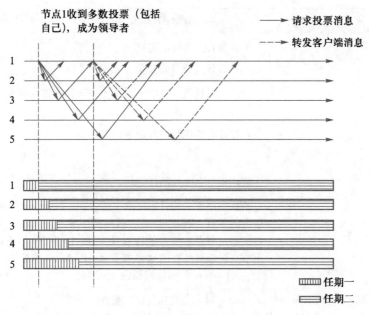

图 5.8　一次成功选举示意图

　　Raft 通过远程过程调用（remote process call，RPC）来实现各种消息的广播，下面给出算法中节点的状态参数列表以及各类型 RPC 定义。

| 节点状态参数列表 | |
|---|---|
| 所有服务节点都需维护的状态参数： | |
| currentTerm | 当前节点所处的任期 |
| voteFor | 当前任期接受投票的候选人编号，若无则置空 |
| log[ ] | 日志条目数组，每一条目包含从客户端收到的请求以及该请求收到的任期，条目的索引为该条目的编号，初始索引为 1 |
| commitIndex | 节点已知的将要被执行的编号最大的日志条目编号，初始为 0 |
| lastApplied | 节点已经执行的编号最大的日志条目编号，初始为 0 |
| 领导者维护的额外的状态参数： | |
| nextIndex[ ] | 领导者将要发送给每一个追随者的下一条日志条目的编号 |
| matchIndex[ ] | 领导者已经发送给各追随者的日志条目编号的最大值 |

| AppendEntries RPC | |
|---|---|
| 领导者通过调用该 RPC 将日志条目广播给追随者，也被用来做心跳消息 | |
| 调用参数： | |
| term | 领导者所处的任期 |
| leaderID | 领导者的 ID |

| AppendEntries RPC | |
| --- | --- |
| prevLogIndex | 上一条日志条目的编号 |
| prevLogTerm | 上一条日志条目的任期 |
| entries[ ] | 日志条目数组，可以一次发送多条，若为空则表示该次调用为领导者的心跳消息 |
| leaderCommit | 领导者将要执行的日志条目编号 |
| 返回结果： | |
| term | 被调用节点所处的任期号 |
| success | 若被调用节点的日志记录中包含 prevLogIndex 和 prevLogTerm 所指向的条目，则返回 true；若被调用节点的 currentTerm>term，或者被调用节点不包含条目编号为 prevLogIndex 的条目，或者被调用节点包含某条目的编号等于 prevLogIndex 而该条目的任期不等于 prevLogTerm，则返回 false |

在追随者收到领导者的 AppendEntries RPC 时，他将执行以下操作。

（1）检查本地日志记录是否与领导者发来的新日志条目冲突（日志编号相同，所处任期不同），若有，则删除该条目以及之后的所有条目。

（2）将不存在于本地的条目依次加入本地日志记录中。

（3）检查本地 commitIndex 是否小于 leaderCommit；若小于，则将 commitIndex 设置为 leaderCommit 和最后一个新条目编号中较小的值，并执行编号处于旧 commitIndex 与新 commitIndex 之间的日志条目中的操作

| RequestVote RPC | |
| --- | --- |
| 候选人通过该 RPC 来请求追随者的投票 | |
| 调用参数： | |
| term | 候选人所处的任期 |
| candidateID | 候选人 ID |
| lastLogIndex | 候选人日志记录中条目编号最大值 |
| lastLogTerm | 候选人日志记录中编号最大的条目的任期号 |
| 返回结果： | |
| term | 被调用节点所处的任期 |
| voteGranted | 候选人是否获得了投票；若 term<currentTerm 或者被调用节点的本地日志条目中包含任期值大于 lastLogTerm 或者编号大于 lastLogIndex 的条目，则返回 false，否则返回 true |

在给出各类型 RPC 的定义后，下面介绍一下 Raft 如何处理客户端的请求。

在领导者被选举出来后，该节点开始接收客户端的请求。当收到新的请求时，领导者会将该请求和任期号写入到自己的日志数组中，然后并行地调用追随者的

AppendEntries RPC 转发该日志条目。领导者会不断地调用追随者 RPC 直到该节点确认所有追随者都正确地收到了该日志条目。然后该节点将开始执行客户端请求的操作并把操作结果返回给客户端。

为了保证各节点日志条目的一致性，Raft 中引入了提交（committed）的概念。Raft 保证当一个日志条目被提交后，该日志条目将不再会被修改并最终会被所有可用的节点执行。当领导者创建了一个新的日志条目并成功转发给大多数的追随者后，领导者节点会提交该日志条目以及此条目之前的所有未提交条目（若有）。领导者会维护其目前已提交的日志条目编号最大的值，并将该值通过 AppendEntries RPC（包括心跳消息）传递给其他追随者。当追随者获知某日志条目已被领导者提交后，领导者节点就会执行该条目中请求的操作。

Raft 为日志记录的一致性提供了以下两方面的保证。

（1）在不同节点的日志记录中，若有两条日志条目的编号和任期号一致，那么这两个条目中保存的客户端请求也必然是一致的。

（2）如果不同节点的日志记录中的两个条目拥有相同的编号和任期号，那么这两个节点这两个条目之前的条目一定是一致的。

领导者在生成日志条目时保证每条日志条目的编号是唯一的，从而保证了(1)；AppendEntries RPC 保证了当追随者与领导者日志记录状态不一致时，不会接受新的日志条目，从而保证了(2)。

(1)和(2)最终保证了系统中各节点执行客户端请求的顺序是一致的。

在一般情况下，领导者和追随者之间的日志是保持一致的，因此 AppendEntries RPC 的一致性检查不会失败。但是，当出现领导者崩溃时可能会出现日志不一致的情况（旧的领导者可能没有完全复制完日志记录中的所有条目）。这些不一致如果处理不当可能会导致一系列错误发生。图 5.9 展示了一些可能的情况。

如图 5.9 所示，每一个小方格代表一条日志条目，方格中的数字表示该条目收到的任期号。节点 l 在第 8 任期当选领导者，在他当选时，追随者节点 a~f 的日志记录如图 5.9 所示，这些日志记录都是可能的：a、b 丢失了一些日志条目；c、d 中存在一些额外的未提交的日志条目；e、f 两种情况都发生了。其中 a~e 很好理解，下面说明一下 f 发生的可能原因。如果节点 f 在任期 2 是领导者并且往他的日志记录中增加了一些条目，但是在他提交这些条目之前宕机了，之后他很快重启了，又成为第三任期的领导者，然后又向自己的日志记录中增加了一些条目，然后在这些条目提交前，f 又发生了宕机并且一直持续到第 8 任期。则 f 的日志记录就可能如图 5.9 显示的那样。

在 Raft 算法中，领导者通过强制追随者复制它的日志来处理日志不一致的情况。为了使追随者的日志和自己的一致，领导者需要找到追随者与他的日志一致的地方，然后删除追随者在该位置之后的日志条目，并把自己在该位置之后的日志条目发送给追随

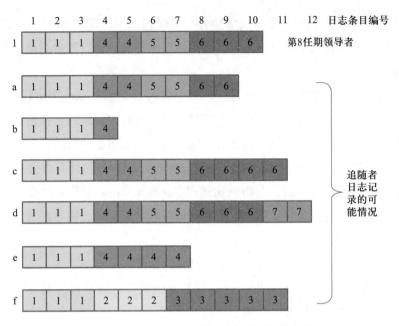

图 5.9　领导者和追随者日志记录的可能情况

者。这些操作都是在 AppendEntries RPC 进行一致性检查时完成的。领导者给每个追随者维护了一个 nextIndex 参数,该参数表示领导者将要发送给该追随者的下一条日志条目的索引。当一个领导者当选时,他会将 nextIndex 数组初始化为它最新日志条目索引+1(在图 5.9 中为 11)。如果一个追随者的日志与领导者的不一致,AppendEntries RPC 的一致性检查会返回失败。在失败之后,领导者会将该追随者的 nextIndex 值递减并重新尝试调用 AppendEntries。最终 nextIndex 的值会达到一个领导者和追随者一致的地方。而此时 AppendEntries 调用会返回成功,追随者中的冲突的日志条目就都被移除了,并且添加上了所缺少的领导者的日志条目。这说明,一旦 AppendEntries 调用返回成功,证明追随者和领导者的日志记录是一致的,并且这种一致性会持续到该任期结束。

### 5.5.3　Raft 的安全性

Raft 的安全性可以总结为以下几条原则,在任何时刻,Raft 都保证这些原则成立。

(1) 选举安全原则:一个任期内最多只会选出一个领导者。

(2) 领导者只增加原则:领导者永远不会删除或覆盖自己的日志条目,只会增加条目。

(3) 日志匹配原则:如果两个日志记录在相同索引位置上的日志条目的任期号相同,那么两个日志记录中从开头到该位置的条目是完全相同的。

(4) 领导者完全性原则:如果一个日志条目在一给定任期内被提交,那么该条目一定会出现在所有任期号更大的领导者中。

（5）状态机安全原则：如果一个服务节点已经执行着给定索引位置的日志条目中记录的操作，则所有其他节点不会在该位置执行其他不同的条目中的操作。

Raft 通过首先选出一个领导者来实现上述安全性原则，然后赋予领导者完全的管理复制日志条目的责任。当领导者收到来自客户端的日志条目时，它负责把这些日志条目复制到其他节点上，并且还会告诉这些节点什么时候执行该日志条目操作是安全的。通过选出领导者的操作可以简化复制日志的管理工作。选出领导者后，Raft 将安全性问题分解成了三个相对独立的子问题。

（1）领导者选取安全：在一个领导者宕机之后必须要选出新的领导者。

（2）日志复制安全：领导者必须从客户端接收日志然后复制到系统的其他服务节点上，并且强制要求其他服务节点的日志与自己的保持相同。

（3）状态机安全：该子问题就是保证前面的状态机安全原则的成立。

上一小节中的相关举措已经解决了问题（1）和（2），接下来主要介绍一下问题（3）是如何解决的。

### 1. 选举限制

之前介绍了 Raft 如何进行领导者选举和日志复制。然而，到目前为止这个机制还不能保证每一个服务节点都能按照相同的顺序执行同样的操作。为了解决这个问题，需要对领导者的选取加入一些限制。

在所有的以领导者为基础的共识算法中，领导者最终必须要存储全部已经提交的日志条目。在一些一致性算法中，即使节点一开始没有包含全部已提交的条目，其仍然可以被选为领导者。这些算法都有一些另外的机制来保证找到丢失的日志条目并将他们传输给新的领导者。这个过程要么在选举中完成，要么在选举之后立即开始。然而这种方法会大大增加算法的复杂性。Raft 使用了一种更加简洁的方式来保证在新的领导者开始选举时它就已经拥有了之前任期所有已提交的日志条目，而不是需要其他的机制来传输这些条目给领导者。这也就意味着在 Raft 中日志条目只有一个流向：从领导者流向追随者。而领导者永远不会删除或覆盖已存在的日志条目，这也就意味着所有的客户端请求最终都能被一致地执行。

Raft 使用投票的方式来阻止没有包含全部日志条目的服务节点赢得选举。一个候选人为了赢得选举必须要与系统中的大多数服务节点进行通信，这也就意味着每一条已经提交的日志条目最少会在一个服务节点上出现。如果候选人的日志记录和大多数服务节点上的日志记录一样是最新的，那么它一定包含了全部已经提交的日志条目。RequestVote RPC 实现了这个限制：该 RPC 的调用参数中包含了候选人的日志记录信息，如果被调用者的日志记录信息比候选人的要新，那么它就会拒绝候选人的投票请求。

Raft 通过比较日志记录中最后一个条目的索引和任期号来决定究竟哪个日志记录是更新的。如果两个日志记录的任期号不同，任期号大的更新；如果任期号相同，则日志索引号更大的更新。

**2. 提交之前任期的日志条目**

正如上一节所提到的，如果一个日志条目已经被复制到了大多数的服务节点上，则领导者就会决定在当前任期提交该日志条目。此时若领导者在提交日志条目之前发生崩溃错误，之后的新任领导者会尝试继续完成对日志条目的复制。然而领导者并不能判断存在于大多数服务节点上的日志条目是否已经在之前的任期中被提交。图 5.10 展示了一种可能的情况。

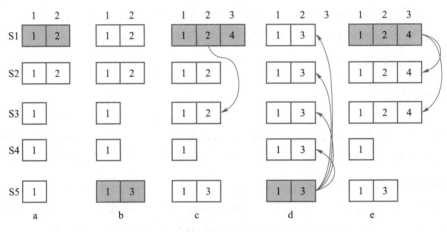

图 5.10　领导者日志复制的可能情况

如图 5.10 所示，该图说明了为什么领导者不能判断之前任期的日志条目的提交状态。图中带阴影的小方格表示领导者的日志条目。在 a 情况下，S1 是领导者，并将索引为 2 的日志条目分发给了部分追随者。之后转到情况 b，S1 发生崩溃错误，S5 通过选举成为领导者并在索引 2 处接受了新的日志条目。在 c 中，S5 崩溃了，S1 重新启动并重新当选为领导者，然后它开始继续索引 2 处日志条目的复制工作，这时任期 2 的日志条目已经复制到了大部分追随者，但是还没有完成提交。如果这时情况变为如 d 所示，S1 发生崩溃，S5 重新启动并将自己在任期 3 的日志条目发送给其他服务节点，并覆盖该索引处其他的日志条目，则条目 2 就丢失了。然而如果在崩溃前，S1 复制了它当前任期的日志条目给其他服务节点，就如 e 所示，那么这些日志条目就可以被正常提交，而且 S5 将不会赢得选举（因为之前新增的限制，S5 的日志条目不是最新的）。在这种情况下，之前的日志条目就可以被正常提交。

为了消除图 5.10 中的问题，Raft 从来不会通过计算复制条目的数目来提交之前任期的日志条目。只有领导者当前任期的日志条目才通过该方法进行提交。一旦当前任期

第 5 章　区块链共识算法

的日志条目以该方式被提交，那么根据日志匹配原则，之前的日志条目也会被间接地提交。在一些其他的共识算法中，如果一个领导者要从之前的任期复制日志条目，那么它必须赋予该日志条目新的任期编号，而在 Raft 中，日志条目的任期号一旦确定将不会再改变。虽然这样使得 Raft 在提交规则中增加了复杂性，但是这使得判断日志更加容易，因为它们全都保持着相同的任期号。另外，和其他的此类共识算法相比，Raft 中的领导者发送的之前任期的日志条目数会减少（这是因为其他算法必须发送冗余的日志条目并且在它们提交之前进行重新排序）。

### 3. 安全性论证

下面给出状态机安全的具体论证。

首先先来证明领导者完全性原则的成立性，通过反证法来证明该原则是成立的。现假设领导者完全性原则不成立，即存在已提交的日志条目，该条目不存在于之后任期的领导者的日志记录中。假设任期 T 的领导者 leaderT 在它的任期内提交了一条日志条目 e，但是任期 U（U>T）的领导者 leaderU 没有存储该日志条目到自己的日志记录中，则有以下结论。

（1）在 leaderU 选举时它的日志记录中一定没有 e，因为领导者从来不会删除或覆盖日志条目。

（2）因为 e 已提交，因此 leaderT 一定在它的任期内将 e 复制到了大多数的服务节点上，因此就存在至少一个服务节点既接收了 e 也在选举时为 leaderU 投了票（因为 leaderU 如果要当选需要获得大多数服务节点的投票）。

（3）投票者必须在给 leaderU 投票之前接收来自 leaderT 的日志条目 e，因为若在其投票之后，那么投票者的当期任期会变为 U，而这样它不会接收来自 leaderT 的日志条目。

（4）投票者会在它给 leaderU 投票时存储该日志条目 e，因为领导者不会删除条目，而追随者只有在与领导者发生冲突时才会移除日志条目。

（5）投票者给 leaderU 投票，那么证明 leaderU 的日志记录和投票者是一样新的，而这与假设矛盾。

（5）中的矛盾体现在以下两个方面。

① 如果投票者和 leaderU 最后一条日志条目任期号相同，那么 leaderU 的日志记录一定和投票者的一样长，因此它的日志记录中就包含全部的投票者日志记录中的条目。这是矛盾的，因为假设投票者和 leaderU 的日志记录已提交的日志条目是不同的。

② leaderU 的最后一条日志的任期号一定比投票者的大。另外，也比 T 大，因为投票者的最后一条日志条目的任期号最小也只可能是 T。创建 leaderU 最后一条日志条目的上一任领导者必须包含已提交的日志条目 e（基于假设）。那么根据日志匹配原则，

leaderU 也一定包含 e，而这也与假设矛盾。

因此，Raft 保证了领导者完全性原则的成立。

在给出领导者完全性原则的证明之后，可以证明状态机安全原则。状态机安全原则是说如果一个服务节点已经执行着给定索引位置的日志条目中记录的操作，则所有其他节点不会在该位置执行其他不同的条目中的操作。在一个服务节点执行日志条目中的操作时，它的日志记录必须与领导者的日志记录在该条目之前的条目完全相同，并且已经被提交。现在来考虑在任何一个服务节点执行一个指定的索引位置的日志条目的最小任期，Raft 保证了拥有更高任期号的领导者会存储相同的日志条目，所以在之后的任期里执行某个索引位置的日志条目中的操作也是一致的。并且，Raft 要求各服务节点按照日志记录中的索引顺序执行日志条目中的操作，这也就意味着所有的服务节点都会按照相同的序列顺序执行相同的操作。

### 5.5.4　Raft 算法小结

Raft 算法是一种强一致性分布式系统共识算法，在 Paxos 算法基础上改进而来。Raft 将可理解性作为算法设计的初衷，兼顾高效性和安全性。目前，几乎所有语言都提供了实现 Raft 的库，有较好的适用性。但是，与 Paxos 类似，Raft 也只提供了崩溃容错性能，不能应对系统节点出现拜占庭错误的情况，这也使基于 Raft 的系统在网络攻击面前略显脆弱。

## 5.6　rPBFT 算法

### 5.6.1　rPBFT 算法简介

在 PBFT 的三段协议中，每个节点需要向系统中所有其他的共识节点广播各类型的消息。系统的复杂度与节点数目的平方成正比，系统中的节点数目成了限制系统性能的瓶颈，这也成为 PBFT 无法提供高可扩展性的主要原因。

rPBFT（rotating practical Byzantine fault-tolerant）算法是国产联盟链平台 FISCO BCOS 在 V2.3.0 版本中提出的一种对 PBFT 改进的共识算法。该算法提出的目的是在保留 BFT 类共识算法低延时、高吞吐量、强一致性和较强的抗欺骗性的基础上，降低 PBFT 算法复杂度对系统节点数量的依赖，提升算法可扩展性。

## 5.6.2 rPBFT 工作原理

rPBFT 共识算法的目标是在保障区块链系统性能、安全性的前提下，将共识算法网络复杂度与共识节点规模解耦，提升区块链系统的可扩展性。为实现这个目标，rPBFT 参考 DPOS 思路，在大节点规模下，随机选取部分节点作为"共识委员节点"参与每轮 PBFT 共识，由于共识委员节点数目固定、与节点规模无关，因此 rPBFT 共识算法可扩展性更强。此外，为了保障系统安全、防止共识委员节点联合作恶，rPBFT 算法基于可验证随机数密码学算法周期性地轮换共识委员节点，如图 5.11 所示。

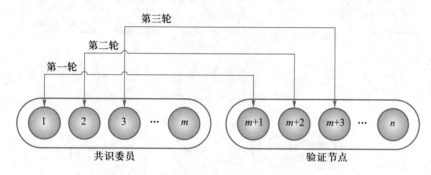

图 5.11　rPBFT 共识委员与验证节点替换示意图

rPBFT 共识算法将共识节点分为两类，即共识委员节点、验证节点。

共识委员节点：执行 PBFT 共识流程，可以被选为领导者（Leader）产生区块。

验证节点：不执行 PBFT 共识流程，仅进行区块验证。

rPBFT 共识算法主要包括以下系统参数。

epoch_sealer_num：共识委员节点数目。

epoch_sealer_rotating_num：共识委员节点轮换过程中轮换的共识委员节点数目。

epoch_block_num：共识委员节点轮换周期，即每产生 epoch_block_num 个区块后，进行一次共识委员节点轮换。

以上系统参数均可动态调整，以支持更灵活的区块链应用需求。此外，为了保证 rPBFT 共识算法正常运行，要求至少 2/3 的共识委员正常运行，且为了在替换节点时保障系统一致性，上述系统参数必须满足以下关系：

$$epoch\_sealer\_num = 3 * f + 1$$

$$2 * f + 1 - epoch\_sealer\_rotating\_num > f + epoch\_sealer\_rotating\_num$$

即

$$epoch\_sealer\_rotating\_num < (f+1)/2$$

上述公式基于最坏假设推导出，即轮换共识委员节点时，$f$ 个共识委员节点异常，替换出了 epoch_sealer_rotating_num 个正常的共识委员节点，且替换入的 epoch_sealer_ rotating_num 个共识委员节点异常，此时必须保证正常的共识委员节点数目大于异常的共识委员节点数目。

### 5.6.3　rPBFT 共识框架

图 5.12 是 rPBFT 共识框架，rPBFT 共识算法主要包括 VRF 随机数生成器、交易生成器、委员节点管理合约三个部分。主要流程如下。

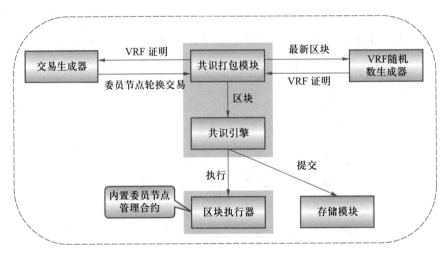

图 5.12　rPBFT 共识框架

**1. 系统初始化**

基于第 0 块（创世块）哈希和各个节点的节点 ID，采用 Fisher-Yates shuffle 洗牌算法打乱所有共识顺序，从中选出 epoch_sealer_num 个共识节点作为共识委员节点，其他节点作为验证节点。

**2. Leader 发起共识委员节点切换**

（1）Leader 判断是否需要轮换共识委员节点：若当前块高减去上次共识委员切换时的块高等于 epoch_block_num，则需要切换共识委员节点，否则继续参与正常的共识流程。

（2）Leader 的打包模块调用 VRF 随机数生成器，以当前最高块哈希和私钥作为输入，获取 VRF 证明。

（3）Leader 的打包模块将从 VRF 随机数生成器获取的 VRF 证明、节点私钥、委员节点管理合约地址、委员节点管理合约的接口定义作为输入，调用交易生成器，生成带有 Leader 签名的委员节点轮换交易。

（4）Leader 的打包模块将生成的委员节点轮换交易打包为区块中最后一笔交易，并将区块组装于 PBFT Prepare 包中，传递给共识引擎。

（5）共识引擎收到 Prepare 包后，将 Prepare 包广播给所有其他共识委员节点，运行 PBFT 共识流程。

**3. 其他共识委员节点验证区块**

（1）其他共识委员节点收到 Leader 的 Prepare 包后，从 Prepare 包内解码出区块，并判断当前轮需要切换共识节点。

（2）共识委员节点验证最后一笔交易是否是 Leader 产生的节点轮换交易，主要验证点如下。

① **验证交易由 Leader 产生**：交易的发起者地址必须是 Leader 的地址，且交易中带有 Leader 的签名。

② **验证交易调用的是共识委员管理合约**：交易的目标地址必须是共识委员管理合约地址。

共识委员节点执行区块时，执行共识委员管理合约，该合约会根据 VRF 随机数选取 epoch_sealer_rotating_num 个验证节点为共识委员节点，并替换出 epoch_sealer_roating_num 个共识委员节点为验证节点。

带有共识委员轮换交易的区块达成共识落盘后，下一轮共识直接加载新的共识委员节点集合参与 PBFT 共识。

## 5.6.4　rPBFT 核心组件

**1. VRF 随机数生成器**

每个共识节点内都会内置一个 VRF 随机数生成器，其主要功能包括生成 VRF 公钥，生成用于轮换共识委员节点的可验证随机数，VRF 随机数验证，将 VRF 证明转换为哈希，具体如下。

（1）**生成 VRF 公钥**：以节点签名私钥 $sk$ 为输入，生成公钥 $pk = g^{\wedge}sk$，仅初始化一次。

（2）**生成用于共识委员节点轮换的可验证随机数**：输入区块哈希值和 VRF 公钥，输出可验证的随机数证明（VRF Proof）。

（3）**VRF 随机数验证**：给定 VRF 证明 VRF proof 和生成 VRF 证明的节点公钥，验证 VRF 证明是否有效。

（4）**将有效的随机数证明转换为哈希**：将验证通过的随机数证明转换为哈希。

### 2. 交易生成器

为实现共识委员节点轮换，需要 Leader 构造共识委员轮换交易，并在共识过程中调用共识委员节点管理合约实现共识委员节点轮换功能，因此 rPBFT 共识算法提供了交易生成器，交易生成器主要由 Leader 调用，交易生成器指定共识委员管理合约的接口定义、Leader 的账号、共识委员管理合约的地址以及 Leader 的私钥，为 Leader 生成带有 Leader 签名的共识委员轮换交易。

### 3. 共识委员节点管理合约

共识委员节点管理合约是实现共识委员节点轮换功能的核心组件，合约的输入参数包括 Leader 生成的 VRF 证明、VRF 证明对应的输入 alpha，主要流程如下。

（1）判断当前区块高度是否需要轮换共识委员节点。为防止 Leader 恶意生成并打包共识委员节点轮换交易以从中获利，各个共识委员节点执行共识委员节点管理交易时，首先判断当前块高是否满足共识委员轮换条件：若当前区块距离上次轮换共识委员节点相差 epoch_block_num 个区块，则继续验证 VRF 随机数，否则说明该笔交易是 Leader 恶意产生的交易，直接返回，不做任何共识委员节点轮换操作。

（2）验证合约输入。为了防止节点作恶，保障节点轮换的安全性，轮换共识委员节点前，需要基于输入参数 VRF 证明和 VRF 证明对应的输入 alpha 进行如下验证。

① 验证 VRF 证明对应的输入 alpha 是否等于最高块的区块哈希，若不相等，则说明 VRF 证明对应的输入无效，不做共识委员节点轮换操作。

② 用 Leader 的 VRF 公钥、输入 alpha，验证 VRF 证明是否有效，若是无效的 VRF 证明，直接返回，不做共识委员节点轮换操作。

经过以上两步的验证，完全排除了 Leader 恶意伪造输入、其他恶意节点故意伪造 VRF 证明的情况，消除了恶意攻击的可能性。

（3）基于 VRF 证明产生随机数，并轮换共识委员节点。通过上述验证流程消除节点作恶的情况后，开始轮换共识节点。

① 基于 VRF 证明，调用 VRF 生成器产生 VRF 随机数（注：由于 VRF 算法的完全唯一性，所有共识委员节点获取的 VRF 随机数一致）。

② 以上步产生的 VRF 随机数为输入，采用 Fisher-Yates shuffle 洗牌算法，打乱共识委员节点和验证节点的顺序。

③ 从打乱顺序的共识委员节点列表中选取前 epoch_sealer_rotating_num 个节点，将其更新为验证节点；从打乱顺序的验证节点列表选取前 epoch_sealer_rotating_num 个节点，将其更新为共识委员节点。

### 5.6.5  rPBFT 算法小结

本节着眼于区块链系统共识算法的挑战，介绍了 rPBFT 共识算法。rPBFT 共识算法每轮共识仅选择 epoch_sealer_num 个共识委员节点参与共识，其网络复杂度固定为 $O(\text{epoch\_sealer\_num} * \text{epoch\_sealer\_num})$，与节点规模无关，具有可扩展性。安全性方面，初始化时，rPBFT 采用 Fisher-Yates shuffle 洗牌算法打乱了初始节点列表，并从中选取 epoch_sealer_num 个共识委员节点，保障了初始共识委员节点选取的随机性；轮换节点时，基于 Leader 产生的不可篡改的 VRF 随机数替换共识委员节点，保障了共识委员节点轮换的随机性和不可预测性，进一步提升了系统安全。

第 5 章
思考题

# 智能合约

　　智能合约的概念最早于 1995 年由美国密码学家尼克·绍博（Nick Szabo）提出，他将智能合约定义为一套以数字形式指定的承诺（commitment），包括合约参与方可以在上面执行这些承诺的协议。其设计目标是在无可信第三方的条件下，嵌入某些由数字形式控制、具有价值的物理实体，担任合约各方共同信任的代理，当预置条件被触发时，智能合约执行相应的条款。

　　由于缺乏能够支持可编程合约的数字货币系统和技术，智能合约概念被提出后的很长一段时间都没有相关的产品问世，智能合约的相关技术迟迟无法落地。而区块链技术的出现恰好解决了这些问题，它不仅可以支持可编程合约，而且具有去中心化、去信任、不可篡改、匿名可溯源等特性，这些特性与智能合约天然契合。区块链借助智能合约的可编程性封装分布式节点的复杂行为，实现更多应用场景；智能合约存储在区块链中天然具有去中心化、防篡改、可溯源等特性，运行在区块链提供的容器中保证了合约发布、执行、记录的真实性和唯一性。

## 6.1　智能合约概述

### 6.1.1　定义

　　1995 年智能合约被尼克·绍博提出，2014 年被维塔利克·布特林（Vitalik Buterin）引入到以太坊中，如今在公有链、联盟链中都得到了广泛的使用。以目前区块链的发展状况来看，智能合约是分布式账本上的一套预置规则，声明了状态和响应条件，可以将复杂行为实现、封装为相应的计算机程序，然后在分布式节点上执行并验证，用以完成信息交换、价值转移、资产管理等工作。从更广泛的意义上讲，智能合约是无须中介、自我验证、自动执行合约条款的计算机交易协议。

　　智能合约与区块链本是两个独立的技术，在早期区块链 1.0 中并没有引入智能合约的概念。但随着区块链技术的不断发展，人们发现比特币脚本的计算能力十分有限，无法支持更加广泛的应用，并且区块链在价值传递的过程中需要有一套规则来描述价值传递的方式，这一规则应该让机器而不是人来识别和执行，因此人们开始设想智能合约与区块链的结合。在 2013 年年末，维塔利克·布特林针对比特币的缺点首次提出了以太坊的概念，并发布了《以太坊：下一代智能合约和去中心化应用平台》白皮书，启动了以太坊项目。以太坊的出现让智能合约与区块链结合的设想成为可能。随后在 FISCO BCOS 和超级账本的 Fabric 项目中也引入了智能合约的概念。从此，搭载了智能合约的区块链超越了数字货币的范畴，可以面向更广泛的应用场景，进入区块链 2.0 时代。从图 6.1 中可以看出智能合约在区块链上所处的位置。

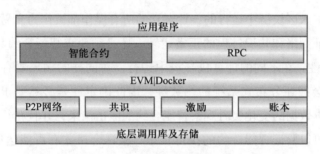

图 6.1　区块链上的智能合约

当前区块链中的智能合约大致分为三类：智能法律合约、去中心化自治组织（decentralized autonomous organization，DAO）、智能应用合约。智能法律合约涉及严格的法律追索权，防止参与合约的双方不按照既定规则履行合约条款，通常以复杂的法律文本来表示。DAO 将一系列公开、公正的规则放入智能合约中实现，智能合约监管组织中每个参与者的行为，确保其严格遵守这些规则。智能应用合约是指部署在区块链上的智能合约应用，是一种有商业价值的合约形式。

智能合约最重要的用途是解决信用问题。传统合约需要事先了解各方的信用背景，合约达成后也有赖于各方的诚实信用，或者第三方的信用担保。与之相比，区块链上的数据是公开透明、不可篡改的，智能合约被创建前无须进行信用调查，之后运行时也不用依靠单方信用担保。可以说信用问题的解决大幅降低了交易成本，提升了交易效率。区块链上只提供了新增操作，而没有删除操作，因此账本中保留了与智能合约交互的历史过程，有问题时可支持追溯，让违约行为有所顾忌。智能合约的执行也不依赖于某一方，网络中保持一定的节点数目，就可以保证系统的健壮性，既可以确保合规，又可以减少监督成本，同时也可以应对停电、机器故障、自然灾害等问题。

## 6.1.2　特点

区块链中的智能合约有下面几个特点。① 去中心化，智能合约的所有条款和执行过程都是预先制定好的，一旦部署运行，参与者不能单方面修改合约内容、干预合约执行，大大降低了人为干预风险。② 公开透明，区块链上所有的数据都是公开透明的，因此智能合约对数据的处理也是公开透明的，任何人都可以查看源码和数据。③ 不可篡改，区块链上不允许删除数据，智能合约代码以及运行产生的数据不可篡改，不必担心某些节点恶意修改代码和数据；这个特点也使得溯源操作更加可信。④ 永久运行，网络中总是维持一定数量的节点，保证了系统的可靠性，即使部分节点失效也不会迫使智能合约停止执行，这样就可以确保智能合约时刻有效。⑤ 实时响应，在无须第三方或中心化机构参与的条件下，智能合约虚拟机可以实时响应客户需求，提升了服务体验和效率。

智能合约是嵌入区块链中运行的，针对它的所有操作都被作为交易与分布式网络进行交互，为了保证网络和共识过程的正常运转，还必须要求智能合约具备下面的特性。① 确定性和一致性：在不同的计算机环境中运行，对同样的输入要有相同的输出，非确定的智能合约会破坏分布式系统的一致性，因此确定性是必然要求。② 可验证性：能够通过追踪账本数据的变化实时观察智能合约的输出结果，并且在每一次的共识过程中，所有节点都可以验证智能合约的执行状态，验证合格才有可能达成共识。③ 可终止性：要求智能合约必须在有限的时间内运行结束，否则共识永远无法达成，同时也会增加机器的开销，浪费公共资源。

## 6.1.3　可编程合约

我们通常所讲的合约指协议、契约等共同遵守的规则，而智能合约是数字化、智能化合约，是对合同合约的代码实现，这段代码一旦写好就将公之于众，且无法修改，当外界条件发生变化如违约或合同到期，智能合约就会被自动触发。通常所说的契约精神在法律和道德的框架之下，但是凡有人参与的游戏，总难免违约，如果让智能合约来维护规则，则能在最大程度上避免违反契约。

从编程语言与运行环境的角度来说，智能合约分为 3 种：脚本型、图灵完备型、可验证合约型。就目前的主流区块链平台来说，比特币有其嵌入的脚本语言，以太坊基于以太坊虚拟机（Ethereum virtual machine，EVM）发布了智能合约开发语言 Solidity，FISCO BCOS 兼容 Solidity 的同时增加了预编译合约等更多的智能合约引擎。其他平台则大都采用通用的编程语言，如超级账本默认采用 Go 语言编写智能合约。常见的编程语言还有 Java、Python 等，这些都属于图灵完备的高级语言，也被广泛地应用。

一些国家的中央银行已经开始通过区块链发行法定数字货币了，那么设想下，如果通过智能合约与法定数字货币对接，将代码嵌入到货币流通过程中，当这个设想在未来落地了，将对社会产生巨大的影响。例如，政府将部分资金发放到特定的账户，专款专用，则可以对这部分资金进行流向监管，指定其只能用于某个领域，从而确保不会挪作他用。

### 6.1.4 运行机制

#### 1. 状态机

智能合约是包括一段计算机程序、运行环境、验证方法在内的完整的计算系统。其中的程序就是利用合约语言开发的可执行代码，这段代码可以部署并运行在区块链诸多节点所提供的计算机环境中。当满足条件时，智能合约会被触发并完成所规定的条款或操作，这一过程会自动运行而无须干预。区块链是一个交易驱动的状态机，交易每次都由一个外部账户发起，当交易被发布到区块链网络中之后，所有参与记账的节点都会执行这个交易，使得系统从当前状态确定性地转移到下一个状态。如图 6.2 所示，图中 Tx 是交易的缩写，既可以是普通转账交易，也可以是智能合约相关交易。

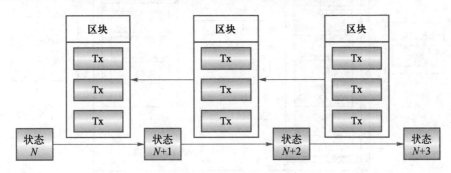

图 6.2　交易驱动的状态机

#### 2. 执行流程

正常的执行流程包括合约编写、合约部署、节点验证、条件触发和交易执行几个部分。开发者根据业务需要编写智能合约代码，该代码包含了合约触发的条件。编写完成后再将合约代码编译成字节码，然后以交易的方式上传到区块链网络中，即部署或安装，这个过程同样会被记录到账本中。当外部账户调用或者触发条件满足时，节点就会启动合约环境执行合约代码，将执行结果打包进区块，向全网广播。最后，同步到区块的节点以同样的方式运行合约代码，检查执行结果，判断状态是否一致，然后更新账本数据达到最新状态。网络中所有的节点共同参与整个执行流程，执行的控制权不在任何一方的手中，可以说几乎不可能操纵或干预合约。

#### 3. 运行环境

智能合约的执行有脚本、虚拟机、容器等几种方式。无论哪种方式，都要保证分布式环境下状态的一致性。因此需要对运行环境进行限制，使合约保持在类似沙箱的环境中运行，禁止其访问外部网络、时钟、文件等不确定性接口。比特币脚本是区块链运行智能合约的雏形，具体包括解锁脚本和锁定脚本两部分，分别位于前后相关联交易的输入和输出中，将这两部分合成为完整的代码在解释器中执行，完成转账验证。以太坊和 FISCO BCOS 都使用 EVM 虚拟机作为合约运行环境，虚拟机基于堆栈（stack）方式工作，将合约代码和系统环境隔离开，向上提供统一的计算和内存表现。超级账本的 Fabric 项目选择了 Docker 环境，将链码（chaincode）制作成 Docker 镜像，启动后以容器方式独立运行，隔离外部干扰。图 6.3 表示智能合约运行环境，所要执行的代码（图中 Code）从交易（图中 Tx）中读取。

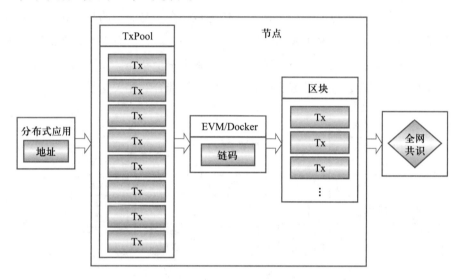

图 6.3　智能合约运行环境

## 6.1.5　两个图灵问题

### 1. 图灵完备

"图灵完备"（Turing completeness）一词来源于计算机科学之父英国数学家阿兰·图灵，当一组数据操作的规则（一组指令集、编程语言，或者细胞自动机）可以用来模拟任何图灵机，那么它是图灵完备的。

以太坊智能合约具有图灵完备性是其区别于比特币的一个重要特征。比特币中使用的脚本语言并非是图灵完备的，它没有能力计算任意带复杂功能的任务。作为一个虚拟货币系统，这样的设计已经足够满足交易的需求。从安全角度来说，图灵完备系统所增加的复杂度会不可避免地带来安全性问题。

而另一方面，以太坊的设计从一开始就是一个基于区块链的编程平台，不仅仅局限于虚拟货币，因此以太坊的虚拟机（EVM）支持图灵完备的编程语言。换句话说，以太坊智能合约的图灵完备性意味着它能够在具有正确指令，足够的时间和处理能力的情况下，使用代码库执行几乎所有任务。

**2. 图灵停机**

停机问题（halting problem）是困扰所有图灵完备编程语言的问题。给定输入，任何图灵完备语言都无法确定该输入下的程序能否在有限的时间之内结束运行，即无法判断程序将永远运行还是最终停止。在比特币中，矿工没有能力提交一个可能出现死循环的脚本，因此不存在停机问题。在以太坊中，为避免停机问题，使用燃料（gas）机制防止出现死循环的情况，也就是说，执行代码时必须提供一定的 gas，当 gas 用完时，智能合约代码便不能继续执行。

# 6.2　比特币脚本

比特币脚本语言是一种基于堆栈的简单执行语言，为保障比特币交易安全而提出，所有网络节点都可以理解并执行。从广义上看，该脚本也属于智能合约，具有简单、紧凑、容易理解等特点，并且是非图灵完备的，不支持循环结构。通常情况下，一个脚本的执行需要两笔相关联交易的参与，即前一笔交易输出中的锁定脚本（locking script）和后一笔交易输入中的解锁脚本（unlocking script）。比特币脚本具有可编程性和自动执行的特性。图 6.4 包含了两个比特币交易，前一个交易有一个输出（这个输出就是 UTXO），其中包含了一个锁定脚本；后一个交易有一个输入，这个输入指向前一个交易的输出，其中包含了一个解锁脚本；将这两个脚本合并执行就可以完成转账交易的验证了。

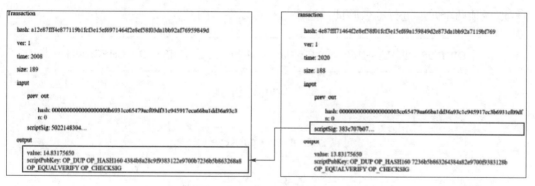

图 6.4　比特币交易中的脚本

脚本语言被设计得非常简单，类似于嵌入式装置，仅可在有限的范围内执行。脚本指令被称为操作码，分为常量、流程控制、栈操作、算术运算、位运算、密码学运算、保留字等。脚本是非图灵完备的语言，包含的操作码不具备循环和复杂的流控制功能，仅可执行有限的次数，避免了因编写疏忽等原因导致的无限循环或逻辑炸弹。比特币脚本这种有限的执行环境和简单的执行逻辑，有利于对可编程货币的安全性进行验证，能够防止形成脚本漏洞而被恶意攻击者利用。

比特币地址对应的锁定脚本主要有以下几种类型：P2PKH（pay-to-public-key-hash）、P2PK（pay-to-public-key）、MS（multiple signatures）、P2SH（pay-to-script-hash），它们分别面向不同的使用场景。P2PKH 是最常用的标准比特币交易锁定脚本，支持支付给转账地址。P2PK 直接向公钥转账，只包含一个公钥和 CHECKSIG 操作指令，只需要提供一个有效的签名就可以解锁它。MS 用于多重签名的使用场景。P2SH 是在 BIP16（bitcoin improvement proposal）中提出的，目的是用来实现更为复杂的交易，增加了比特币可编程货币的特性。P2SH 与其他脚本的最大区别是把转出条件的设置对象从发送者变成了接收者。从字面含义理解，P2SH 是要支付给脚本哈希，也就是说收款人先构造脚本（未来取出这个 UTXO 的条件就内含在此脚本中），然后把脚本的哈希值提供给付款人。上面这些锁定脚本在同一条链上，如何区分使用呢？实际上生成地址时可以有不同的前缀，相应地发生交易时构造的锁定脚本就不同。例如，P2PKH 地址的 Base58Check 编码前缀是 1，P2SH 的 Base58Check 编码前缀是 3。

当用户想要取出被锁定的余额时，根据锁定脚本的类型，构造相应的解锁脚本进行解锁。以 P2PKH 为例来说明，其锁定脚本如图 6.5 所示，解锁脚本如图 6.6 所示，合并为完整脚本如图 6.7 所示。执行脚本的过程就是一条一条执行操作指令，同时对数据在堆栈中进行压栈和弹出操作，所用到的指令参考表 6.1 和表 6.2 的解释。执行过程共分 7 个步骤：① 将签名压栈；② 将公钥压栈；③ 复制栈顶数据，即第②步压栈的公钥；④ 为栈顶数据取两次哈希；⑤ 将锁定脚本中的公钥哈希值压栈；⑥ 判断堆栈最顶端两个元素所代表的公钥哈希值是否相等，如果相等则将两个元素弹出，继续执行；⑦ 取栈顶两个元素进行签名验证。这个过程可以参考图 6.8。

OP_DUP OP_HASH160 \<pubKeyHash\> OP_EQUALVERIFY OP_CHECKSIG

图 6.5　P2PKH 锁定脚本

\<signature\> \<pubKey\>

图 6.6　P2PKH 解锁脚本

\<signature\> \<pubKey\> OP_DUP OP_HASH160 \<pubKeyHash\> OP_EQUALVERIFY OP_CHECKSIG

图 6.7　P2PKH 完整脚本

表 6.1 数 据 指 令

| 数 据 指 令 | 功 能 |
|---|---|
| \<sig\> | 直接入栈 |
| \<pubKey\> | 直接入栈 |

表 6.2 操作符指令

| 操作符指令 | 功 能 |
|---|---|
| OP_DUP | 复制堆栈顶端数据 |
| OP_HASH160 | 计算哈希函数两次：第一次用 SHA-256，第二次用 RIPEMD-160 |
| OP_EQUALVERIFY | 如果输入是相同的，返回真；如果输入是不同的，返回假，交易无效 |
| OP_CHECKSIG | 检查输入的签名是否有效 |

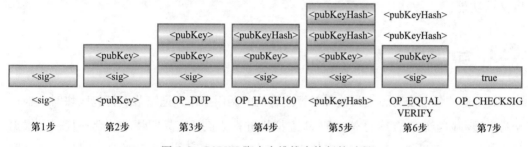

图 6.8  P2PKH 脚本在堆栈中执行的过程

OP_RETURN 是比特币脚本中用于将交易的输出部分标记为无效的操作码。简单来说就是所有带有 OP_RETURN 的输出都被认为是不可花费的，因此这个操作码用于销毁证明（proof of burn），可以销毁比特币，防止资金被赎回。实际中可能的用途是引导用户使用其他数字货币，即销毁比特币，以便获得另一种数字货币。销毁证明脚本使用方便，OP_RETURN 总是抛出错误，不管之前的运行结果如何，它总会被执行并抛出错误，脚本返回错误值，其后的指令将不会被执行。所以有很多人利用它的这个特性，永久保存某种信息，可以是一幅照片，可以是永恒的誓言，也可以用来做一些存证类的应用。OP_RETURN 被用来大量存储信息，在比特币社区中是有争议的。但无论如何，OP_RETURN 指令所构造的脚本肯定是时间更早的分布式应用。

比特币脚本存在一些缺陷，大大限制了它的使用范围。① 缺少图灵完备性，尽管比特币支持多种运算，但不能支持所有的运算。② 缺少价值控制，比特币脚本无法为 UTXO 提供精确控制，由于 UTXO 是不可分割的，比特币脚本只能决定是否一次授予整个 UTXO。唯一的方法是非常低效地生成许多不同面值的 UTXO，并挑出正确的 UTXO 来使用。③ 缺少状态，UTXO 只能是已花费或者未花费状态，比特币脚本无法访问本

UTXO 以外的状态，这使得实现诸如期权合约、多阶段合约或者二元状态的合约变得非常困难。

# 6.3 以太坊智能合约

以太坊"智能合约"是位于以太坊上特定地址的代码（其功能）和数据（其状态）的集合，是运行在以太坊区块链上的简单程序。可以用智能合约定义某些规则，然后调用代码自动执行。每一个智能合约都对应一个唯一的账户地址，通过地址保存合约代码和数据。这就意味着像普通用户一样，合约账户也可以有余额，可以通过网络发送交易。一旦被部署到区块链网络，就按照程序所规定的内容执行，不受用户控制。用户账户通过提交交易与智能合约进行交互，以执行智能合约上所定义的功能。

## 6.3.1 合约模型

外部账户发起交易，交易包含对智能合约的调用操作，记账节点打包区块时，根据交易类型和内容启动合约的本地 EVM 虚拟机进程，执行交易所请求的合约代码，根据执行结果更新世界状态，打包完区块之后，其他节点用同样的方法验证，最后达成全网共识。其中账户、世界状态、交易与合约模型紧密相关。

### 1. 账户

以太坊账户是以太坊体系最关键的内容之一，账户可以拥有以太币，多个账户之间可以在以太坊上发送交易。账户有两种用途，分为外部账户（externally owned account）和合约账户（contract account）。这两种账户都可以接收、持有、发送以太币和基于以太坊标准的代币（Token）。外部账户可以与合约账户进行交互，合约账户之间也可以交互。

外部账户是指以太坊上的用户所拥有的账户。该类账户由用户掌握，为私钥控制，拥有私钥就拥有对账户的所有权，私钥决定账户的地址。外部账户能够持有以太币，但是不能执行任何代码。它能够与其他外部账户进行交易，也可以借助智能合约中的函数执行交易。外部账户地址由公钥派生，对公钥进行 Keccak256 哈希计算，截取后 160 位比特得到，如图 6.9 所示。外部账户存储的数据包括余额（balance）和交易次数（nonce），如图 6.11（a）所示，此账户每发出一个交易，nonce 值增加一次。nonce 是用来防止重放攻击的，确保相同的交易只被处理一次。

合约账户在部署智能合约时产生。合约账户包含智能合约代码，并被存储在账户中的代码所控制。合约账户的地址是在创建合约时由合约创建者的地址和该地址发出过的交易次数计算得到。合约账户没有私钥，但仍可以像外部账户一样持有以太币。值得注意的是，不同于外部账户，创建合约账户需要支付费用，因为创建过程需要消耗网络计算、存储资源。合约账户由外部账户派生而来，具体过程是先对将要创建合约的外部账户和其 nonce 值进行递归长度前缀（recursive length prefix，RLP）编码，再进行 Keccak256 哈希计算，最后截取后 160 比特，如图 6.10 所示。合约账户存储的数据包括 balance、nonce 值、code hash 和 storage root 4 个部分，如图 6.11（b）所示。其中 balance 是余额，表明合约账户确实可以持有资产。此处的 nonce 值指当前合约所创建的新合约数量。code hash 指合约代码，保存在状态数据库中，使用时通过此 hash 索引获取。

图 6.9　外部账户生成过程

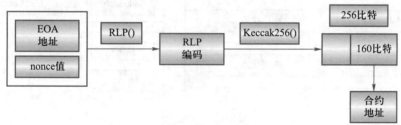

图 6.10　智能合约账户生成过程

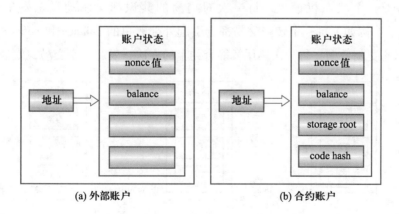

图 6.11　以太坊两种账户

storage root 是 MPT 结构的树根，所有在合约上定义的状态值都将保存在 MPT 数据结构中。

外部账户之间只能发生转账交易，外部账户与智能合约之间的交易可以触发更为丰富的功能，例如代币流转，甚至还可以创建一个新合约。

**2. 世界状态**

世界状态（world state）是地址到账户状态映射的合集。世界状态中的数据不在块链结构中保存，而是维护在一个全局的 MPT 结构中。上一节说账户状态包含 4 个方面的内容，即 balance、nonce、code hash 和 storage root，世界状态是所有这些数据的合集，理论上可以包括无数个账户。如图 6.12 所示，世界状态是所有账户的集合，可以看出来，图中 Address1 是合约账户，Address4 是外部账户。世界状态是一个全局的 MPT 结构，每一个合约账户的 storage root 也指向一个 MPT 结构。

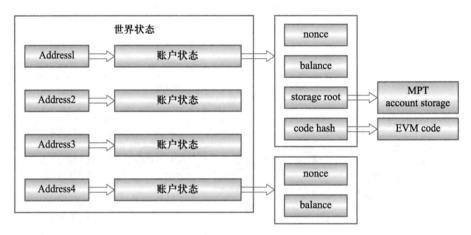

图 6.12　世界状态

以太坊是一个状态机模型，每一次对交易的共识都会驱动状态发生变迁，如图 6.13 所示。例如，每一个转账交易都会引起外部账户的 balance 和 nonce 发生变化，导致世界状态更新数据；每一次调用智能合约上的方法，发起一个交易，就会引起合约

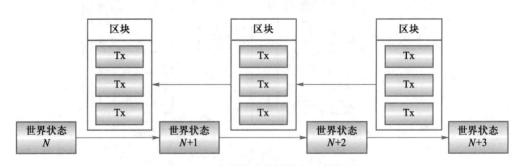

图 6.13　交易驱动世界状态不断变更

账户的 storage root 所指向的 MPT 发生变化，也会导致世界状态更新数据。

### 3. 交易

上文说过，以太坊是一个基于交易的状态机，不同账户之间发生的交易驱动以太坊从一种状态转移到另一种状态。其中的"交易"就是外部账户发出的消息的签名数据包。可以说交易是区块链中的一个基本数据单元，网络中以交易为单位在不同账户之间进行数据交换。交易必须由外部账户发起，利用账户的私钥进行签名，然后通过某一个节点向全网广播，必要时交易内容需要在 EVM 中执行，最终伴随共识过程到达全网。交易的数据结构大概包含下面一些信息。

（1）发送者：交易发起人的地址，必须是外部账户。

（2）发送者的签名：发送者的标识符。发送者使用私钥对交易签名时会生成此消息，表明发送者授权了这个交易。

（3）接收者：是一个接收地址，如果接收者是外部账户，则交易将转移价值，如果是合约账户，则交易将执行合约代码。

（4）以太币数量：来自发送者的转账数量，值得一提的是，外部账户可以向合约账户转账。

（5）数据字段：可选字段，可以包含任意的数据，如果是转账交易可以不填写，如果要部署智能合约，则填写相应的合约字节码，如果要调用智能合约，则填写方法接口信息。

（6）gas 上限：以太坊上发起交易需要付费，gas 用来测量所需支付的费用，每一次发起交易，需要提供 gas 上限值，等交易被确认之后，会返还多余的部分。

（7）gas 价格：gas 的单价。

当包含了上面信息的一个交易被提交之后，会发生下面 4 个步骤的一轮生命周期循环。

（1）打包好交易内容之后，会生成交易的哈希值，并对哈希值签名。

（2）将准备好的交易广播至全网，经过一段时间，所有的节点都会同步到这个交易。节点将最新收到的交易放入交易池（transactions pool）。

（3）矿工节点或者记账节点从交易池中挑选出交易，验证其合法性，然后放入区块中；之所以要挑选交易，是因为每笔交易的属性不尽相同，如到达时间、所愿支付的费用。矿工当然更愿意优先挑选费用更高的交易。

（4）之后交易会获取一个区块确认数（block confirmation number），即确认当前交易有效所需后续区块数量。至此对交易的处理就结束了，之后就会以区块为单位广播数据。

#### 4. gas

gas 是以太坊协议中的计量单位，用来计量在以太坊区块链上执行具体操作所要花费的计算量和存储资源。以太坊上的所有程序执行和交易都需要支付一定数量的燃料 gas，设置 gas 可以避免网络被滥用，限制交易执行的工作量。通过这么一个机制很巧妙地解决了图灵停机问题，避免因智能合约设计缺陷引发的危害。

当 EVM 执行交易时，gas 将按照特定规则被逐渐消耗。gas 价格由交易创建者设置，发送账户需要预付交易费用。如果执行结束还有 gas 剩余，这些 gas 将被返还给发送账户。无论执行到什么位置，一旦 gas 被耗尽就会触发一个 out-of-gas 异常。同时，当前调用帧所做的所有状态修改都将回滚。

以太坊属于公有链，没有任何准入限制，就像是所有人都有权使用的公共资源一样。如果对以太坊资源不做限制，将会形成一个不稳定的博弈格局，因人的自利性，导致公共资源的过度使用，最终难以为继。这就是经济学上所说的公地的悲剧。为了解决这个问题，需要引入像 gas 这样的价格机制，使得每一次对公共资源的使用都必须支付一定的费用，这样才能保障区块链服务于真正的需要，从而屏蔽掉伪需求。

### 6.3.2 合约语言

以太坊提供了对开发人员友好的合约语言，只要具有使用 Python 或 JavaScript 这样的通用计算机开发语言的经验，就能很快熟悉智能合约开发。以太坊目前支持的开发语言有 LLL、Serpent、Solidity、Vyper、Yul 和 Yul+。LLL 是一种函数式编程语言，语法与 Lisp 类似，它是以太坊智能合约的第一个高级语言，使用得比较少。Serpent 是一种汇编语言，可编译为具有各种高级功能扩展的 EVM 代码，主要用于底层操作码编写和高级原语（如 ABI）访问。因为是更低层次的开发语言，所以并不推荐使用 Serpent 构建上层应用。以太坊官方更多推荐使用 Solidity 作为首选开发语言，Solidity 是一种"面向合约"的高级编程语言，是专门为运行在 EVM 上的智能合约而设计的。它的语法受到 C++、Python 和 JavaScript 的影响，属于静态类型（在编译时就能确定变量类型）语言。Solidity 支持合约之间的继承操作，可以作为静态库被不同合约重复使用，也允许用户定义更复杂的类型。Vyper 是 Pythonic 风格的编程语言，面向以太坊虚拟机，属于强类型语言。其设计目标是小型易懂的编译器代码，有意去掉了许多 Solidity 拥有的功能，目的是使合约更安全且更易于审核。尽管 Vyper 仍在尝试阶段，应用开发也可以考虑这类风格的语言。对于没有任何智能合约开发经验的初学者来说，从 Solidity 和 Vyper 入手是正确的选择。如果已经对智能合约在安全方面的表现和 EVM 的细节很熟悉了，就可以继续深入研究 Yul 和 Yul+了。Yul 是以太坊上更接近底层虚拟机的中间语言，同时适用于 EVM 和 eWASM（是以太坊版的 WebAssembly，将在以太坊 2.0 版本上推出）两个虚拟机平台。Yul+在 Yul 基础之上做了扩展，增加了新特性，从而变得更加高效，前者可以看作是后者的升级版。

### 1. Solidity 语言

Solidity 是 EVM 上用于智能合约编写的众多语言中使用最广泛的语言之一。它与 C++、Python、JavaScript 有很多相似之处。合约语法包括状态变量、函数、函数修饰器、事件、结构体和枚举，合约还可以继承合约。状态变量是合约中定义的全局变量，每一次变更之后都要持久化保存起来，是构成世界状态的一部分；函数是合约中的可执行单元；函数修饰器（modifier）通过声明的方式改良函数语义，是一种面向切面编程（aspect oriented programming）技术；事件可以方便地调用 EVM 日志的接口，其名称和参数作为日志内容输出保存至回执（receipts）中；结构体用来定义新的类型，可包含基本类型，也可嵌入另一个结构体；枚举可以用来创建一定数量的常量值构成的自定义类型，枚举的常量在表达应用运行状态时非常有用。Solidity 是图灵完备的语言，支持循环、跳转、判断、分支等语句，支持多种数据类型，支持面向对象编程，理论上，可以将任何逻辑放入以太坊智能合约中，在整个网络上运行。

Solidity 是一种静态类型语言，编译时就需要给每一个变量指定类型。其中的类型分为值类型（value types）和引用类型（reference types）。值类型包括布尔型、整型、定长浮点型、地址类型、定长字节数组、变长字节数组、地址字面常量、有理数与整数字面常量、字符串字面常数、十六进制字面常数、枚举类型等。引用类型更复杂一些，包括结构体、数组和映射（mappings），一般通过地址访问，变量复制时开销很大，使用起来要更加慎重。

声明引用类型时，需要同时说明它的存储位置。存储位置分三种情况：Memory、Storage 和 Calldata。Memory 一般限定在函数内部，程序执行结束后所申请的内存空间将被回收；Storage 与智能合约共享生命周期，数据要持久化保存，当处理需要永久记录在区块链上的数据时，将其指定为 Storage 类型；Calldata 用于消息调用时保存外部函数（external functions）参数。

消息调用（message calls）在智能合约之间发生。合约可以调用其他合约，也可以通过消息调用将以太币发送到非合约账户。消息调用与交易非常近似，都具有源、目标、数据负载（payload）、以太币、gas、返回数据等内容。区别在于交易需要经过全网共识，消息调用不能独立发出，必须包含在交易流程之内，并不会单独作为共识的单位。实际上，每个交易都包含一个顶级消息调用，而该消息调用又可以创建其他消息调用。

Solidity 中的函数有 4 种访问类型，分别是 External、Public、Internal 和 Private。声

明了不同访问类型的函数具有不同的访问权限或可见性。使用 External 修饰的函数叫外部函数，用于合约之间的调用，通过消息调用来访问。Public 具有完全的可见性，既可以在合约内部调用，也可以通过消息访问。Internal 在合约内部访问，但可以被继承，也就是说除了当前合约外，派生合约也可以访问。Private 仅在当前合约内部访问，对外完全不可见，也不能被继承。

除了上面介绍的内容之外，Solidity 还有一些独特之处。

（1）address 表示地址类型。因为以太坊中账户的地址长度是 160 位比特，因此 address 存放 20 个字节的变量值。在智能合约中，可以通过一个全局变量 msg. sender 获取当前交易发起账户的地址。

（2）address payable，与 address 相似，区别在于它支持转账操作。它包含了多个成员函数，例如，利用 balance 可以查询账户余额，利用 transfer 和 send 可以转账，利用 call 可以发起消息调用。

（3）payable，函数修饰符，表示这个函数接受转给合约账户的转账操作，一个智能合约最多只能有一个使用 payable 修饰的函数。

（4）支持回滚的异常处理：异常情况会导致 EVM 恢复对状态所做的所有更改。原因是无法确保可以继续安全地执行异常之后的语句，异常情况违反了预期。回滚可以使得交易保持原子性，所以最安全的操作是还原所有更改并使整个交易无效。

### 2. 预编译合约

智能合约代码被编译成一系列操作指令在 EVM 上执行，EVM 根据所使用的操作指令来计算需要消耗的 gas。根据业务场景的不同，智能合约中可能会用到一些复杂的运算，例如，在隐私保护方面会用到 zk-SNARK，具体会涉及比较复杂的数学过程。类似的复杂运算让开发者实现不太现实，当然也不安全；而且这些运算并不适合在 EVM 中执行，这样做严重影响效率，同时会消耗更多 gas。出于这样一些考虑，提出了预编译合约。将一些不适合作为 EVM 操作码的复杂函数实现为预编译合约，提供给智能合约，供其反复调用，如 sha256、ripemd160、ecrecover 等。预编译合约使用频繁，往往包含的计算量也非常大，但因为其不需要在 EVM 中执行，从而保证有较快的运算速度。不在 EVM 中执行，并不意味着调用时不需要支付费用，例如，查阅 EIP-196 规范可知，其中提供的用于零知识证明的预编译合约 ECADD 和 ECMUL 的花费分别是 500 和 40 000。尽管如此，对于开发者来说调用预编译合约也比直接使用运行在 EVM 上的函数消耗更低。既要提供对复杂运算的简单调用，又要降低 gas 费用，是预编译合约持续改进所要面对的问题。

### 3. Vyper

因为代码逻辑的问题，目前很多合约都可能存在严重的漏洞。例如，使用自毁

（self-destruct）操作将其从账户状态中移除的合约，称为自毁合约，它有一些潜在的风险，如果给一个被移除的合约转账，所转的以太币将会永久消失。例如，因为设计得不合理，在某种执行状态下无法释放以太币的合约，这种情况称为贪婪合约。再如可以把以太币或者资产转给任意地址的合约，这种合约称为"慷慨"合约，并非真正慷慨，而是在损害他人利益。这些漏洞是通过代码引入到智能合约中的，不合理的代码设计很容易导致用户遭受意外损失。

Vyper 是一种面向合约的 Pythonic 风格的编程语言，目标是提供更好的可审计特性，让开发者可以编写更加安全的智能合约。Vyper 有明确的设计原则：追求构建安全智能合约；追求语言和编译器的简单实现；追求代码更好的可读性；防止编写误导性代码。基于对目标和原则的遵从，Vyper 提供了一些功能：对数组访问进行边界和溢出检查；支持带符号整数和十进制定点数；精确计算函数调用的 gas 消耗上限；提供日志打印功能；更简明的编译器代码；支持纯函数。基于同样的目标和原则，Vyper 放弃了很多 Solidity 语言的特性：放弃了函数修饰符，追求更好的可审计性和可读性；放弃了继承和函数重载；不建议使用内联汇编；放弃了递归调用和无限长循环，递归调用难以判断 gas 上限，容易被攻击利用。

**4. Yul**

Yul（以前也称为 JULIA 或 IULIA）是一种中间语言，可以将其编译为字节码在各种后端使用。Yul 同时支持在 EVM 1.0、EVM 1.5、eWASM 三个平台上使用，并被设计为共同的标准。以太坊将 Yul 用作 Solidity 的内联汇编使用，并提供了一个 Solidity 编译器的实现，这样就可以把 Yul 作为智能合约开发的中间语言。在以太坊上，利用 Yul 编写的程序可以读取 Solidity 或者其他高级语言编译器编译的代码，使流程和字节码的编译过程更加简单。

## 6.3.3 合约编译

智能合约作为一个分布式应用真正在区块链上运行之前，开发人员需要关注三个方面的问题，对应到开发过程中就是三个步骤。首先，使用高级编程语言编写智能合约；然后，利用编译器将合约代码编译成包含字节码和 ABI 的 EVM 二进制文件；最后，将包含字节码的二进制文件部署到区块链上。对智能合约的编译需要格外关注，编译会输出用于部署的字节码和 JSON 格式的 ABI（application binary interface）文件，ABI 文件用于开发应用程序。以 Solidity 为例，使用 Solidity 编写的智能合约保存为以 . sol 为扩展名的文件，将其作为编译器的输入进行编译。

### 1. solc

solc 是 Solidity 源码库的构建目标之一，它是 Solidity 的命令行编译器。在构建编译合约代码时，solc 提供了多项功能，如源码优化、生成路径选择、依赖库连接等，可以使用 solc --help 命令来查看其对各种选项的解释。该编译器可以生成多种输出，从简单的二进制文件、汇编文件到用于估计 gas 使用情况的抽象语法树。如果只是希望编译一个文件，可以运行 solc --bin sourceFile. sol 命令来生成二进制文件。如果想通过 solc 获得一些更高级的输出信息，可以通过 solc -o outputDirectory --bin --ast --asm source-File. sol 命令将所有的输出保存到同一文件夹中。

### 2. bytecode

像其他常用的计算机编程语言一样，Solidity 也是一种高级编程语言。开发人员可以读懂，但是机器却不能。因此需要将 Solidity 转换为字节码，这样 EVM 才能执行处理。在以太坊中，使用 solc 编译器将 Solidity 编写的智能合约编译后，会生成 EVM 可理解的字节码，再经过 EVM 的处理，将字节码翻译为可以直接运行的指令。经 solc 编译会输出表示为十六进制格式的字节码。对字节码的解析是以字节为单位，每个字节表示一个 EVM 指令或一个操作数据。可以使用一些工具对已经发布到以太坊主网上的智能合约字节码进行逆向分析，会得到一系列操作指令，例如，会看到 PUSH1、JUMP 这样的操作符，当然了像这样的操作指令还有很多。由此可知，使用 Solidity 开发的智能合约其实是 EVM 上执行的一条条操作指令。

### 3. ABI

合约应用程序二进制接口（the contract application binary interface，ABI）是以太坊生态系统中与合约进行交互的标准方法，既可以是来自区块链外部的调用，也可以是合约间的交互。EVM 内部不支持方法调用，外部账户通过发起一个交易调用合约，交易过程中会包含输入数据。输入数据是一个字节序列，通过结构化的方式进行处理以模拟方法调用。ABI 给定了一种通用的编码模式来解释输入数据，从而使得交互变得更加容易。

ABI 定义了机器代码如何访问数据结构及其功能，规定了函数选择器、参数编码、数据类型映射等内容，说明哪些函数可以被调用以及如何接受参数并返回数据。开发针对智能合约的应用程序时，需要调用平台提供的 API 接口，要调用某一个智能合约时，在 API 中传入合约唯一的地址和 ABI 格式。

### 6.3.4　虚拟机环境

#### 1. EVM

以太坊虚拟机或 EVM 是以太坊中智能合约的运行时环境。它是一个沙盒，实际运行时对外是完全隔离的，这意味着在 EVM 中运行的代码无法访问网络、文件系统或其他进程。智能合约不能访问其他智能合约的账户数据。EVM 和智能合约是以太坊的关键要素，也是其独特之处。在以太坊中，智能合约代表一段用高级语言（如 Solidity、Vyper）编写的代码，它作为字节码存储在区块链中，以便在 EVM 中稳定可靠地运行。如果需要与智能合约进行交互，调用其上定义的功能，则需要通过区块链网络上的交易进行。将交易中负载的输入数据放在 EVM 中执行，执行的结果会同步更新到世界状态中。

EVM 有三块区域，可以在其中存储数据：Storage、Memory 和 Stack。每个账户都有一个称为 Storage 的数据区域，该区域在函数调用和交易之间保持不变。Storage 是将 256 位字节字映射到 256 位字的键值存储。对 Storage 进行初始化和修改的成本比较高，也不允许在合约中穷举 Storage。因此可以考虑在合约运行时，将最关键、最有价值的内容放入 Storage 中；其他数据如派生的计算、缓存、聚合等数据，放到合约之外存储。为了保证安全，规定合约只能读取自己的 Storage 区域。Memory 是线性的，可以在字节级别寻址，读取的宽度限制为 256 位，写入的宽度可以是 8 或 256 位。当发生消息调用时，合约会获得一个经过清理的 Memory。扩充 Memory 时，必须支付 gas 费用，而且 Memory 越大，需要支付的成本就越高。Stack 是一个最多包括 256 位比特乘以 1 024 个元素的空间。对它的访问有具体限制：只能将最上面的 16 个元素复制或交换到 Stack 顶部，也就是说其访问深度不超过 16 个元素。其他可能的操作是取出 Stack 顶部一到多个元素（取决于具体的操作），进行计算并将结果压入 Stack。当然也可以将 Stack 元素移动到 Storage 或 Memory 中，以便获得更多的访问深度。EVM 是一个基于 Stack 而非寄存器的结构，因此所有计算都在 Stack 的数据区域中执行。

合约代码会被 EVM 解释器解释为一条条操作符，然后执行。EVM 是一个图灵完备的状态机，在其中进行的任意操作都必须通过 gas 机制来进行限制，以解决停机问题，避免程序永远执行下去。每一次执行操作符时都会检查当前所剩 gas 和需要消耗的 gas，如果 gas 不足，则会返回 out-of-gas 错误。上文提及 EVM 是基于栈的虚拟机，没有寄存器作为中间存储，所有的操作都靠栈来维护，运行效率比较低。在 EVM 中完成一些操作可能需要较长的时间，这也是目前以太坊智能合约难以承担比较复杂应用的原因之一。

**2. 指令集**

EVM 使用一系列的字节代码指令和一个环境数据的元组去更改系统状态。EVM 指令由很多标准机器码指令组成，按照功能可分为算术运算与位运算指令，类型转换指令，对象创建与访问指令，操作数栈管理指令，控制转移指令，方法调用与返回指令，执行上下文查询，密码学计算指令，栈、内存和存储访问指令，处理流程操作，区块、智能合约相关指令日志、跳转和其他操作。EVM 采用 32 字节的字长，由于操作码被限制在一个字节以内，所以 EVM 指令集最多只能容纳 256 条指令。目前 EVM 已经定义了约 142 条指令，还有 100 多条指令可供以后扩展。如果说以太坊智能合约是图灵完备的，正是因为背后有这些功能完善的指令集设计在支撑。

# 6.4　FISCO BCOS 智能合约

众所周知，智能合约的出现使区块链不仅能处理简单的转账功能，还能实现比较复杂的业务逻辑，由此也推动了区块链技术的快速发展和应用场景落地。在大多区块链平台中，都集成了以太坊虚拟机，并使用 Solidity 作为智能合约开发语言。Solidity 是面向合约的高级编程语言，借鉴了 C++、Python 和 JavaScript 等语言的设计，使用静态类型，不仅支持各种数据类型和逻辑操作，而且提供了一些高级语言特性，如继承、重载、库、用户自定义类型等。作为最大最活跃的国产开源联盟链社区之一，FISCO BCOS 平台支持 Solidity 和 Precompiled 两种类型的智能合约，同时，提供控制台（console）交互工具，方便开发者与链上智能合约进行交互、部署、调用，使智能合约和区块链应用开发变得简单。

## 6.4.1　合约模型

FISCO BCOS 智能合约采用账户模型的设计理念。合约部署时会生成一个唯一的合约账户地址，由世界状态维护地址空间，持久化存储合约运行状态数据。作为联盟链，FISCO BCOS 有更高的安全性和交易吞吐量追求，因此在区块链整体框架上不同于以太坊，实现了更精细化的设计。整个平台全方位支撑各垂直领域应用场景落地，追求支持可编程社会、分布式商业等未来颠覆性的概念。

更安全、更精细化的设计使得 FISCO BCOS 智能合约可用于各种具体场景，也可以与其他领域相互融合，包括金融、物联网、医疗、供应链等。例如，在医疗领域，利用合约编程将患者的医疗数据等信息加密存储在区块链中，并通过对不同的角色进行数据权限的访问控制，完成对医疗数据的高效共享和安全存储，解决共享数据隐私难题。

### 1. 世界状态

FISCO BCOS 引入了高扩展性、高吞吐量、高可用、高性能的分布式存储。进一步将世界状态划分成 MPTState 和 StorageState；其中 MPTState 使用 MPT 存储账户与合约的状态数据；StorageState 使用分布式存储的表结构存储账户状态，不保存历史记录，没有了对 MPT 的依赖，性能变得更高。分布式存储（advanced mass database，AMDB）通过抽象表结构，实现了 SQL 和 NoSQL 的统一，通过实现对应的驱动程序，可以支持各类数据库，目前已经支持了 LevelDB 和 MySQL。

### 2. gas

FISCO BCOS 是联盟链，所采用的 PBFT 共识算法不需要像公有链共识算法一样提供激励机制，数字加密货币也并非其设计目标，因此它并不需要内置加密货币。FISCO BCOS 仍然保留了 gas 机制，因为没有基础货币，gas 也并不需要与其挂钩。在 FISCO BCOS 中为了防止针对 EVM 的 DOS 攻击，EVM 在执行交易时，需要用到 gas 来衡量智能合约执行过程中所消耗的计算和存储资源。而且同样在交易和区块中都要设置最大 gas 限制值，若交易或区块执行过程中消耗的实际 gas 超过限制，则要丢弃交易或区块。

## 6.4.2　合约语言

基于大量探索和实践，FISCO BCOS 平台同时支持两种类型的智能合约：Solidity 合约和 Precompiled 合约，并在用户层提供 CRUD（create、read、update 和 delete）合约接口。面向库表开发的 CRUD 合约不仅更符合用户开发习惯，进一步降低合约开发难度，提升性能，使区块链应用满足高并发场景的诉求。

### 1. Solidity

从应用落地的情况看，Solidity 合约使用非常广泛。Solidity 智能合约运行在 EVM 上，EVM 采用的是哈佛架构，指令、数据和栈完全分离。在智能合约运行期间，会创建一个与外部环境完全隔离的 EVM 实例，即沙盒环境，对外无法访问网络、文件系统和其他进程，对内只允许进行有限的操作。交易执行时，EVM 取得合约的操作码（Opcode），将其转化为相应的 EVM 指令，按照指令一步步执行。

可以将一个 Solidity 合约类比为面向对象编程语言中的类（Class），它也有自身完整独特的结构。

（1）状态变量：状态变量是永久存储在合约中的值。

（2）构造函数：用于部署并初始化合约。

（3）事件：事件是能方便地调用 EVM 日志功能的接口。

（4）修饰器：函数修饰器可以用来改变函数的行为，如自动检查，类似 Spring 的 AOP。

（5）函数：函数是合约中代码的可执行单元。

Solidity 语言本身的设计已经很完善了，但考虑到智能合约所运行的分布式网络宏观环境和 EVM 微观环境，它还是有很多缺陷。

（1）合约在 EVM 中串行执行，性能较差。

（2）跨合约调用会新建 EVM，内存开销较大。

（3）合约变量和数据存在 MPT 中，不便于合约升级。

（4）逻辑和数据耦合，不便于存储扩容。

这些缺陷直接影响了智能合约的用途，也间接导致 Solidity 语言的学习开发门槛。我们发现在 EVM 上执行合约，存在性能局限、内存开销大、数据和逻辑耦合紧、不便于升级和扩容等问题。针对此情况，FISCO BCOS 设计了预编译合约。

**2. 预编译合约**

预编译合约即 Precompiled 合约。FISCO BCOS 2.0 实现了一套预编译合约框架。未来，FISCO BCOS 还会尝试将现有的典型业务场景抽象，开发成预编译合约模板，作为底层提供的基础能力。预编译合约采用逻辑与数据分离的设计，相比 Solidity 合约具有更好的性能，可以通过修改底层代码实现合约升级。

预编译合约通过 Precompiled 引擎执行，采用 C++编写合约逻辑，合约编译集成进 FISCO BCOS 底层节点。调用合约不进 EVM，可并行执行，突破 EVM 性能瓶颈；提供标准开发框架，只需继承基类，实现 call 接口即可；适合于逻辑相对确定的、高并发的场景；数据存在表中，与合约分离，可升级合约逻辑。

当然，对预编译合约的使用有一定的门槛。

（1）对于数据的存储，需要创建 FISCO BCOS 特有的表结构。

（2）编写合约时需继承 Precompiled 类，然后实现 call 接口函数。

（3）完成合约开发后，需在底层为预编译合约注册地址。

（4）编写完成合约后，需要重新编译 FISCO BCOS 源码。

为了屏蔽预编译合约在开发和使用中的门槛，FISCO BCOS 基于预编译合约和分布式存储设计了 CRUD 合约接口。用户在编写 Solidity 合约时，不需要关心底层的实现逻辑，只需要引入抽象合约接口文件 Table. sol，便可使用 CRUD 功能，用户不需要关心底层的具体实现，通过调用相关接口即可完成合约的开发。

在 FISCO BCOS 平台中，既可以采用原生 Solidity 语言开发智能合约，也可以使用预编译合约模式开发合约。Solidity 合约性能差、学习成本高；预编译合约采用预编译引擎，支持并行计算，性能更高，同时支持存储扩容等。

### 3. 并行合约

FISCO BCOS 提供了可并行执行交易的合约开发框架，开发者按照框架规范编写的合约能够被 FISCO BCOS 节点并行地执行。并行合约有高吞吐和可扩展的优势。

（1）高吞吐：多笔独立交易同时被执行，能最大限度利用机器的 CPU 资源，从而拥有较高的 TPS。

（2）可拓展：可以通过提高机器的配置来提升交易执行的性能，以支持不断扩大的业务规模。

要理解 FISCO BCOS 并行合约，需要先了解并行互斥的概念。两笔交易各自执行时，对相同的合约存储变量都有读、写操作，那么就存在交集，这两笔交易就是互斥的。互斥交易不能并行执行，非互斥交易可以并行执行。当合约被部署后，FISCO BCOS 会在执行交易前自动解析互斥对象，在同一时刻尽可能让无依赖关系的交易并行执行。目前，FISCO BCOS 同时支持针对 Solidity 与 Precompiled 合约两种并行合约的开发框架。

## 6.4.3　合约编译

### 1. Solidity 编译器

FISCO BCOS 使用 solc 作为 Solidity 的编译器。solc 是 Solidity 源码库的构建目标之一，可使用 solc --help 命令来查看它的所有选项的解释。Solidity 编写的智能合约经过 solc 编译后先部署到链上，之后调用执行时成为 EVM 可识别解释的代码。

可以使用 FISCO BCOS 提供的控制台工具编译合约，也可以使用 WeBASE 中间件平台开发编译合约，后者是 FISCO BCOS 为方便开发而专门设计的 IDE 环境和管理工具，使用起来非常方便。FISCO BCOS 上支持对 solc 编译器进行更丰富的配置，以满足特殊要求。可配置非国密 solc 编译器路径 solc_path、国密编译器路径 gm_solc_path、solcjs 编译脚本路径 solcjs_path。如果同时配置了 solc 和 solcjs，编译时会选择性能较高的 solc 编译器。其中的国密编译器是其他平台所不具备的，FISCO BCOS 是自主可控国产化平台，完全支持国标密码技术，因此配套了国密编译器。

### 2. 编译结果

Solidity 是面向开发者的高级编程语言。开发人员可以读懂，但是机器却不能够。

智能合约源码在经过 Solidity 编译器之后，转换为 EVM 可理解的字节码，方便执行引擎对代码进行执行操作。经过编译后，会产生字节码和智能合约应用二进制接口 ABI。ABI 是外部账户与合约进行交互以及合约间进行交互的一种标准方式，可根据其规定对函数和类型进行编码。

### 6.4.4　运行环境

FISCO BCOS 兼容 Solidity 智能合约，集成了 EVM 智能合约运行环境。虚拟机一般有两种类型，即基于栈的和基于寄存器的。大部分我们所熟知的语言都采用基于栈的虚拟机，如最著名的 Java 虚拟机。在游戏领域非常流行的 Lua 语言则采用了基于寄存器的虚拟机。和 JVM 一样，EVM 也是基于栈的虚拟机。为了方便进行密码学计算，EVM 采用了 32 字节（256 比特）的字长。EVM 栈以字为单位进行操作，最多可以容纳 1 024 个字。

和 JVM 一样，EVM 执行的也是字节码。由于操作码被限制在一个字节以内，所以 EVM 指令集最多只能容纳 256 条指令。目前 EVM 已经定义了约 142 条指令，还有 100 多条指令可供以后扩展。这 142 条指令包括算术运算指令，比较操作指令，按位运算指令，密码学计算指令，栈、memory、storage 操作指令，跳转指令，区块、智能合约相关指令等。

### 6.4.5　合约设计

因为区块链具有多中心、数据公开透明、不可篡改等特性，越来越多的个人和机构开始考虑重构自身业务。对智能合约的使用要面临更多的安全挑战，稍有不慎，合约的公开性、回调机制等特点成为各种恶意攻击的漏洞，严重时企业将面临极高的风险。因此合约上链之前的设计要慎之又慎，需要事先对安全性、可维护性等方面做充分考虑。基于近年来在 Solidity 语言上的大量实践，FISCO BCOS 平台也不断提炼和总结，已经形成了一套用于指导开发的"设计模式"建议。

#### 1. 安全性

智能合约编写，首要考虑的就是安全性问题。在区块链世界中，恶意代码数不胜数。如果你的合约包含了跨合约调用，就要特别当心，要确认外部调用是否可信，尤其当其逻辑不为你所掌控的时候。例如，外部调用可通过恶意回调，使代码被反复执行，从而破坏合约状态，这种攻击手法就是著名的 reentrance attack（重入攻击）。

想屏蔽这类攻击，合约需要遵循良好的编码模式，下面将介绍两个可有效解除此类攻击的设计模式。

Checks-Effects-Interaction：保证状态完整，再做外部调用，该模式是编码风格约束，可有效避免重放攻击。通常情况下，一个函数可能包含参数验证、修改合约状态、外部交互三个部分，这个模式要求合约按照 Checks-Effects-Interaction 的顺序来组织代码。它的好处在于进行外部调用之前，Checks-Effects 已完成合约自身状态所有相关工作，使得状态完整、逻辑自洽，这样外部调用就无法利用不完整的状态进行攻击了。

Mutex：禁止递归，Mutex 模式也是解决重入攻击的有效方式。它通过提供一个简单的修饰符来防止函数被递归调用，保证了合约的安全。

**2. 可维护性**

在区块链中，合约一旦部署，就无法更改。如果合约出现问题需要升级时，需要考虑合约上已有的业务数据如何处理，如何尽可能减少升级影响范围，让其余功能不受影响。为了解决这些问题，FISCO BCOS 智能合约采用数据和逻辑相分离的模式，设计出控制合约和数据合约：数据合约只管数据存取，这部分是稳定的；而控制合约则通过数据合约来完成逻辑操作。这样，只要数据合约是稳定的，业务合约的升级就很轻量化了。

**3. 生命周期管理**

在默认情况下，一个合约的生命周期近乎无限——除非赖以生存的区块链被消灭。但很多时候，用户希望缩短合约的生命周期。FISCO BCOS 智能合约中的一些模式可以提前终结合约生命。例如，使用 Self-Destruct 指令允许合约自毁，使用 Automatic Deprecation 模式在不需要人工介入的情况下允许合约自动停止服务。

**4. 权限**

FISCO BCOS 智能合约有许多管理性接口，这些接口如果任何人都可以调用，会造成严重后果，例如智能合约的自毁函数，假设任何人都能访问，其严重性不言而喻。所以，一套保证只有特定账户能够访问的权限控制设计模式显得尤为重要。对于权限的管控，可以采用 Ownership 模式。该模式保证了只有合约的拥有者才能调用某些函数。

## 6.5 Hyperledger Fabric 智能合约

在 Fabric 中，智能合约也称为链码，分为用户链码和系统链码。系统链码用来实现系统层面的功能，包括系统的配置，用户链码的部署、升级，用户交易的签名和验证策略等；用户链码用于实现用户的应用功能，开发者编写链码应用程序并将其部署到区块链网络上，终端用户通过与网络节点交互的客户端应用程序调用链码。链码被编译为一个独立程序，每一个链码程序都必须实现 Chaincode 接口，该接口的方法在接收到交易时会被调用。可以使用 Go、Node. js 或者 Java 来实现预定义的接口。链码程序运行在一个与背书节点进程相隔离的安全容器（secure container）中。通过应用程序提交交易来初始化链码和管理账本状态。

### 6.5.1　合约模型

一个链码一般用来处理由网络中的成员一致认可的商业逻辑，事实上就是"智能合约"。链码创建的状态仅限于该链码范围内，不对其他链码开放访问权限。但是在同一个网络中，通过合理的授权，链码可以让其他链码访问它的状态数据。普通账户对链码的访问是通过发起交易完成的，针对交易提案，Peer 节点进行处理，给出交易响应，以读写集（RW-set）的形式记录下链码操作前后世界状态的值。如果交易最终验证成功，会更新世界状态。

世界状态是一个数据库，它存储了一组账本状态的当前值。通过世界状态，程序可以直接访问某一账本状态的当前值，而不需要遍历整个交易日志。正常情况下世界状态表现为键值对方式，可以对其进行创建、更新和删除操作，世界状态可以被频繁更改。目前，Fabric 上存储世界状态支持的数据库有 LevelDB 和 CouchDB。

### 6.5.2　合约语言

Hyperledger Fabric 支持多种编程语言编写链码，而且也提供了多平台 SDK 以支持链码的多语言开发。链码开发目前支持 Go、Node. js 和 Java。链码开发需要实现 Init 和 Invoke 两个方法，前者用于初始化设置，后者用于完成链码逻辑以执行相关工作。这两个方法都必须接受 ChaincodeStubInterface 参数，这个参数由框架赋值，它是客户端程序与合约交互的媒介。客户端调用 Invoke 方法读、写状态数据。

### 6.5.3　运行环境

Docker 是开放源代码软件和开放平台，用于开发、交付、运行应用。Docker 允许用户将基础设施中的应用独立出来，以容器方式形成更小的粒度，从而提高软件交付的速度。Docker 容器与虚拟机有相似之处，但两者的原理并不相同。容器具有便携性、隔离性，能够高效地利用服务器。由于标准化设定，容器可以忽略底层基础设施的差异，从而可以部署到任何地方。使用 Docker 容器来部署应用程序就是容器化。Fabric 使用 Docker 容器技术来部署节点服务和链码。简单来说，要运行一个 Fabric 链码，需要分三个步骤。以命令行操作为例，首先使用 peer chaincode install 命令将链码安装到指定 peer（Fabric 节点，作为容器存在）；然后再使用 peer chaincode instantiate 实例化链码；最后便可以使用 peer chaincode invoke 命令调用链码中定义的函数。

需要区分清楚 Docker 镜像和容器，镜像就像一个可执行程序包，其中包含运行应用程序所需的所有内容，包括代码、运行时库、环境变量和配置文件。容器是对镜像的实例化，是运行在内存中的实例。Fabric 会将所有要执行的链码打包成镜像，在实例化时用来创建容器。可以通过在 Linux 环境输入 docker ps 命令来查看一系列正在运行的容器。

# 6.6 其他合约

## 6.6.1 Libra 智能合约

Libra 是一个基于区块链技术的数字货币项目，由 Facebook 发起，其目标是希望成为支撑各类金融服务的基础设施，打造全新的支付系统，满足全世界数十亿人的金融需求。Libra 设计了 Move 编程语言，用以实现自定义交易逻辑和智能合约开发。Move 的设计首先考虑安全性和可靠性，它从迄今为止所有的智能合约安全事件中吸取教训，尽可能帮助开发者编写符合意图的合约代码，以降低出现意外事件和安全风险的可能性。Move 语言强化了数字资产的"资产"属性，使其保持与实物资产相同的特点：唯一持有，不能重复使用，无法"自我复制"。利用 Move 可以更安全地定义 Libra 网络的核心元素，为 Libra 网络构建合规管理机制。

## 6.6.2 EOS 智能合约

EOS 的定位是区块链操作系统平台，支持商业去中心化应用（DApp）落地开发，除了转账功能外，还支持 RAM 人机交易市场、投票等应用场景。EOS 的目标是像企业操作系统（enterprise operation system）一样，为上层应用提供技术支持和开发环境。EOS 旨在解决 DApp 的性能扩展问题，有望在交易延迟和数据吞吐量方面有所提升。EOS 平台的智能合约 EOS.IO 采用 WASM（Web assembly）格式的字节码，理论上可以支持 C、C++、Python 等高级编程语言，为其提供编译目标。目前以及可预见的未来都将使用 C++作为智能合约开发语言，以保证开发高性能和安全的应用程序。EOS.IO 合约开发完成后，作为预编译的 WASM 部署到区块链中。EOS. IO 合约在部署时会关联、绑定到合约账户上，与以太坊不同，可以向账户重新上传代码，即对合约进行升级，而且在执行 EOS 智能合约时，无须额外的手续费，所消耗的资源是根据开发者所拥有的 EOS 数量分配的。

# 6.7　合约安全

智能合约使用起来非常灵活，既可以持有数字资产，又可以基于已部署的代码运行不可变逻辑。智能合约随区块链平台已经逐步沉淀为底层基础设施，对开发者越来越友好，使得大众创业成为可能，成百上千行代码可能就是一次创业。围绕智能合约已经有了一个充满活力且富有创意的生态系统，这个系统吸引了足够多的注意力，但同时也引来了攻击者，他们总是希望利用智能合约中的漏洞和以太坊中的意外行为获利。通常无法通过升级智能合约代码来修补安全漏洞，一旦遭受损失往往是无法恢复的，特别在公有链上，被盗的资产甚至难以追踪。由于智能合约技术还不够成熟，开发者编写的代码本身存在漏洞，分布式治理环境下的合约需要各参与方共同维护对代码的修改，再加上合约与现实中的法律不完全对等，导致合约安全问题变得非常突出。

## 6.7.1　常见安全问题

作为智能合约开发者，应该熟悉所有可能的攻击方式，至少应该了解已知的几种方式，确保有能力检查并避免合约暴露在风险之中。以 Solidity 为例，下面列举几种常见的攻击方式和防御方法。

### 1. 重入攻击

合约通常会处理一些转账操作，可能向外部账户转账，也可能向合约账户转账，后一种转账可能会触发接受转账的合约的 fallback 函数，此函数也可能潜藏着恶意回调，使发起调用的代码被反复执行，从而破坏合约状态。

下面代码 6.1 是一个重入攻击的示例，这个示例是虚构的，不一定很完善，但足以说明问题。第 3 行声明的 Funds 合约是一个存取基金的合约，可以调用 deposit 函数存入金额，调用 withDraw 函数退出金额。针对 Funds 合约，攻击者编写了第 18 行的 Attacker 合约，攻击发起时调用第 20 行的 attackFunds 函数，在第 21 行向 Funds 存入金额，随即在第 22 行就调用 Funds 的 withDraw 函数退回金额。Funds 中退回金额具体发生在第 13 行，这一行的转账操作会触发 Attacker 合约的 fallback 函数，后者会在第 27 行回调 with-

Draw 函数，然后继续触发 fallback 反复回调 withDraw 退回金额。整个执行过程会在 Funds 合约账户余额变得很小，不足以支持退回时结束，结果是 Funds 中的额度几乎全被取光。

代码 6.1

```
1.    pragma solidity ^0.4.0;
2.
3.    contract Funds {
4.        mapping(address => uint) public balances;
5.
6.        function deposit() public payable {
7.            balances[msg.sender] += msg.value;
8.        }
9.
10.       function withDraw() public {
11.           uint amount = balances[msg.sender];
12.           require(amount > 0);
13.           require(msg.sender.call.value(amount)());
14.           balances[msg.sender] = 0;
15.       }
16.   }
17.
18.   contract Attacker {
19.
20.       function attackFunds(address addr) public payable {
21.           Funds(addr).deposit.value(msg.value)();
22.           Funds(addr).withDraw();
23.       }
24.
25.       function () public payable {
26.           if (msg.sender.balance > msg.value) {
27.               Funds(msg.sender).withDraw();
28.           }
29.       }
30.   }
```

糟糕的代码设计导致重入的发生，那么如何防范重入的发生呢？至少有三种方法可以阻止这种攻击。

第一种方法，使用地址内置的 transfer 或 send 方法进行转账操作，它们仅仅提供 2 300 gas 额度供外部调用使用，这不足以支持外部合约发起回调、重入当前合约。对 withDraw 函数进行修改后的效果如代码 6.2 所示，在下面第 4 行将转账方法改为 send 函数。

代码 6.2

```
1.    function withDraw( )  public {
2.        uint amount = balances[ msg. sender ];
3.        require( amount > 0);
4.        require( msg. sender. send( amount));
5.        balances[ msg. sender ] = 0;
6.    }
```

第二种方法，重入能够发生，是因为代码 6.1 中第 12 行的条件总是成功，即攻击者余额总是大于 0，而代码 6.1 中第 14 行将余额状态变量置为 0 的操作总来不及进行。那么解决方法就是将第 14 行代码前置，修改效果如代码 6.3 所示，在转账之前先修改状态变量，避免过早调用外部函数。

代码 6.3

```
1.    function withDraw( )  public {
2.        uint amount = balances[ msg. sender ];
3.        require( amount > 0);
4.        balances[ msg. sender ] = 0;
5.        if ( !msg. sender. send( amount)) {
6.            balances[ msg. sender ] = amount;
7.        }
8.    }
```

第三种方法，设计互斥锁机制，在执行过程中通过锁住合约也可以有效防范重入的发生。具体的做法是对 Funds 合约进行改造，加入一个状态变量 mutex，转账退回之前将 mutex 置为 true 以锁住合约，从而拒绝重入，如代码 6.4 所示。

代码 6.4

```
1.    contract Funds {
2.        bool mutex = false ;
3.        mapping( address => uint) public balances ;
4.
5.        function deposit( ) public payable {
6.            balances[ msg. sender ] += msg. value ;
7.        }
8.
```

```
 9.        function withDraw( ) public {
10.            require( !mutex) ;
11.            uint amount = balances[ msg. sender] ;
12.            require( amount > 0) ;
13.            mutex  =true ;
14.            require( msg. sender. send( amount) ) ;
15.            balances[ msg. sender]  = 0;
16.            mutex  =false ;
17.        }
18.    }
```

## 2. 溢出风险

Solidity 合约中对数据类型有严格的限制，例如 uint8 代表 8 位 bit 的无符号整数值。其表示范围为 0~255，二进制表示是 00000000~11111111。如果用它来表示 256 呢？写成二进制是 100000000，注意这是一个 9 位数值，保留 8 位是 00000000，即数值 0。这就是所谓的算术溢出。在其他语言的编程实践中，都应该关注溢出的问题，但它们不像智能合约上问题这么严重，因为随时都可以修改，然后重新发布版本。我们知道智能合约上修改 Bug 没有那么容易，更重要的是，一旦因此造成损失，无法挽回。要杜绝这一类问题，一般的做法是使用安全的算术运算库代替 Solidity 语言默认的算术操作符。OpenZeppelin 为一些基本操作提供了很多安全的合约库，具体可以使用 SafeMath 库处理算术问题。

## 3. 时间戳依赖

区块链使用出块时间戳向合约提供当前区块的时间，有人倾向于使用这个时间生成随机数、设立赌约、抽取奖励、锁定资金等。我们知道在分布式环境下很难设置统一的时间，而且矿工或者记账节点往往可以调整出块时间，如果合约中对时间的使用不当，将会造成严重后果。在以太坊中要求新块时间戳晚于上一个区块，但是不能超过 900 秒，即使这样，还是给矿工留下了操纵空间。

试举一例，例如有一个摇号抽奖合约，有一百个用户参与抽奖，每个人可以抽取一个范围在 0~99 的号码，当所有人都拿到号码后，开始摇奖，过程非常简单，如代码 6.5 所示。其中第 2 行的 now 就是合约中获取时间戳的方法。矿工可以微调时间戳，即 now 的取值范围，使得结果正好是 0~99 之间某一个具体数值，这个具体数值可能是矿工自己的号码，也可能是相识的某人的号码。不应该将区块时间戳视为随机数的来源，在有些情况下可以使用区块高度代替时间戳，可能会更安全。

代码 6.5

```
1.    function lottery( ) public returns( uint8) {
2.        return uint8 ( now % 100);
3.    }
4.    DoS
```

DoS 攻击就是使得合约进入一种状态，在一段时间内或者永远都不能使用，无法提供服务。

第一种情况，合约的操作需要某一特殊账户，不幸的是这个账户丢失了，再也找不回来了。例如代码 6.6 中第 9 行，需要 owner 账户调用才能执行。针对这种情况，可以事先设计另一个备用账户；或者设定为多重签名；或者增加一个解锁条件，修改为代码 6.7 的效果。当合约需要外部调用或某一状态的达成来触发，而这些依赖条件有可能永久失效时，也可以采用增加解锁条件的方法应对。

代码 6.6

```
1.    contract Lottery {
2.        address owner;
3.
4.        constructor( ) {
5.            owner = msg. sender;
6.        }
7.
8.        function lottery( ) public returns( uint8) {
9.            require( msg. sender == owner);
10.           return uint8 ( now % 100);
11.       }
12.   }
```

代码 6.7

```
1.    contract Lottery {
2.        address owner;
3.        uint unLockTime;
4.
5.        constructor( ) {
6.            owner = msg. sender;
7.            unLockTime = now + 100 days;
8.        }
9.
```

```
10.       function lottery( ) public returns( uint8) {
11.           require( msg. sender = = owner || now > unLockTime);
12.           return uint8 ( now % 100);
13.       }
14.   }
```

第二种情况，向众多账户转账时，可能因为某一个账户的失败，导致整个交易失败。以代码 6.8 作为示例，第 7 行可能存在第 i 个账户一直转账失败的情况。解决的办法是写一个 withDraw 函数，让每一个账户自己调用以取回退款。换一种说法，就是尽可能使用 pull 而非 push 支付方式。

第三种情况，仍然使用代码 6.8 举例。攻击者可以使得代码 6.8 中第 2 行的数组长度变大，也就是人为增加数组中的地址数量。数组足够的大，可以导致第 6 行的 for 循环的遍历次数更多，由此消耗超量的 gas，使其超过区块的限制，从而使得第 6 行的 refundAll 函数无法使用。针对这种情况，有两个解决办法，第一个方法是优先使用 pull 而非 push 支付系统；第二个方法是增加一个转账条件，判断一下剩余 gas 够不够，修改后的效果如代码 6.9 所示，给每一个账户转账 gas 不够时，结束循环，保留一个记忆点，以便下次从记忆点恢复。

代码 6.8

```
1.    contract Fund {
2.        address[ ] private backAddresses;
3.        mapping (address => uint) public balances;
4.
5.        function refundAll( ) public {
6.            for (uint i; i < backAddresses. length; i++) {
7.                if ( !backAddresses[ i]. send( balances[ backAddresses[ i]])) {
8.                    throw ;
9.                }
10.           }
11.       }
12.   }
```

代码 6.9

```
1.    contract Fund {
2.        address[ ] private backAddresses;
3.        mapping (address => uint) public balances;
4.        uint256 restoreIndex ;
5.
```

```
6.    function refundAll( ) public {
7.        uint256 i = restoreIndex;
8.
9.        while (i < backAddresses. length && msg. gas > 100000) {
10.           backAddresses[i]. send(balances[backAddresses[i]]);
11.           i++;
12.        }
13.        restoreIndex = i;
14.    }
15. }
```

### 4. 权限漏洞

智能合约中某些很重要的方法, 本来只能被具有特殊权限的账户调用, 但是因为粗心大意, 没有检查权限, 导致代码漏洞被恶意利用。如代码 6.10 中的例子, 第 13 行 modifyOwner 函数用来修改 Owner, 因为没有做权限判断, 可以被任意账户替换, 进而可能导致资产的损失。处理方法是针对关键接口应该严格进行权限检查, 避免损失, 修改后的效果如代码 6.11 所示, 为 modifyOwner 函数加一个修饰符 (Modifier) onlyOwner。

代码 6.10

```
1.    contract Permission {
2.        address private owner;
3.
4.        constructor ( ) {
5.            owner = msg. sender;
6.        }
7.
8.        modifier onlyOwner {
9.            require(msg. sender == owner);
10.           _;
11.       }
12.
13.       function modifyOwner(address user) public {
14.           owner = user;
15.       }
16. }
```

代码 6.11

```
1.    function modifyOwner( address user) public onlyOwner {
2.        owner = user;
3.    }
```

## 6.7.2 合理化建议

区块链智能合约尚处于探索和试验性阶段，而且随着广泛应用，其流程和代码逻辑也变得越来越复杂。区块链应用往往是公开透明的，至少在某一个范围内如此，如果合约有漏洞，一定会被攻击者发现并利用，只是或迟或早的问题。因此应该不断学习最新发现的错误和安全风险，紧随安全领域的变化趋势，并不断摸索最佳实践。遵循本节中的安全性实践只是作为智能合约开发人员将要做的安全性工作的开始。对此，我们尝试给出几种合理化的建议。

**1. 建立智能合约开发哲学**

智能合约编程需要的工程思维方式与传统开发思维方式不同，除了抵御已知漏洞，还要建立可发展的思维，例如主动响应合约异常，尽可能保持代码逻辑简洁，吃透区块链相关协议，了解最新安全事件。

**2. 遵守编程规范**

尽可能要求开发人员使用熟练的编程语言，如果区块链平台仅支持一种语言，一定要加强训练，把语言的语法特征和高级特性理解通透。严格按照编程规范进行开发，前期要学习相应语言的 Style Guide。如果是团队共同开发，保持风格统一，要摒弃无意义的所谓个性化表达，代码规范是客观标准，要求全员遵从。可以借鉴、采纳成熟的开发模式，自觉避免踩坑。鼓励使用模块化开发，面向接口编程，使合约具有高内聚、低耦合的特点。

**3. 代码审查**

合约部署之前，要仔细检查，反复推敲，避免由合约逻辑错误导致资产流失或函数不能使用的情况。最好对智能合约代码进行多层次严格审查，包括业务逻辑审查、运行状态检查以及组织专人评审。对于合约托管了重大资产的情况，必要时，还要进行形式化验证，通过数学证明严格把关。

**4. 充分测试**

对合约运行的整个流程进行测试，覆盖到每一个分支。专门针对安全性进行检测，考虑所有已经出现的安全事件，逐个比对，尽早发现问题。要求合约模块化设计，以便对各个模块进行单元测试。部署智能合约时考虑分步推进，先在较小范围内试用，再逐步向全网推广。测试未必能保证万无一失，但至少可以在一定程度上减少损失。

### 5. 使用安全库

鼓励使用已有第三方安全库，如 OpenZeppelin，越是经过广泛使用、充分验证的库越可靠。同时要学习各种辅助手段，如开发、测试、逆向分析、安全检查、形式化验证等方面的框架和工具。

# 第 **7** 章

# 区块链的发展趋势

## 7.1　分布式数字身份

教学课件：
第 7 章

　　传统互联网发展以中心化服务为特征，各应用之间互为孤岛，个人身份有赖于不同的中心化服务商提供，资金、数据、流量资源被大型科技巨头高度垄断，网络犯罪和隐私泄露问题日益严重。为了解决数据在不同应用间的安全、可信、保护隐私前提下的协同，首先需要解决数据的属主——数字身份问题。当前，在政策、技术、市场因素的共同驱动下，产生了一种新的数字身份形态——分布式数字身份，它用分布式基础设施改变中心化服务商控制数字身份的模式，让用户控制和管理数字身份，通过将数据所有权归还用户，从根本上解决隐私问题。

### 7.1.1　分布式数字身份的概念

　　分布式数字身份概念最早是在 2017 年问世的。国际电子技术委员会将"身份"定义为"一组与实体关联的属性"。数字身份通常由身份标识符及与之关联的属性声明来表示，分布式数字身份包括分布式数字身份标识符和数字身份凭证两部分。

#### 1. 分布式数字身份标识符

　　分布式身份标识（decentralized identifiers，DID）是一种去中心化的、可验证的数字标识符，用来代表一个数字身份，不需要中央注册机构就可以实现全球唯一性，其具有分布式、自主可控、跨链复用等特点。

　　如图 7.1 所示，DID 是由实体自主创建的，实体（人或物）可独立完成 DID 的注册、解析、更新或者撤销操作。一个 DID 对应着一个详细的 DID 文档（document），DID 文档包括 DID 的唯一标识码、公钥列表和公钥的详细信息（持有者、加密算法、密钥状态等）以及 DID 持有者的其他属性描述。

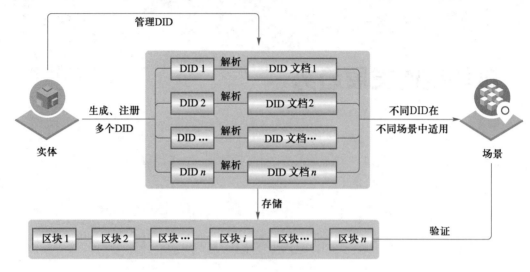

图 7.1　DID 和链上文档

数字分布式标识可以作为全局唯一的身份标识提供给实体，用于实体间进行可信数据交换，促进跨部门、跨地域的身份认证和数据合作，摆脱对传统模式下单一中心 ID 注册的依赖。通常，一个实体可以拥有多个数字身份，每个身份被分配唯一的 DID 值以及与之关联的非对称密钥；不同的身份之间默认不存在任何可以被反推关联关系的信息，防止恶意窥探所有者身份信息。

**2. 可验证声明**

在分布式数字身份的对象模型里，每个人需要有不同的 DID，来对应不同环境、不同场景、不同应用下不同的身份。在实际业务中，如何区分每一个数字身份的属性，针对其不同的使用环境和场景对其进行区分？数字身份的属性声明，在 W3C 分布式数字身份模型中叫可验证声明（verifiable claims）。

"声明"（claims）是指与身份关联的属性信息。这个术语起源于基于声明的数字身份，是一种断言数字身份的方式，独立于任何需要依赖它的特定系统。声明信息通常包括姓名、电子邮件地址、年龄、职业等属性。声明可以是一个身份所有者（如个人或组织）自己发出的，也可以是由其他声明发行人发出的，当声明由发行人签出时被称为可验证声明。用户将声明提交给相关的应用，应用程序对其进行检查，应用服务商可以像信任发行人般信任其签署的可验证声明。多项声明的集合称为凭证（credentials）。

一般来说，可验证声明整体的生命周期为，由身份背书者（发行者，issuer）根据身份所有人请求进行签署发布，身份所有者（owner）将可验证声明以加密方式保存，并在需要时自主提交给声明使用者（验证者，verifier）进行验证；声明使用者（声明验证者）在无须对接身份背书方的情况下，通过检索存储在可信第三方（如区块链上的）

身份注册表，即可确认声明与提交者之间的所属关系，并验证身份持有人属性声明的真实来源，如图 7.2 所示。传统的身份认证方式的一般流程为，声明使用者采集用户信息，随后通过安全信道将其传输给身份认证者（issuer 或 KYC 机构）进行认证。对比传统身份认证方式，在可验证声明这种模型下，身份认证者不需要关注、信任和对接声明使用者系统，只需要为身份请求者核准和签发真实性声明文件，那么声明的使用者则在无须对接不同 issuer 认证者的系统情况下，也能够实现对多样化用户身份信息的访问及信息真实性的验证。

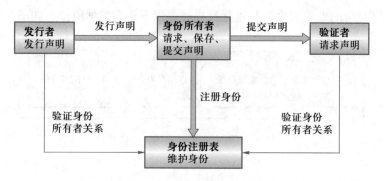

图 7.2　可验证声明业务流程

为什么需要分布式数字身份？我们熟悉的互联网服务，目前绝大部分都是集中式的，用户的账户和数据都存储在某个互联网平台的机房里，用户的数据也集中式地由平台保管，用户使用服务时，需要登录到平台里才能访问和使用自己的数据，即使该平台的服务器分布在世界各地，其运营主体终究只有一个。另外，即使是开放平台联盟模式，用户采用通用的账户登录不同的平台，也是依托某个单一平台的"单点登录"服务进行验证（如国外的谷歌账号体系，国内的微信、微博账号体系），这种模式也可以认为是"集中式"的。因此，可以说今天任何实体在互联网上的数字身份的控制权其实都掌握在第三方手中，这导致整个互联网范围内出现了严重的可用性和安全性问题。用户数据碎片化、多而零散，数据隔离在不同的平台内部，出于商业壁垒、安全防护和通信标准差异等因素，同一个用户在不同平台的身份和数据难以互通，形成了"数据孤岛"效应。同时，由于平台用户协议、授权机制等原因，用户往往不能取回自己的所有数据，更无法保证其在平台上的数据不被挪用、滥用，甚至用来针对用户本人。

改变这个状况的思路，是将用户的身份和数据存管和平台解耦，用户掌握自己的身份和数据，平台的角色转变为服务提供方，仅提供场景化的服务。为了将数字身份的控制权返还给所有者实体（用户），需要一套支持身份所有者进行无须许可、创建自加密数字身份的机制，这就需要将数字身份基础设施置于分布式环境中。

分布式数字身份具有以下优势。

（1）安全性：身份所有者身份信息不被无意泄露，身份可以由身份持有者持久保存，身份信息提供可符合最小化披露原则。

（2）身份自主可控：用户可以自主管理身份，而非依赖可信第三方；身份所有者可以控制其身份数据的分享。

（3）身份的可移植性：身份所有者能够在任何他们需要的地方使用其身份数据，而不需要依赖特定的身份服务提供商。

## 7.1.2　分布式数字身份的历史与现状

回顾数字身份的发展历史，其进化过程经过以下 4 个发展阶段，如图 7.3 所示。

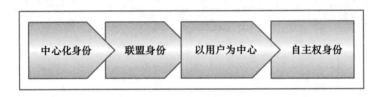

图 7.3　数字身份发展的各个阶段

### 1. 中心化身份

一般来说，绝大多数互联网身份都是中心化的。这意味着它们由单独的实体组织拥有和控制，例如电子商务网站或社交网络。在这些特定的业务本地身份识别能够正常工作，但难以满足当今用户快速增长的与各种在线网站和服务之间交互的需求。由于大多数人在网上的唯一身份是集中式的，因此删除一个账户也就清除了一个人的在线身份，这些身份可能是用户花费数年的时间积累，并对他们有重大价值、无法替代的数据。

### 2. 联盟身份

由于中心化身份存在存储和服务过于集中化的问题，联盟身份方案可以提供一定程度的可移植性——例如，用户能够使用他的某个服务凭证登录另一个服务，允许不同的服务共享有关用户的详细信息，如单点登录机制（single sign-on）。然而，尽管联盟看似可移植，但仍然依赖联盟身份提供者的权威；更大的问题在于，联盟身份加剧了数据的中心化垄断，为黑客准备了大量的蜜罐数据，造成了更大的数据安全隐患。

### 3. 以用户为中心

用户控制数据，其核心步骤在于，从声明提供者到使用者的信息流，只允许在用户请求时发生。然而，这个过程仍然依赖用户选择身份提供者并同意他们的单方面附加合同，由于利益驱动，当数据从一个库移动到另一个库时可能发生数据泄露，用户信息成为买卖产品。独立的个人数据仓库也存在，但问题是这些个人数据仓库需要连接许多此类身份供应商才能覆盖广泛的客户群，由于集成复杂耗时，难以产生规模效应。

### 4. 自主权身份

自主权身份是指身份所属的个人（或组织）完全拥有、控制和管理他们的身份，它去除了上述三个阶段中的集中外部控制，所以个人的数字化存在与任何单一组织无关，没有人可以剥夺某人的自主权身份。自主权身份可以看作是身份所有者控制的数字容器，通过授权他人共享数据，实现身份的可移植应用。"自主权身份"的典型特征如表 7.1 所示。

表 7.1　自主权身份的技术特征

| 安全性<br>（身份信息的持有安全） | 可控性<br>（由用户控制谁可以查看和访问他们的数据） | 可移植性<br>（用户能够在任何他们想要的地方使用他们的身份数据，而不需要绑定到某个身份提供商） |
| --- | --- | --- |
| 保护 | 存在 | 可移植 |
| 持久 | 持久 | 透明 |
| 最小化披露 | 控制 | 可访问 |
|  | 许可 |  |

## 7.1.3　主流协议与规范

本节主要介绍支撑数字身份的主流协议和技术规范及其应用范畴。

### 1. DID 协议

基于区块链技术的分布式数字身份是一种自我主权的、可验证的、新型数字身份。W3C 为这种身份定义了"分布式数字身份标识符规范"（DID），它是一种新型的唯一化标识符。

DID 的用途包括以下两个方面：其一，使用标识符来标识 DID 主体（人员、组织、设备、密钥、服务和一般事物）的特定实例；其二，促进实体之间创建持久加密的专用通道，无须任何中心化注册机制。它们可以用于凭证交换和认证场景，如图 7.4 所示。

DID 是将 DID 对象与 DID 文档（DID Document）相关联的 URL，一个实体可以具有多个 DID。身份所有者通过证明自己拥有此 DID 所绑定的公钥相关联的私钥，来建立 DID 的所有权。

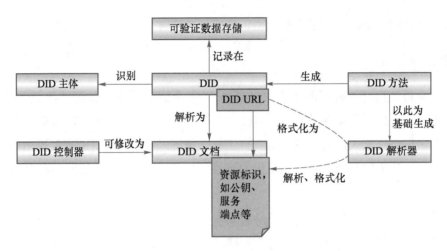

图 7.4　分布式标识符的相关概念交互逻辑

一个 DID 的通常表现形式如下："did:" + <did-method> + ":" + <method 特定的标识符>。这类似于一种名字空间的表达，<did-method>通常是实现并注册了特定 DID 操作方法的厂商名称的缩写，如 did:nist、did:sovrin、did:weid。考虑到方便与其他基于 Internet 的标识符一起使用，method 特定的标识符通常是 URL 或 URI 标识符。DID Method 是一组由某些组织和个人运营的公开的子 DID 身份组的相关操作，通过它们可以创建、解析、更新和删除 DID。目前，已实现的 DID Method 集中登记在由 W3C CCG 工作组维护的分布式标识符注册表解析器中。

DID Document 是一个通用数据结构，它包含与 DID 验证相关的密钥信息和验证方法，提供了一组使 DID 控制者能够证明其对 DID 控制权的机制。DID 文档一般存放于分布式账本网络或分布式数据库中。DID 文档包括以下元素，如表 7.2 所示。

（1）统一资源标识符（URI），用于标识允许各方阅读 DID 文档的术语和协议。

（2）标识 DID 文档身份主体的 DID。

（3）用于认证、授权和通信机制的一组公共密钥。

（4）用于 DID 的一组身份验证方法，以向其他实体证明 DID 的所有权。

（5）针对 DID 的一组授权和委派方法，以允许另一个实体代表他们进行操作（即保管人）。

（6）服务端点集，以描述在何处以及如何与 DID 身份主体进行交互。

（7）创建文档的时间戳（可选）。

（8）文档上次更新的时间戳（可选）。

（9）完整性的密码证明（例如，数字签名）（可选）。

需要注意的是，考虑隐私保护等相关法律，应当尽可能地避免把太多的属性（身份验证、公示属性等）都归集在一个 DID 上。尤其，对于非公示性个人身份，通常考虑用成对假名或一次性 DID 来表达。

表 7.2　DID 文档的标准属性项

| DID 文档 | 描　　　述 |
|---|---|
| DID 主体 | DID 标识符本身，也就是 DID 文档所描述的该 DID。由于 DID 的全局唯一特性，因此在 DID 文档中只能有一个 DID |
| 公钥 | 公钥用于数字签名及其他加密操作，这些操作是实现身份验证以及与服务端点建立安全通信等目的的基础。如果 DID 文档中不存在公钥，则必须假定密钥已被撤销或无效，同时必须包含或引用密钥的撤销信息（例如，撤销列表） |
| 身份验证 | 身份验证的过程是 DID 主题通过加密方式来证明它们与 DID 相关联的过程 |
| 授权 | 授权意味着他人代表 DID 主题执行操作，例如，当密钥丢失时，可以授权他人更新 DID 文档来协助恢复密钥 |
| 服务端点 | 除了发布身份验证和授权机制之外，DID 文档的另一个主要目的是为主题发现服务端点。服务端点可以表示主题希望公告的任何类型的服务，包括用于进一步发现、身份验证、授权或交互的去中心化身份管理服务 |
| 时间戳 | 文档创建时间和更新时间（可选） |

DID 文档内容示例如下。

```
{
  "@context" : "https://w3id.org/did/v1",
  "id" : "did:example:123456789abcdefghi",
  "authentication" : [{
    // used to authenticate as did:...fghi
    "id" : "did:example:123456789abcdefghi#keys-1",
    "type" : "RsaVerificationKey2018",
    "controller" : "did:example:123456789abcdefghi",
    "publicKeyPem" : "-----BEGIN PUBLIC KEY...END PUBLIC KEY-----\\r\\n"
  }],
  "service" : [{
    "id" :"did:example:123456789abcdefghi#vcs",
    "type" : "VerifiableCredentialService",
    "serviceEndpoint" : "https://example.com/vc/"
  }]
}
```

需要注意的是，DID 文档中不应该拥有任何与个人真实信息相关的内容，例如真实姓名、地址、手机号等。因此光靠 DID 规范是无法验证一个人的身份的，必须要靠 DID 应用层中的可验证声明。

## 2. DIDComm

在 DID 通信世界，消息协议是分布式的。这意味着该协议没有监督者来保证信息流，强制双方行为并确保一致性。DIDComm 协议旨在解决这一问题，其设计目标如下。

（1）确保安全性。

（2）具有隐私保护。

（3）可互操作。

（4）与传输方式（协议）无关。

（5）可扩展性。

主要的 DIDComm 相关规范包括 DIDComm 消息结构规范、DIDComm 消息加密规范、DIDComm 相关传输规范。基于 DIDComm 结构建立的协议包括，建立 DID 连接、凭证请求与签发、身份验证等。DIDComm 依赖 DID 持有人本人身份钱包所提供的公钥密码技术来实现 DPKI 安全通信，其数据传输方式一般为非会话保持方式的。一般来说，DID 之间的通信还应该满足以下两个重要特征。

（1）基于消息，异步和单工。当今，移动和 Web 开发中的主要范例是双工请求响应。通常调用具有特定输入的 API，随即在同一通道上获得具有特定输出的响应。然而，移动设备作为分布式数字身份最常见的终端结构，它们往往缺少与网络的稳定连接。因此，代理交互的基本范例是基于消息、异步和单工方式的。代理 X 通过通道 A 发送消息。稍后，它可能会通过通道 B 从代理 Y 接收响应。相比 Web 范式，代理之间的交互可能更接近电子邮件范式。

（2）消息级安全性，对等身份验证。传统 Web C/S 模式下，传输级别（TLS）提供了 Web 安全性，但这种安全并不是消息本身的独立属性。在异步单工工作模式下，传统的 TLS、登录和会话有效期这些措施都是不切实际的，无法继续用来支撑通信的安全性。

### 3. DKMS

假设我持有多个 DID，那么我如何在不依赖具有密钥访问或控制权限的第三方的情况下，实现自我管理密钥和证书的能力？分布式密钥管理系统（DKMS）就是这样一类解决方案，它规范了身份钱包应如何管理密钥生命周期——如创建、恢复、备份和吊销密钥。密钥可以分发给其他实体，但必须由其所有者控制。

DKMS 使用以下密钥类型。

（1）主密钥：不受密码保护的密钥。它们是手动分发的，也可以是最初安装的，并受到程序控制和物理或电子隔离的保护。

（2）密钥加密密钥：用于密钥传输或其他密钥存储的对称或公共密钥。

（3）数据密钥：用于对用户数据提供加密操作（例如，加密、身份验证）。

密钥保护遵循分级保护的思想，一级密钥用于保护较低级别的项目。因此，主密钥的安全性是整个系统的关键，应考虑采取特殊措施来保护主密钥，包括严格限制访问和使用、硬件保护以及仅在共享控制下提供对密钥的访问等。

### 4. DID-Auth

DID 验证方案的目的是让用户证明自己拥有某身份 DID——用户只要证明自己拥有该 DID 公钥匹配的私钥即可。通过 DID 验证后，不同个体之间能建立可信任且更长久的通信管道，以便在此之上协商交换其他资料，例如可验证凭证。DID-Auth 与其他身份验证方法类似，依赖于"挑战–响应"方式。

### 5. Verifiable Credential / Presentation

分布式数字身份标识符在 ID 层面提供了自我主权的实现。但是，DID 本身并不附加与数字身份实体相关的现实世界属性，因此不是一个完整的数字身份表达。参照现实世界中物理凭证的使用场景和核心模型，W3C CCG 发布了**可验证凭证**（verifiable credential）规范，该规范定义了可在实体之间交换的凭证格式，用以提供对于实体的属性描述。具体来说，可验证凭证是由发行人签名加密的防篡改凭证，具有密码学安全、隐私保护和机器可读的特点。凭证通常由至少两组信息组成。其一表示可验证的凭证本身，包含凭证元数据（metadata）和声明（verifiable claim）。其二表示数字证明（proof），通常是数字签名（digital signature）。DID 与凭证的依赖关系如图 7.5 所示。

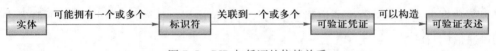

图 7.5　DID 与凭证的依赖关系

大部分的凭证因为包含真实隐私数据，因此不适合直接存储在区块链上。凭证在不同 DID 之间流转，需要解决以下问题：确定发行方的代理如何向凭证持有者发布凭证，凭证验证者如何向凭证持有者请求信息以及凭证持有者如何从其凭证中提取证明使验证者信任。这一技术被称为**凭证交换技术**。凭证与表述的依赖关系如图 7.6 所示。

此外，可验证凭证支持与身份持有者所关联的属性信息基于密码学方式进行签发与验证，从而确保凭证的权威性和隐私保护性。可验证凭证同时支持**可撤销能力**，凭证的创建者负责通过撤销机制撤销已经发出的凭证，验证者则相应需要具有灵活高效地验证凭证是否已处于被撤销状态的能力。

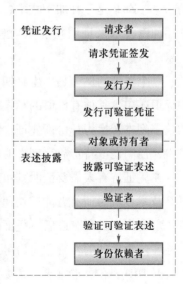

图 7.6　凭证与表述的依赖关系

为了增强隐私保护，相关规范还定义了**可验证表述**（verifiable presentation），用于证明实体在特定场景下的身份角色属性。可验证表述是一种防篡改的描述，它来自一个或多个可验证凭证，并由披露这些凭证的主体用密码签名。无论是直接使用可验证凭证，还是从可验证凭证中获得的数据构造身份证明，DID 身份证明都将以"可验证表述"的方式进行出示。可验证的描述通常由以下内容组成。

（1）唯一标识描述（presentation）的 URI。

（2）标识对象类型的 URI。

（3）从中推出（描述）的一个或多个可验证凭证（credential）或数据。

（4）可验证表述（presentation）的创建者 URI（例如 DID）。

（5）身份主体的密码证明（例如数字签名）。

凭证交换的核心是密码学技术，主要用于证明可验证凭证或可验证表述中的信息完整性与真实性。有许多类型的加密证明，包括但不限于传统的数字签名技术和基于零知识证明的匿名凭证技术。

可验证凭证和可验证表述中的密码学证明可以采用传统数字签名技术，由数据的签发者对数据内容计算数字签名后将数字签名附在数据内容后，以保证数据的接收者确认数据来源的不可抵赖、数据内容未被篡改。此外，由于可验证表述是经由凭证动态打包而成，因此可增加动态认证部分功能，用于防范凭证流转过程中的重放攻击。凭证在各个对手方之间的流转流程在技术上不做限制，如若场景对传输信道有较强加密需求，可以规范数据通道认证、数据通道建立及传输的特定协议，达到任意 DID 身份所有者之间均可通信的目的。

最后，凭证持有人可以使用零知识证明（ZKP）以最少的披露共享来自多个凭证的信息。ZKP 是一种加密技术，可让用户共享信息而不会放弃其安全性和隐私性。ZKP 使用加密技术来证明持有人对验证者的声明，而不会泄露验证者不需要的任何其他信息。

一个典型的例子是出生日期。身份证通常是证明年龄的主要手段。但是，这种类型的标识还包含其他有价值的私人信息，例如经常被盗用的家庭住址信息。ZKP 将身份证的数字副本转换为身份证凭证中特定信息的加密证明。在使用时，用户可以根据请求者身份，控制在该特定数字副本上实际提供给他们显示的信息。

在凭证持有人需要证明其年龄的各种情况下，分布式数字身份钱包均可创建 ZKP。ZKP 技术使身份所有者能够快速、轻松且安全地验证自己已年满 18 岁，而不必实际共享特定的出生日期。最后，凭证的特性包括机器可读、可撤销、可远程验证。其中可远程验证包含凭证的发行方身份可远程验证和凭证内容可远程验证：通过凭证中记录发行方公开 DID 身份，验证者不需要联系发行方即可验证身份；通过公开的凭证发行声明中记录发行方密钥、凭证数据格式等信息，验证者不需要关联发行方即可验证凭证内容。

### 7.1.4 技术支撑体系

**1. DPKI 体系**

在了解 DPKI（distributed public key infrastructure）体系之前，首先需要了解什么是 PKI（public key infrastructure）体系。PKI 体系，顾名思义，主要解决的是如何可信、安全分发公钥（public key）的架构。PKI 体系的要点如下。

（1）某个实体的公钥被存在证书（certificate）里。

（2）证书是由某种可信机构（certificate authority，CA）用自己的私钥对某个实体的公钥进行签名的一个结构体。

（3）证书同时包含了这个实体的名字，一般以短名或者 FQDN 来表示。

（4）证书同时包含了签署时间、过期时间等信息。

（5）验证者对证书进行验证时，需要通过公开渠道拿到 CA 的公钥，然后对证书的签名部分解密以确认：确实为此 CA 签署。

以上流程如图 7.7 所示。

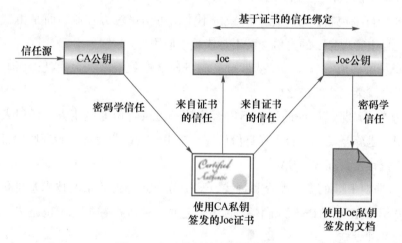

图 7.7　PKI 体系的一般工作流程

由于 CA 对公钥可信性进行了"背书"，且 CA 的公钥能从公开渠道取到，因此接收方可以确认公钥的可信性。在现实世界中，主流的操作系统安装完毕之时就已经内置了这些 CA 的公钥，不同的浏览器也会存有这些公钥的副本。事实上当前全球的可信机构 CA 只有几十个，它们通过类似授权的机制将自己签名的能力分给了下层更多的 CA，体现为一种树形结构。验证这种树形结构签署的证书时，必须要能够拿到这个证书链上的每一个 CA 的公钥。否则，这条证书链的认证就是不完整的。现有的 CA 这种分层授权的方式构成了现代数字证书安全体系的基石。

然而，传统的 PKI 模型存在着以下问题。

（1）CA 作恶。某些 CA 可能会出现滥发证书，或者发出实体名与内容域不匹配的证书。例如 CNNIC 的 Root CA 证书滥发情况——由于它为很多不可信的站点滥发，因此在它发布之后的数个月内，Google 和 Entrust 就从自己浏览器的 Root CA 副本中将其拿掉（2015.4）。

（2）CA 存在单点失败。CA 的树形结构中，一旦某个 CA 节点被攻破或者无法响应，那么它的所有子树和叶子节点全部都会失效，无法正确验证。

（3）对已签发证书的管理十分困难，如撤销（revocation）。CA 撤销证书是通过维护一个"已撤销证书列表"（certificate revocation list，CRL）来实现的。每个签发出去的证书都应该有一个"CRL 分发点"的域，证书的验证者需要去访问这个分发点来确认证书是否仍然有效。然而，每次证书验证都需要去下载并遍历这个庞大的 CRL，这对浏览器和操作系统是一个不小的开销。

DPKI 是 PKI 的一个替代性方案，它是建立在分布式账本和分布式数字身份 DID 基础上的一套整体解决方案。DPKI 与 PKI 在业务流程上并无明显区别：均是用户先发起申请（ID），填写相关信息，用户 ID 及信息审核，证书颁发，证书得到验证。这一认证体系与 PKI 的不同点在于以下几方面。

（1）身份自主控制：每个用户的身份不是由可信第三方控制，而是由其所有者控制，个人能自主管理自己的身份，而不是依赖于应用方。

（2）身份可移植：个人可以携带自己的身份从一处漫游到另一处，而非仅仅局限于某一个平台或某一个系统之中。

（3）分布式认证：认证的过程不需要依赖于提供身份的应用方，任何人都可以创建身份标识。也就是说，在分布式身份认证系统中，发证归发证，验证归验证，个人身份验证不再依赖于发证方（CA）。

DPKI 并非对 PKI 的全盘抛弃和替代，整个分布式身份体系的技术基础仍然是分布式 PKI，DPKI 是在原有 PKI 认证体系的基础上的一种改进和补充，也是未来一类网络信任生态的基础设施。

### 2. 分布式账本

代表实体身份的独一无二的分布式标识符，应该如何存储和提供访问？标识符的属主应该如何访问它们？为了使身份真正具有自主权，这种基础设施需置于分布式信任的，而不属于任何单一组织所控制的环境中。分布式账本（区块链）正是这样一种创新技术，而自主权身份标识 DID 锚定于分布式账本，起到避免被特定中心化服务所掌控的目的。本质上，区块链通过充当 PKI 的"公告板"来支持密钥和标识发现，在大多数情况下，基于 PKI 的"公告板"形成标识符管理系统（DID 方法实现），除了密钥和标识符外，可验证凭证也可能依赖于区块链实现流转、验证。考虑分布式账本专门用于支持身份交易，应具有以下几个重要属性。

（1）可公开访问：此分布式账本是公共可访问的，因此任何人都可以在没有中介的情况下使用它。通过在尽可能广泛的范围里部署分散节点网络，实现即使一个或多个节点关闭或无法运行，人们仍可以随时访问该网络。

（2）可信验证：分布式账本的每个节点都运行分布式数字身份账本，分布式账本能够生成状态证明，客户端可以使用状态证明来了解分类账的状态，而不必下载和访问整个分类账。每个状态证明都包含一个时间戳，以便客户端可以确定状态证明是否足够适合它们的用例或是否需要刷新。这使得它非常适合用于证书验证，在该验证中客户端可能会在一段时间内无法访问互联网，从而需要离线验证，这是普遍采用数字证书的关键要求。此外，状态证明可以交叉锚定在其他分布式账本上，以提高可靠性、可信赖性。

（3）操作成本低廉：考虑作为分布式数字身份需要成为广泛可用的基础设施，账本上的交易验证应该是成本低廉的，账本访问应尽可能便宜，以覆盖更广泛的网络受众。

分布式账本中应为分布式标识符提供以下属性（能力）。

（1）不可重新分配：DID 是永久性、持久性和不可重新分配的。永久性确保标识符始终引用同一实体。因此，DID 比可以重新分配的标识符（例如域名、IP 地址、电子邮件地址或手机号码）更具私密性和安全性。永久性对于身份持有者的控制和自我主权至关重要。

（2）可解析：DID 基础结构通过全局分散的 key-value 结构存储，其中 DID 充当 key，DID Doc 充当 value。DID 解析是指在 DID 账本中查找特定 DID Doc 的操作。

分布式数字身份体系并不局限于区块链技术，更不绑定到唯一的区块链平台上，其系统模块可能基于不同的区块链平台实现，甚至是非区块链的其他分布式账本实现。为了确保不同系统的 DID 数据互联互通，一是要求实现厂商按照统一的 DID 规范定义和实现 DID 数据对象，二是对于不同的 DID 操作实现，通过全球统一的 DID 实现方法注册，以达成不同系统间的 DID 查询与解析，实现 DID 互联互通。

### 3. 身份代理

在数字环境中，人和组织（有时是设备）难以直接产生和消费数字信息、存储和管理数据，往往需要通过数字化的代表进行身份认证以及权益相关操作。这样的"数字代表"软件被称为代理组件。代理是一种笼统的说法，它通常包括负责对外消息通信的代理组件（agent）、支持分布式密钥管理的钱包组件（wallet）以及用户数据存储组件（hub）。代理组件是分布式数字身份的对外接口，调用了本地的数字身份钱包和数据组件。

代理组件通常包括客户端代理和服务器端代理。客户端代理主要加载在用户的智能手机、汽车、笔记本电脑等终端设备上，终端设备具有私有属性，终端代理主要用来管理用户身份私钥、个人秘密以及本人身份凭证等；服务器端代理实现了可寻址的网络端，主要用来为其客户端代理提供以下服务：持久的 P2P 消息服务，协调身份所有者的多个客户端代理，加密数据存储与共享，身份所有者密钥的加密备份等。

每个代理所关联的钱包都有其自己的密钥，密钥不会在代理之间复制。设备代理的使用高度分散，因为所有密钥和凭证都存储在终端设备中。尽管云代理托管在云中，但它们也可以分散管理，由合格的服务提供商（称为代理商）负责运维。与边缘代理一样，云代理始终完全在拥有它的个人或组织的控制下，身份所有者应该能够轻松切换代理。此外，代理商无权访问存储在云代理中的数据。通常，云代理数据是加密存储的，只能由设备代理使用存储在最安全的终端设备中的密钥解密，因此云代理商不会有通常的数据蜜罐风险。

## 7.1.5 分布式数字身份的发展及应用介绍

### 1. 分布式数字身份的发展

分布式数字身份出现的历史虽短，但发展速度快，受到了极高关注。

2018 年初，微软宣布将区块链技术应用到分布式身份识别系统上，计划在其官方微软身份验证（Microsoft Authenticator）App 及其云平台上整合 DID 服务。据称微软与其合作伙伴试图将 DID 应用到跨境的难民身份归属上，帮助难民解决社会融入问题，获得医疗、教育和金融服务。

IBM 作为 Hyperledger（超级账本）的发起人，也致力于将 DTL（distributed ledger）即分布式账本技术和身份认证结合，发起了 Indy 开源项目，目标是建立基于区块链网络的 DID 基础设施。

uPort 项目是运行在以太坊公链上的 DID 应用。2018 年，媒体报道瑞士楚格市（Zug）认可注册了 uPort ID 的居民拥有"数字公民身份证书"，可参与社区事务，包括是否在湖边节燃放烟花的社区投票，图书馆办证，支付停车费等。这是欧洲首次尝试将分布式身份用于社区事务中。据称，瑞士联邦铁路公司（SBB）进行了概念验证，将uPort 提供的身份服务用于培训等内部工作流中。

国内基本上在同期投入到分布式身份的研究，在技术和行业探索中保持了较为前列的位置。

中钞区块链研究院的络谱区块链平台包含数字凭证保全、电子证照流转等，中钞区块链研究院《中国区块链发展报告（2019）》中发表《分布式数字身份发展与研究》文章，系统性地从分布式数字身份的研究背景、分布式数字身份核心理念与基本内容、关键技术、技术架构以及国内外发展现状等方面对分布式数字身份进行了阐释。

微众银行于 2018 年发布了 WeIdentity 开源项目，实现分布式多中心实体身份标识和管理，在用户数据隐私得到充分保护的同时，机构可以通过用户授权，安全合规地完成可信数据的交换。WeIdentity 完整地实现了符合 W3C DID 国际规范，可运行在包括 FISCO BCOS 在内的多个开源区块链底层平台上，且具备工业可用的一系列与安全、隐私、用户体验密切相关的配套服务和工具，已经有多个服务于政务、金融、工业、物联网的应用在运行中。

目前国内外已经问世的与分布式身份相关的项目已经超过 200 个，其中一部分加入了 DIF 即分布式身份基金会，这个基金会旨在推动基于区块链的分布式身份管理协议的通用化和标准化。DIF 成员包括 IBM、微软、NEC、埃森哲、区块链组织超级账本、R3、以太坊企业联盟、金融机构 MasterCard、微众银行等。

W3C 组织的 DID 工作组成立于 2019 年 9 月，主要任务是制定 DID 规范，DID 规范包括对 DID URL 方案标识符、数据模型、DID 文件语法等的标准化。截至目前，该工作组已有来自全球的多个机构，包括 GS1、微软等以及国内的工信部信通院等。目前 DID 的规范和技术方案已经初步成型，W3C 的 DID 规范和相关协议认可度较高，是行业采用的主要参考，其他还有基于以太坊的多个 EIP 提案的实现，在工业物联网层面，也存在 Handle、Ecode 等多种标识规范。各项规范和协议在设计思路、细节风格上虽然有一定的差异，其核心都是为了解决身份标识、权威认证、可信验证、高效互通、隐私保护等核心问题。

### 2. 应用场景介绍

在应用落地的过程中，通常针对不同场景中的不同需求采取了不同的实现方案。我们将介绍基于 W3C 组织 DID 协议规范的海内外的代表性应用场景与案例，通过对这些应用场景与具体案例的分析，有助于我们理解不同分布式数字身份方案的价值。

（1）国外代表性应用案例。

① 瑞士楚格市居民数字身份 Zug Digital ID。从 2017 年 9 月开始，瑞士楚格市为全市约 30 000 名公民提供分布式电子身份 eID，该身份基于去中心化身份平台 uPort 在以太坊区块链（Ethereum）上实现，eID 的所有者可以使用移动应用程序提供身份信息，依赖方可以通过区块链检查数字签名来验证数据的真实性。所有个人数据仅存储在单独的移动电话上，经过加密，公民完全可以控制要发布的信息以及向谁发布信息。eID 可以用于多个城市特定服务，例如城市公共事务公民投票、城市共享自行车 AirBie 服务等。

② Synechron's Self-sovereign KYC。Synechron 设计和构建的 CorDapp 在 Corda 区块链网络中支持了交换和管理客户的 KYC 数据，39 个实体在 Microsoft Azure 区块链服务

平台中部署并总共运行了 45 个节点。银行参与居多，包括荷兰银行、阿尔法银行、塞浦路斯银行等。银行可以在区块链网络上请求访问客户的 KYC 测试数据，而客户可以批准请求并撤销访问权限。客户还能够更新其身份数据，然后自动对所有具有访问权限的银行进行更新。

③ 韩国的 NongHyup（NH）银行区块链 ID 卡。韩国的 NongHyup（NH）银行已经引入基于区块链的移动 ID 系统，新的移动 ID 系统基于区块链技术，通过智能手机（而非传统的 ID 卡）实现方便的身份验证。该项目旨在有效保护其个人身份数据的前提下，面向个人提供更好的服务：基于区块链的 ID 服务将用于通勤和管理进入办公室的访问权限，将来，计划扩展移动 ID 卡，使其方便设置服务的约会和付款。

（2）国内代表性应用案例。

① 分布式数字身份+版权保护："人民版权"平台。在既有技术条件下，网络内容版权保护存在较多痛点：a. 确权难，传统版权登记周期长、流程繁、成本高，版权对应的内容收益难定义、难统计、难追踪；b. 取证难，数字作品易复制、易传播、难溯源，调查取证手段匮乏、耗时长、成本高；c. 维权难，侵权行为认定难，传统的侵权诉讼流程复杂，诉讼成本高、时间长，被侵权方需要投入巨大人力物力进行维权。

基于区块链技术搭建的人民版权保护平台大幅降低司法过程中的证据取证与保全成本，用传统手段 1/2 的价格便可完成确权、维权全流程，如图 7.8 所示。

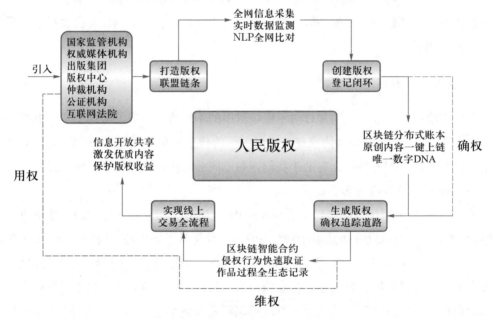

图 7.8　人民版权平台基本业务模块流程

基于 WeIdentity 方案，平台为每位实名认证的作者生成 WeID；当作者提交作品原创申请时，平台为作品基于登记时间、作品名、核心摘要等信息生成数字指纹 DNA，同时为每篇作品和对应的作者之间的原创关系生成凭证 Credential，生成凭证摘要上链，在链上存证 DNA 数据。同时，平台还可以通过打通链上的侵权取证及诉讼流程实现版权保护及版权交易的全线上化和自动化。

② 分布式数字身份+证书管理：澳门区块链证书电子化项目。澳门居民在找工作或办理其他事务时，经常需要出示自己的证书或证明，一方面纸质证书的管理成本高，使用次数、场景、流程都受限制，另一方面用人单位或者其他机构很难验证证书真伪，通过人工或第三方验证的方式往往耗时长、效率低。同时，多机构间的信息传递，可能因道德风险及操作风险导致用户隐私泄露。基于以上原因，澳门本地的个人数据隐私保护相关法规要求用户数据在不同机构间传输时需要居民提供授权书进行确认，流程复杂且时效性较差。

为此，澳门政府基于 WeIdentity 方案推出了证书电子化项目，实现安全高效的跨机构身份标识和数据合作，提升澳门居民的服务体验。

澳门居民通过实名认证后，用户代理会为其生成独一无二的 WeID，并由用户身份验证服务提供方为用户基于此 WeID 生成用户的 KYC Credential。用户访问接入联盟链上的其他机构时，只需出示自己的 WeID 及 KYC Credential，便可认证身份并执行业务，如图 7.9 所示。若用户丢失了本地存储的电子凭证，证书验证者可以通过机构后台，在获取用户链上授权的基础上，通过区块链连接证书发行方后台并拉取 Credential 原文。

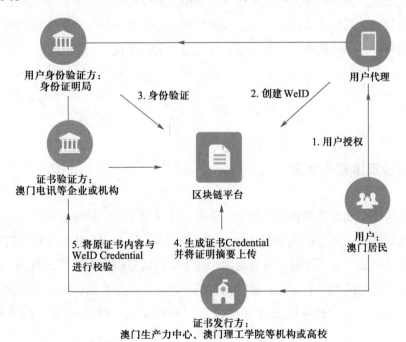

图 7.9　澳门电子证书系统基本模块流程

### 7.1.6  结语

在数字经济发展的推动下，对分布式数字身份的需求也越来越旺盛，相应的技术方案纷纷涌现，分别取得了一些技术和应用上的进展。在探索中我们也应该意识到，分布式数字身份是应用的基础组件，本身并不能提供完整的应用体验和商业模式、治理模式，需要与场景深度结合，与更多的上层应用一起为最终用户提供丰富的功能、良好的用户体验以及商业和治理方面的价值。这意味着，分布式数字身份的运用和应用有着相辅相成、螺旋式发展的关系。应用和业务本身越具有"分布式"和"数字化"的特点，网络化和分散性越强，对分布式身份的要求越高，而分布式数字身份体系的技术和模式越成熟，就越能为应用打好基础，使应用的运作无须为身份可信性和隐私问题困扰。同时，分布式数字身份以及相应的可信数据验证和交换，也会催生出更多的创新业务场景，带来新的商业模式。届时，数据的价值、数据的保护和流通成本，应该取得良好的平衡，需要解决谁为数据买单、如何定价、如何分账等商业问题以及明确相应的责权和义务。

随着新基建带来的新一轮信息工业建设热潮，整个社会将越来越数字化。在金融等领域的"分布式商业"趋势越来越明显，银行、证券、保险、工业制造、物流、社会管理等都出现需要多方对等互补、追求规则透明、高效可信运作的协作模式，分布式的技术和运营模式会更加深入民心。当前应在发展分布式数字身份的研究的同时，逐步探索与场景的结合，谨慎试点，大胆验证，在实践中完善优化。

## 7.2  跨链技术

### 7.2.1  跨链技术基本概念

随着区块链产业改革和升级，整个区块链行业蓬勃发展，从金融领域逐步渗透到各行各业。区块链根据节点准入条件和节点规模分为公有链、联盟链和私有链三类。目前，我国的区块链产业主要以联盟链为主。随着国内联盟链应用的不断增长，基于不同平台的应用之间逐渐产生了交互、建立关联的外延需求，整个区块链生态需要一个更加开放、易于协作、多方共赢的交互环境以及"超越平台、链接应用"的创新性解决方案。

高效通用的跨链技术是实现万链互联的关键。跨链技术能够连通分散的区块链生态孤岛，成为区块链整体向外拓展的桥梁纽带。业界在跨链领域已有初步的探索和积累，以太坊创始人 Vitalik Buterin 曾总结了三类跨链技术，分别是公证人机制、中继/侧链、哈希时间锁定合约。基于这些技术构建的跨链应用主要面向公有链实现数字资产跨链。目前，区块链正处于与实体行业结合的落地应用阶段。联盟链是主流的底层技术。在此场景下，还需应对底层平台异构化、应用场景多样化、跨链需求复杂化等困难，使得跨链技术的落地面临着更大的挑战。

要实现跨链技术的落地，需要突破五大难点：① 底层架构无法互通。不同的区块链平台底层架构设计相差甚远，不仅交易处理时序不同，计算与存储结构也不同，跨链交易无法直接在两个平台互通。② 跨链数据无法互验。基于默克尔树实现交易存在性验证的方式非常普遍，但并非所有平台都支持默克尔树，不同的验证机制难以整合。③ 接口协议无法互联。平台间网络传输编码协议各不相同，暴露的接口格式字段也有差异，难以兼容互联。④ 安全机制无法互信。区块链的安全边界往往是以平台范围为界，当涉及链和链之间进行衔接时，会因为多种安全机制参差不齐，如共识者列表不同、准入机制严格程度有高低、权限配置差异等因素，导致平台之间的互信条件不成立。⑤ 业务层无法互访。不同业务场景的合约逻辑千差万别，各个场景都是内在闭环的系统，要打通场景之间的互访，任意一个环节的疏漏都可能导致异常使跨链失败，如何保障整体衔接过程中事务和事务之间的完整性和一致性将会是巨大的挑战。

## 7.2.2　通用接口

区块链平台的实现各有不同，跨链场景下需要操作多条链。一个跨链业务在开发时，如果需要关心具体的链类型，根据链类型进行定制化的开发，将极大地提升开发难度与运维复杂度。因此，需要一套通用的接口对不同类型的区块链进行统一抽象，屏蔽区块链的差异。通用接口抽象了区块链上的两个对象，即操作者与被操作者。操作者是账户，被操作者是智能合约、资产、信道和数据表等。对于操作者的抽象，需要采用"统一账户"，而被操作者的抽象，需要采用"统一资源范式"。

### 1. 统一资源范式

各家区块链平台上的资源多种多样，有智能合约、资产、信道和数据表等，无论这些资源的功能如何多样，其核心接口主要可以归纳为数据、调用和事件三类固定的接口，如图 7.10 所示。为了更好地打通区块链平台资源交互，可采用统一资源接口范式，使用户在调用区块链智能合约、资产、信道或数据表时无须关心具体的智能合约语言和区块链的底层架构，只需传入通用的参数，并处理统一定义的返回值即可。

单个区块链上的资源可以通过合约地址或名称来定位和访问，在跨链和多个业务互通的复杂网络模型下则需要一个更高层的资源寻址协议，通过提供资源地址和相关参数实现资源定位和访问。一个跨链系统可定义为跨链分区（运行着同一类业务的区块链集

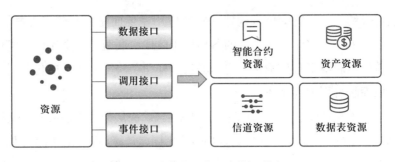

图 7.10 跨链核心接口和资源抽象

合)、业务链和业务链上的资源的组合,它们都有唯一的标识。通过组合三种标识,可以唯一地定位到跨链系统中的任一资源的位置,这个寻址的标识称为跨链路径(interchain path),跨链路径定义为[跨链分区].[业务链].[链上资源]。跨链平台提供统一的 RPC 接口访问跨链路径,支持以 HTTP URL 的形式访问跨链系统中的资源,URL 格式为 http://IP:Port/[跨链分区]/[业务链]/[区块链资源]/[资源方法]。

**2. 统一账户**

账户是操作区块链的身份。各种区块链的账户实现存在一定的差异。例如,Hyperledger Fabric 的账户方案中,采用的是 secp256r1 的签名曲线。而 FISCO BCOS 采用的是 secp256k1 曲线。Hyperledger Fabric 的签名结果中包含签名者的证书信息。在验证账户的签名时,将账户的证书传入验证函数,以验证签名的正确性。而 FISCO BCOS 的签名结果中不包含可见的账户信息。在验证账户签名时,通过 ECRecover 的方式从签名内容中恢复出账户地址。虽然各种区块链的账户实现有所不同,但都基于签名算法实现。统一账户基于此共性实现,如图 7.11 所示。

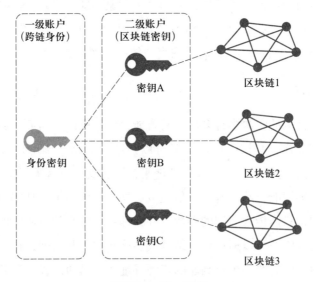

图 7.11 统一账户

统一账户，是跨链系统中的统一身份，是各种区块链账户的统一抽象。统一账户包括一级账户和二级账户，一级账户是用户的跨链身份，包含一组公私钥。此公私钥对用户可见，用户采用此公私钥操作抽象后的跨链资源。二级账户是用户在不同类型区块链上的身份，包含对应区块链的公私钥。此公私钥对用户透明，用于操作对应的区块链。在实现上，通过一级账户与二级账户相互签名，建立一二级账户的联系。用户采用统一账户操作跨链资源，以一级账户的身份发起，通过验证"一二级互签"内容，可获取向实际链发送交易的二级账户，进而在采用相应的二级账户向特定区块链发送交易。在查询特定区块链上某笔交易的发起者时，可通过验证"一二级互签"内容，确定相应的一级账户，获取统一账户的身份。

### 7. 2. 3　互联协议

通过分析主流区块链平台交互方式的共性点，例如都具备数据读写、调用智能合约和向智能合约发送交易等接口，可采用通用的区块链接入范式与跨链交互模型，区块链平台之间进行少量适配对接，就可以实现异构链之间的跨链交互。

#### 1. 通用接入范式

异构链互联协议定义了一种通用的区块链接入范式，只需实现两个核心接口即可接入一条区块链，分别是获取资源的接口和获取信息的接口。基于这种通用范式，不同区块链平台可以各自提供一个区块链适配器，如图 7. 12 所示。区块链适配器可以基于原有区块链平台开发工具包（SDK）进行封装，实现异构链互联协议的核心接口，而无须对原有区块链做侵入修改。任何区块链只要遵循区块链接入模型，实现区块链适配器，就可以接入跨链协作平台。

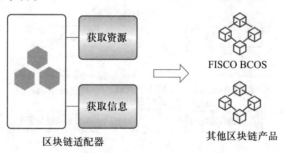

图 7. 12　区块链适配器

#### 2. 跨链交互模型

实现跨链互联需要借助跨链路由，用于桥接业务系统与区块链。为适配多变的跨链业务场景，可采用跨链交互模型，该模型可以支持单分区单路由、单分区多路由以及多分区多路由等多种场景。

（1）单分区单路由：针对一个机构的用户需要同时访问多个区块链的场景，可以在机构内搭建一个跨链路由，并为其配置多个区块链适配器，连接到多个区块链。通过给多个区块链适配器配置不同的跨链路径前缀，用户可以通过跨链路由，任意寻址并访问网络中的资源。如图7.13所示，用户可以通过配置了两个不同区块链适配器的跨链路由，实现对两条链上资源的访问。

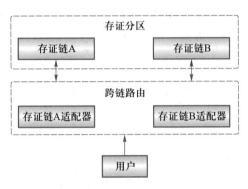

图7.13　单分区单路由

（2）单分区多路由：针对多个机构的多个用户想要交叉访问对方的区块链，可以部署多个跨链路由，并为其配置各自的区块链适配器。跨链路由之间通过P2P网络协议相连，跨链路由之间会自动同步交换各自的区块链适配器和资源信息。不同机构的用户可以通过调用本机构的跨链路由，由本机构的跨链路由转发至其他机构的跨链路由，访问相应资源并按路由返回。如图7.14所示，用户甲可以通过跨链路由viaA和跨链路由viaB组成的路由网络，实现对两条存证管理链上资源的访问。

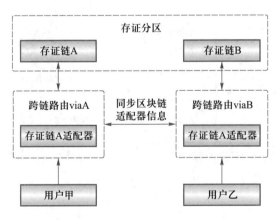

图7.14　单分区多路由

（3）多分区多路由：在更为复杂的业务场景中存在多种业务相互融合的需求，因此也就存在多个跨链分区互联访问的需求。面对这种需求，需要支持跨链路由动态增加与其他跨链路由的连接，通过权限控制保证跨链访问的安全可控，对原有业务不做任何侵入修改。如图 7.15 所示，通过跨链路由将存证分区和结算分区相连，实现原有两个分区的用户能够访问对方分区的资源。

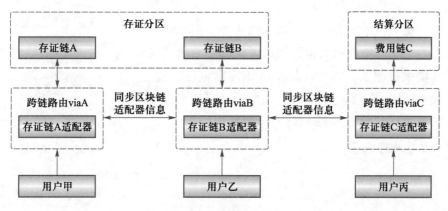

图 7.15　多分区多路由

从以上三个场景可以看到，跨链路由是整个交互模型的核心模块，是连通多个区块链的桥梁。跨链路由作为独立的进程部署，一个跨链路由可以使用多个区块链适配器模块去连接多个区块链，多个跨链路由使用 P2P 网络互相连通。跨链路由内部采用分层设计的理念，自底向上分为三个层次。

（1）基础层：跨链路由底层最基础的部分，包括网络互联模块、区块链适配器模块和抽象链存储模块。网络互联模块负责跨链路由间的互联，区块链适配器模块负责连接具体的区块链节点，抽象链存储模块保存多个区块链的抽象区块头信息用于验证交易和回执。

（2）交互层：处理跨链路由的交互逻辑，包括资源同步、资源寻址以及跨链证明等模块。资源同步模块同步多个其他跨链路由的资源配置信息，资源寻址模块帮助用户在跨链分区中按跨链路径寻址资源，跨链证明模块验证其他跨链路由返回的交易和回执数据。

（3）事务层：处理和协调跨区块链的事务逻辑，包括两阶段事务模块和哈希时间锁定等机制。

## 7.2.4　互信机制

数据互信机制用于解决跨链场景下的数据可信问题。通过验证对方链的执行结果来判断请求是否上链，是在链间建立互信的核心步骤。在进行验证时，涉及以下四层的验证，如图 7.16 所示。

### 1. 验区块连续

确认数据来源，基于区块链的连续性，验证区块是否归属于指定区块链，防止攻击者用任意区块链的区块进行伪造。在不同区块链上的实现大同小异。当前区块中记录着上一个区块的哈希值，当前区块的哈希值又在下一个区块中被记录，多个区块依次相连形成区块链。不同区块链只在哈希算法和计算区块哈希的字段上存在差异。要验证区块链连续性，只需按照相应链的实现，验证区块依次相连成链即可。

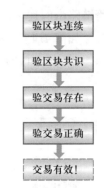

图 7.16 互信机制的四层验证

### 2. 验区块共识

在确认来源后，需验证区块是否代表对方链的整体意愿。此步骤验证区块的共识信息是否符合要求，防止攻击者用未经过共识的区块进行伪造。不同算法有不同的实现。此处给出最具代表性的两种共识算法：PoW（工作量证明）和 PBFT（实用拜占庭容错）。

PoW 属于最终一致性共识算法，通过最长链和延迟确认的方式逐渐让共识结果收敛一致。相关步骤如下。

验难度：验证区块的 nonce 值是否满足工作量证明条件。

验延迟：验证当前块是否低于已知最高块 $N$ 个块（$N$ 可取 10，表示 1 个小时前的区块）。

验最长链：引入多方，验证当前区块处于最长链上，防止单方面谎造最高块高和伪造分叉链进行作恶。

PBFT 算法在多方共识后立即达成一致，区块链不存在分叉和回滚的可能。在算法中，节点通过多次相互广播签名以达到共识。

在区块中，足够数量的签名代表了区块的合法性。因此，对 PBFT 的验证较为简单。

配置公钥：事先配置对方链共识节点的公钥。

验签名：用事先配置的公钥验证区块中签名的有效性，并判断有效签名数量是否达到 PBFT 共识条件。

### 3. 验交易存在

区块被验证合法后，需验证指定交易是否属于此区块。不同链有不同验证方法，比较有代表性的是 SPV（简单支付验证）和背书策略。

SPV 的初衷是为了实现轻客户端，目前已在大多数区块链上实现。随着跨链技术兴起，此技术也被用来验证区块中某数据的存在性。以交易为例，区块头中记录了当前区块内所有交易哈希组成 Merkle 树的树根，即"交易根"。任何一笔交易都唯一对应了一条通向交易根的 Merkle Path。区块内不存在的交易无法伪造出通向交易根的 Merkle Path。因此，只需验证某交易的 Merkle Path 即可判断某交易是否属于某区块。

背书策略为 Hyperledger Fabric 所采用。在 Fabric 中，每笔交易都需满足某个事先定义好的背书策略。交易在执行时会被多个背书节点签名，当各方签名满足背书策略时，此交易才被认为有效。Fabric 将背书节点签名信息作为交易的一部分保存于区块中。多笔交易组成区块内的交易列表。交易列表以二进制形式计算哈希值，此哈希值被记录于区块头中。因此，在实现中，仅需判断交易是否在交易列表中（且对应 flag 有效），并校验交易列表哈希值，即可初步判断交易的存在性。

**4. 验交易正确**

交易存在性得到验证后，并不能代表此交易确实是跨链场景下预期的操作，还需结合业务场景，判断交易的具体内容是否符合预期。例如，预期操作为 transfer(a, b, 100)，则相应的交易内容不能是 get(a)。验证时，需根据交易的编码方式和哈希算法，校验业务预期参数与交易哈希（或二进制）是否对应。不同区块链实现的差别只体现在交易编码和哈希算法上，根据链实现采用相应方法进行校验即可。FISCO BCOS 插件采用的是 RLP 编码和 SHA-256 哈希算法，验证的是交易哈希是否正确；而 Fabric 插件则采用 ProtoBuf 编码，验证的是交易二进制是否正确。

## 7.2.5 分布式事务

早期的跨链技术主要专注于保证跨链资产交换的事务性。在实际的跨链场景中，为了支持更加复杂的业务需求，提供更加全面灵活的事务性保障，需要集成多种主流的事务机制，包括两段提交协议、哈希时间锁定合约等。

**1. 两段提交协议**

两段提交协议旨在保证分布式系统处理事务时的一致性。两段提交协议具备可靠性强、通用性强、实现简单等优势，大部分业务诸如跨链转账、跨链协同等，都可以使用两段提交协议来实现。

两段提交协议将事务的提交过程分成两个阶段来处理，分别是准备阶段和提交阶段。为了让整个事务能够正常运行，两段提交协议涉及三个接口：准备（Prepare）、提交（Commit）和回滚（Rollback）。基于前面所述的通用跨链接口设计，参与事务的跨链资源需要增加三个事务接口，如图 7.17 所示。

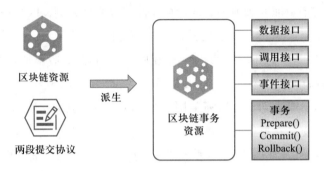

图 7.17　两段提交事务设计

两段提交协议中的协调工作由跨链路由完成。在准备阶段，跨链路由会向全体参与事务的资源发起准备请求，在所有资源完成准备后，再向全体资源发送提交请求。准备或提交两个阶段中，如果任一资源返回失败，跨链路由会向全体参与事务的资源发起回滚请求，放弃本次事务，恢复最初状态。

如果跨链路由因为系统或网络的原因失效，就会导致单点问题从而使事务无法继续。为了避免该问题，可在多个业务区块链之外搭建一个专门用于协调事务的区块链，称为中继链。各个机构中参与事务的跨链路由通过配置区块链适配器连接中继链，在处理两阶段事务的过程中，事务的状态都记录在中继链上，这样恶意的协调者就无法轻易地篡改两阶段事务的状态。

**2. 哈希时间锁定合约**

哈希时间锁定合约用于实现资产原子交换，对比两段提交，并不依赖某个协调者，特别适合区块链资产交换的场景。基于统一资源范式，参与跨链转账的资源需要增加三个事务接口，分别是锁定（lock）、解锁（unlock）和超时（timeout）接口，如图 7.18 所示。只要正确实现这三个接口，跨链路由就可以协调该跨链资源，参与到任意基于哈希时间锁定合约的转账事务中。

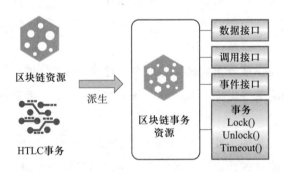

图 7.18　哈希时间锁定合约事务设计

两段提交协议和哈希时间锁定合约各有特点。两段提交协议可以用于满足一般的事务处理请求，但是依赖可信的协调者，为了引入多中心可信协调者，需要额外的中继链来配合实现。哈希时间锁定合约不依赖可信协调者，契合区块链资产交换的场景，但对于资产交换以外的场景，其流程较为复杂和冗长，没有两段提交协议通用和有效。

## 7.2.6　中继链

中继链是多个区块链的各方共同维护的一条区块链。主要目的是提供一个分布式的统一治理框架。多个区块链按照其业务需求，以不同的网络拓扑来组建跨链分区，并由多个机构共同维护中继链，如图 7.19 所示。一方面，实现多个区块链安全可信地执行事务。另一方面，可通过协商和投票的形式进行机构准入和区块链治理，并支持即时有效的监管仲裁。

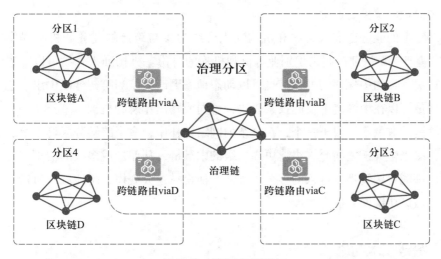

图 7.19　跨链治理架构

中继链上部署多种跨链治理相关的智能合约，包括权限管理合约、事务管理合约、业务链监管合约、业务链准入合约和机构准入合约等，这些合约分别聚焦于权限、事务、监管和准入等功能。中继链由业务方和监管方等相关机构共同搭建，各个机构可以通过在各自的跨链路由中配置区块链适配器以接入中继链。

### 1. 权限事务管理

区块链上的资源可能涉及个人资产、身份数据和商业机密等多种敏感信息，需要可靠的权限管理和授权机制来保障区块链资源的信息安全。通过在中继链上部署权限管理智能合约，能够将跨链操作的权限控制细化到分区、机构、区块链甚至是资源的具体接口。接入中继链的跨链路由将实时同步和执行来自权限管理合约的权限策略，控制和记录跨链操作的资源访问，实时保障跨链业务的信息安全。

除了权限的控制，跨链的事务操作也通过中继链调度。中继链部署事务管理合约，用于记录事务从生成到结束的完整生命周期。事务管理合约将事务的步骤记录在中继链上，需要经过所有治理节点的共识。当网络或系统发生故障，导致当前负责协调事务的跨链路由无法工作时，其他跨链路由可以通过事务管理合约中已记录的事务步骤，继续事务的执行，从而避免单点问题，达到容灾的效果。

**2. 监督准入管理**

中继链可以选择性地记录多个跨链分区间部分或所有的跨链操作，供监管机构进行穿透式监管。监管机构可以选择部署一个接入中继链的跨链路由，或直接运行一个中继链的区块链节点从而获取监管数据。中继链上的监管数据以加密方式存储，只能由监管方解密读取。跨链分区中任何恶意跨链操作都会被记录在中继链，供监管方实施事前拦截、事中监控以及事后追责。

中继链上的业务链准入合约和机构准入合约为参与跨链的业务和机构提供准入控制，支持基于 CA 认证机制来识别业务链和机构的身份。机构准入合约可以配置一个或多个管理员，合约中保存的准入信息可以动态地增删改查。当跨链分区中出现恶意行为时，管理员可以在中继链上发起投票表决，惩罚或踢出作恶的机构。

中继链的数量不局限于一个，在复杂的网络拓扑中，多个跨链分区可以组建各自的中继链，多个中继链之间允许组建更高层级的中继链，从而形成多级的治理架构，每一级中继链都能直接管理其接入的多个中继链，使得搭建大规模、跨地域、海量数据和可治理的广域区块链网络成为可能。

## 7.2.7 跨链技术演进

2008 年比特币诞生以来至 2015 年 Linux 基金会成立超级账本，这期间关于区块链的讨论和研究主要围绕着以比特币和以太坊为首的公有链。由于公有链本身伴随着浓厚的金融色彩，早中期对跨链的需求主要集中在数字资产的交换或转移，因此跨链概念的狭义解释为，两条区块链之间资产的互操作（interoperability）过程。随着区块链的发展，区块链从金融行业逐渐渗透到医疗、存证、司法等众多领域，催生了跨应用互联互通的需求，跨链含义得到进一步升华：在不改变原链的情况下，两条区块链之间进行资产转移、支付或信息交互。近年来，在从业人员不断的探索下，已经诞生了多种跨链机制，催生了很多区块链跨链应用，相关跨链标准也在初步形成。

## 1. 多种跨链机制诞生

Nolan 于 2013 年提出了数字资产原子转移（atomic transfers）方案，旨在实现两条区块链之间数字资产的原子互换，即发生在两条链上的资产转移同时成功或同时失败，不会出现第三种中间状态。该方案通过在两条链上设定一个合约脚本，并根据某种断言，如是否持有约定哈希值的原像，作为合约的触发条件，并通过一系列流程保证跨链交易的原子性。这就是哈希时间锁定合约（hashed timelock contract，HTLC）的前身。

哈希时间锁定合约是一种用于实现资产互换的跨链机制，通过哈希锁和时间锁提供原子性保障。哈希锁是指两条链上的资产分别使用同一个哈希值锁定，然后合约中约定只有提供该哈希的原像才能将资产解锁。时间锁是指解锁必须在约定的时间内，否则资产就会回滚。为了解决比特币扩容问题而诞生的闪电网络便是基于哈希时间锁定合约实现的微支付通道，以支持可扩展的连锁即时支付。

侧链/中继是一种更灵活、易于扩展的跨链机制。很多的跨链应用基于侧链/中继实现不同区块链资产的跨链转移，组建区块链互操作网络，或构建异构的多链架构。侧链/中继以轻客户端验证技术为基础，实现跨链交易的存在性验证。侧链/中继上部署一个类似轻客户端功能的合约，验证来自主链/应用链的跨链交易，验证方式取决于区块链本身的设计。侧链/中继验证模块大多依赖于默克尔证明，通过加密哈希树和交易哈希生成交易的默克尔根，然后与区块头中的交易默尔克根对比，确定跨链交易的真实性。还有其他的一些验证方式，例如验证节点签名数量，或者共识节点的公钥列表等。侧链/中继机制是一种比较复杂的跨链机制，由于所有跨链交易都需要在侧链/中继中完成验证、共识、中转，侧链/中继本身容易成为跨链系统安全性和性能的瓶颈。

还有一种应用较广的跨链技术公证人机制。普通的公证人机制由单一的节点或独立机构作为公证人，公证人负责监听 A 链上的事件并在 B 链执行相关的交易完成对该事件的响应。公证人在跨链交互过程中充当了交易确认和交易仲裁的角色，虽然该模式架构简单、扩展性强、跨链性能较高，但公证人安全性成为跨链系统稳定的关键因素。为了削弱该机制中对公证人的信任依赖，一种多重签名的公证人机制被提出。通过多种方式如随机抽取，或采用可信联盟的节点选取多个公证人。跨链交易的确认需要满足两个条件：① 达到了一定的公证人签名数量；② 所有公证人达成了共识。虽然多重签名公证人机制拥有更高的安全性，但要求参与跨链的区块链平台都支持多重签名，缺乏扩展性。

## 2. 跨链应用快速发展

随着多种跨链机制的不断迭代和完善，区块链跨链应用逐渐涌现出来。2016 年 ConsenSys 公司开发的跨链项目基于中继技术实现了以太坊对比特币的区块链数据的单向访问，使得以太坊应用能够支持比特币支付。2017 年闪电网络测试网基于哈希时间锁合约机制首次实现了比特币与莱特币之间的原子互换。2018 年比特币的首个侧链问世，用于交易所大额转账。上述应用主要面向公有链实现资产跨链，与此同时致力于构建公有链跨链协作平台的项目逐渐问世。

2016 年 Tendermint 团队发起了 Cosmos 项目，以构建支持多种区块链接入的跨链网络。跨链网络由枢纽和分区组成，每个分区都是基于 Tendermint 开发框架的同构区块链，并通过桥接器接入异构区块链。分区之间采用 IBC 协议通信，且必须经过枢纽。同年，Gavin 发布了 Polkadot 白皮书。该项目由 Web3 基金会支持，旨在打造一种异构的多链架构。整个网络由中继链、平行链和转接桥组成，并定义了 4 种角色分别负责交易收集、交易验证、监督作恶以及提名验证者，以实现多链架构的运行和治理。

随着联盟链技术的发展，联盟链在各个行业大放异彩，联盟链跨链应用俨然成为了行业新星。2017 年，超级账本推出新项目 Quilt，通过 ILP 协议提供账本间的互操作性，并支持除分布式账本外的传统分类账。Quilt 基于一系列的协议和原语实现系统间资产的原子互换，并为支付账户提供了全局唯一身份标识。2020 年超级账本联合埃森哲及富士通推出又一个区块链互操作性解决方案 Cactus，该项目本质上是一种软件开发工具包，基于可插拔性设计为多个区块链分类账提供接入接口。同年 2 月，微众银行开源了自主研发的区块链跨链协作平台 WeCross。WeCross 着眼应对区块链行业现存挑战，不局限于满足同构区块链平行扩展后的可信数据交换需求，进一步探索异构区块链之间因底层架构、数据结构、接口协议、安全机制等多维异构性导致无法互联互通问题的有效解决方案，以促进跨行业、机构和地域的跨区块链信任传递和商业合作。随后，国内多个厂商也相继推出了跨链相关应用，跨链技术发展呈欣欣向荣之态。

### 3. 跨链标准逐步形成

区块链领域发展日新月异，区块链应用百花齐放。区块链从业人员逐渐意识到，只有打破区块链间的平台壁垒，形成完善的技术规范，建立统一的行业标准，才能构建真正的价值互联网，打造可靠、可用、成熟的数字经济基础设施。为了实现这一愿景，区块链跨链技术标准逐步形成。IEEE 计算机协会区块链和分布式记账委员会（IEEE C/BDL）目前通过了几个跨链相关的标准立项。标准 P3203 设计了一种跨链资源命名和寻址方式，可以使得任意一个区块链网络能通过标准化地址定位所要访问的其他区块链网络的资源。标准 P3204 描述了一种跨链交易证明模型和交互协议，以实现在没有第三方参与的情况下保证跨链交互的事务性。标准 P3205 介绍了一种跨链数据认证与交互协议，涉及分布式身份、链上证明转换以及跨链通信。未来跨链领域将会不断完善相关标准体系，推动区块链技术进一步向前发展。

### 7.2.8 跨链应用场景

#### 1. 司法存证

区块链司法应用能够极大缩减仲裁流程，帮助仲裁机构快速完成证据核实，解决纠纷。当司法仲裁异地取证或联合举证时，需要跨链技术打通各个存证区块链，以提供更加便捷强大的存证服务。跨链技术可以将各家存证链的证据统一抽象成证据资源，在不同的司法存证链之间可信地传输证据。通过搭建一个拥有多类型存证的存证链网络，在面向重大问题和重大纠纷时，多中心地帮助各个链交互完备、可信和具备法律效力的证据材料，帮助仲裁机构完成裁决。

#### 2. 个体数据授权

身份认证正向跨地域的方向发展，不同地域、业务和基于不同区块链平台的身份认证产品之间尚不能互认的现状造成信息的鸿沟，导致身份和资质等数据仍然局限在小范围的地域和业务内，无法互通。通过跨链技术将多个不同架构、行业和地域的多中心化身份认证平台联结起来，帮助多中心化身份认证更好地解决数据孤岛、数据滥用和数据黑产的问题，在推进数据资源开放共享与信息流通，促进跨行业、跨领域、跨地域大数据应用，形成良性互动的产业发展格局上，发挥更大的作用。

#### 3. 数字资产交换

伴随着联盟链在金融领域落地应用的飞速增长，多元化的数字资产场景和区块链应用带来了数字资产相互隔离的问题。通过跨链协作平台以多种网络拓扑模型搭建数字资产的跨链分区。在交易逻辑上，两段提交协议和哈希时间锁定合约技术将实现数字资产的去中心、去信任和不可篡改的转移。在安全防护上，加密和准入机制将保障数字资产转移的安全与可信。跨链技术将助力实体形态的资产凭证全面数字化，让资产和信用层层深入传递到产业链末端，促进数字经济的发展。

#### 4. 物联网跨平台联动

目前物联网行业的区块链项目都面临着相同的困境。物联网设备硬件模块的选择和组合非常多样，对区块链平台的支持能力不尽相同，一旦硬件部署完成后难以更新，单一的区块链平台在连通多样化的物联网设备时必然会遇到瓶颈。跨链技术支持物联网设备跨链平行扩展，可用于构建高效、安全的分布式物联网网络以及部署海量设备网络中运行的数据密集型应用；跨链技术可以安全可信地融合连通多个物联网设备的区块链，在功能和安全上满足多样的场景需求。

# 7.3 隐私保护平台介绍

WeDPR 是由微众银行自主研发的一套场景式隐私保护高效技术解决方案，依托区块链等分布式可信智能账本技术，融合学术界、产业界隐私保护的前沿成果，兼顾数据拥有者体验和监管治理，针对隐私保护核心应用场景提供极致优化的技术方案，同时实现了公开可验证的隐私保护效果。

WeDPR 基于如图 7.20 所示的核心技术攻克了大量设计和工程挑战，以隐匿支付、匿名竞拍、匿名投票、选择性披露四大场景为例，分别设计了对应的场景式隐私保护解决方案。

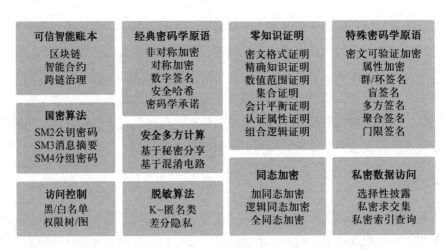

图 7.20　WeDPR 核心技术

在此，针对已开源的隐匿支付中公开可验证密文账本（verifiable confidential ledger，VCL）进行介绍。

## 7.3.1 公开可验证密文账本

WeDPR 目前已开源的公开可验证密文账本（VCL）是一套基于区块链的隐私数据流通和验真解决方案，基于区块链分布式、具有存储计算能力的底层平台，结合密码学算法、零知识证明等前沿隐私保护技术，保证多个参与方无须互相信任就能够完成业务协作，天然适配各实际业务场景中的多方数据协作。

## 1. 相关密码原语与技术

在 VCL 中，基于离散对数困难问题，使用 Pedersen 承诺算法对明文账本金额进行掩盖，并创新性地定制了特定需求下的零知识证明算法：数值不等关系证明、数值加和关系证明、数值乘积关系证明等。在此，对零知识证明部分以数值加和关系证明为例进行详细算法介绍。

## 2. 离散对数问题

**（1）离散对数问题（DLP）。** 离散对数问题可以描述为，给定一个素数 $q$ 和有限域 $Zq$ 上的一个本原元 $a$，对 $Zq$ 上整数 $b$，寻找唯一的整数 $c$，使得 $a^c = b \pmod q$。一般的，如果巧妙选择 $q$，则认为该问题是难解的，且目前还没有找到计算离散对数问题的多项式时间算法。为了抵抗已知的攻击，$q$ 至少应该是 150 位的十进制整数，且 $q-1$ 至少有一个大的素数因子。

在椭圆曲线上，离散对数形式为，给定一个素数 $q$ 和椭圆曲线 $Zq$ 上的一个生成元点 $G$，对椭圆曲线 $Zq$ 上的另一点 $H$，寻找唯一的整数 $c$，使得 $c * G = H \pmod q$。

**（2）离散对数假设（DLA）。** 定义 $\mathrm{Succ}_A^{\mathrm{DLP}} = \mathrm{Pr}\left[x \leftarrow A(g, g^x)\right]$ 为算法 A 成功解决离散对数问题 DLP 的概率，对于任何多项式时间（probability polynomial time，PPT）算法 A，$\mathrm{Succ}_A^{\mathrm{DLP}}$ 是可忽略的。

## 3. 承诺

密码学承诺方案是一个两方参与的两阶段交互（或非交互）协议，其中一个参与方为发送者（或承诺者），另一方为接收者。在承诺阶段，承诺者对一个字符串 $v$ 承诺发送给接收者，并保证其隐私性；然后在打开阶段，承诺者公开字符串 $v$，并证明其与承诺阶段的一致性。更一般地，一个非交互承诺算法定义为以下三个算法。

（1）Setup($1^\lambda$)：给定二进制安全参数 $\lambda$，为加密算法初始化公共参数。

（2）Commit($m, r$)：给定待承诺的消息 $m$ 和随机数 $r$，输出承诺值 $c$ 与打开值 $d$。

（3）Verify($c, m, d$)：给定承诺值 $c$ 与打开值 $d$，若验证成功，输出 yes，否则输出 no。

承诺方案有两个基本性质：隐藏性（hiding）和绑定性（binding）。对于承诺算法的隐藏性与绑定性，有以下定义。

**定义 1** 承诺隐藏性。若对于所有 PPT 敌手 A，存在一个不可忽略的函数 $f(\lambda)$，满足下式，则称一个承诺算法具有隐藏性。当 $f(\lambda) = 0$ 时，则为完美的隐藏性。其中，$b$ 与 $r$ 为在 $\{0,1\}$ 与模 $pp$ 的数域中选取的随机数。

$$P\left[b=b'\left|\begin{array}{c}pp\leftarrow\mathrm{Setup}(pp)\,;\\(x_0,x_1)\in M_{pp}^2\leftarrow\mathrm{A}(pp)\,,b\in\{0,1\}\,,r\in R_{pp}\\cm=\mathrm{COMM}(x_b,r)\,,b\leftarrow\mathrm{A}(pp,cm)\end{array}\right.\right]-\frac{1}{2}\leqslant f(\lambda)$$

通俗来说,有两个内容 $x_0$、$x_1$,随机选一个进行承诺,对所有 PPT 敌手,其能够区分这两个承诺分别对应哪个内容的概率是可忽略的,即两个承诺值几乎是无法区分的,即隐藏性为承诺值不会泄露任何关于消息 $m$ 的信息。

**定义 2** 承诺绑定性。若对于所有 PPT 敌手 A,存在一个不可忽略的函数 $f$,满足下式,则称一个承诺算法具有绑定性。当 $f(\lambda)=0$ 时,则为完美的绑定性。

$$P\left[\mathrm{COMM}(x_0,r_0)=\mathrm{COMM}(x_1,r_1)\wedge x_0\neq x_1\left|\begin{array}{c}pp\leftarrow\mathrm{Setup}(1^\lambda)\,,\\x_0,x_1,r_0,r_1\leftarrow\mathrm{A}(pp)\end{array}\right.\right]\leqslant f(\lambda)$$

通俗来说,对所有 PPT 敌手,能对两个不同内容构造出同一承诺值的概率是可忽略的,即两个不同内容的承诺值几乎不会碰撞,即任何恶意的承诺方都不能将承诺打开为非 $m$ 的消息且验证通过,也就是说,接收方可以确信 $m$ 是与该承诺对应的消息。

根据参与方计算能力的不同,承诺方案一般分为两类:计算隐藏、完美绑定承诺方案和计算绑定、完美隐藏承诺方案。

承诺算法 Pedersen 承诺可以用于隐藏交易数额,同时又保证在任何一笔交易中任何人都能验证交易数额是正确的。Pedersen 承诺是一个满足完美隐藏、计算绑定的同态承诺协议,其完美隐藏性不依赖于任何困难性假设,计算绑定依赖于离散对数假设(DLA),其构造分为 3 个阶段。

(1)初始化阶段 setup:选择阶为大素数 $q$ 的乘法群 $G$、生成元,$G=<g>=<h>$,公开元组 $(g,h,q)$。

(2)承诺阶段 comm:承诺方选择随机数 $r$ 作为盲因子,计算 $x$ 的承诺值 $comm=g^x h^r \bmod q$,然后发送 comm 给接收者。

(3)打开阶段 open:承诺方发送 $(x,r)$ 给接收者,接收者验证 comm 是否等于 $g^x h^r \bmod q$,如果相等则接受,否则拒绝承诺。

**4. 加和关系证明**

账本记账时需保证会计平衡,即需要在保证具体数值隐私的情况下证明:两个密文凭证对应的明文数值之和等于第三个密文凭证对应的明文数值。

已知三个密文凭证 C1 = v_1 * G+r_1 * H、C2 = v_2 * G+r_2 * H 与 C3 = v_3 * G+r_3 * H,其中密文凭证为 Pedersen 承诺在椭圆曲线上的形式。证明者需证明 C1、C2、C3 中,v_1+v_2=v_3。其中,G、H 为 Pedersen 承诺中所用椭圆曲线的基点,概念等同于上述 Pedersen 承诺初始化阶段中的生成元 $g$、$h$。

**证明过程如下。**

证明者输入$(v\_1, r\_1, v\_2, r\_2, r\_3, G, H)$，输出加和关系证明 sum_proof。

证明者：

（1）为 C1 选择随机数 a、b，为 C2 选择随机数 d、e，为 C3 选择随机数 f，用于对密文凭证中的秘密数值 v 和随机数 r 进行掩盖。

（2）计算 $t1\_p = a*G + b*H$，$t2\_p = d*G + e*H$，$t3\_p = (a+d)*G + f*H$。

（3）计算 $c = Hash(t1\_p, t2\_p, t3\_p)$。

（4）计算 $z\_v1 = a - c*v\_1$，$z\_r1 = b - c*r\_1$，$z\_v2 = d - c*v\_2$，$z\_r2 = e - c*r\_2$，$z\_r3 = f - c*r\_3$。

（5）生成 $sum\_proof = (c, z\_v1, z\_r1, z\_v2, z\_r2, z\_r3)$。

**验证过程如下。**

验证者输入：$(C1, C2, C3, G, H, sum\_proof)$，输出 bool。

验证者：

（1）计算 $t1\_v = z\_v1*G + z\_r1*H + c*C1$，$t2\_v = z\_v2*G + z\_r2*H + c*C2$，$t3\_v = (z\_v1 + z\_v2)*G + z\_r3*H + c*C3$。

（2）检验 $c = Hash(t1\_v, t2\_v, t3\_v)$ 是否成立，若成立则返回 true，表明密文凭证中对应的明文数值满足加和关系；否则返回 false，表明密文凭证中对应的明文数值不满足加和关系。

## 7.3.2 功能模块

VCL 方案具体实现了以下功能。

（1）明文账本数据向密文凭证转换的通用方法。

① 明文账本数据转换为密文凭证。

② 密文状态下证明密文凭证的所有权。

（2）密文凭证之间的代数约束关系的零知识证明。

① 密文状态下证明 v1+v2=v3 是否成立。

② 密文状态下证明 v1*v2=v3 是否成立。

（3）密文凭证的范围约束关系的零知识证明。

密文状态下证明 v1>0。

## 7.3.3 方案介绍

VCL 支持以下 4 类角色，包括数据拥有者、存储服务方、账本验证者和监管方。各角色定义与职能如表 7.3 所示。

表 7.3　角色定义与职能

| 角　色 | 定　义 |
|---|---|
| 数据拥有者 | 数据拥有者将交易数据进行记录时会将交易数据转化为密文凭证，并附加相应零知识证明一起存储于存储服务方 |
| 存储服务方 | 基于区块链或者传统数据库，提供关键数据可信存储的服务 |
| 账本验证者 | 可对密文账本进行公开验证的实体。账本验证者可以通过账本中的密文凭证与零知识证明，验证密文凭证对应的明文数值是否满足一定数值、逻辑关系 |
| 监管方 | 有权力进行观察和仲裁的实体。监管方可以获取 VCL 中的交易细节和交易金额等信息，进行监管审查 |

VCL 方案中，数据拥有者、存储服务方与监管者的交互流程描述如下。

（1）数据拥有者对于自己输入的明文数值金额 $v1$、$v2$、$v3$，调用 VCL 密文凭证生成算法生成对应的密文凭证 $c1$、$c2$、$c3$。

（2）在密文状态下，数据拥有者调用 VCL 零知识证明生成算法生成以下三类金额的数值关系的零知识证明。

① 加法关系证明 sum_proof：$v1+v2=?v3$。

② 乘法关系证明 product_proof：$v1*v2=?v3$。

③ 非负数证明 range_proof：$v1>0$。

（3）数据拥有者将密文凭证及相应零知识证明上传至存储服务方。

（4）监管方及任意验证者从存储服务方获取待审查或验证的密文凭证及相应零知识证明。

（5）监管方及任意验证者调用 VCL 零知识证明验证算法验证以上三类零知识证明的正确性。

## 7.3.4　方案效果

VCL 方案提供优异的隐私交易处理能力，实现了轻量化交易数据、极低交易延迟和超高交易吞吐量的性能指标。支持每秒万级交易并发量，交易记录仅为百字节大小以及零知识证明微秒级生成与验证，最终实现如表 7.4 所示的隐私保护效果。

表 7.4　隐私保护效果

| 隐私特性 | 隐 私 效 果 |
|---|---|
| 身份隐匿 | 数据拥有者在进行账本记录时可以不披露自己的身份，但是可以证实自己针对账本数据的所有权，并且可以给出账本数据与自己身份关联的证明 |
| 数据隐匿 | 除了数据拥有者，任何一方不能知道账本数据的明文 |
| 公开验证 | 任何账本验证者都可在不获知数据明文的前提下，对数据逻辑、数值等关系进行公开的验证 |
| 监管友好 | 监管方可以在密文账本记录前后获取必要的仲裁信息 |

第 7 章
思考题

7.3　隐私保护平台介绍

拓展资料：
FISCO－BCOS
官方文档

# 参 考 文 献

[1] 柴洪峰，马小峰，中国电子学会．区块链导论［M］．北京：中国科学技术出版社，2020.

[2] 纳拉亚南，贝努，费尔顿，等．区块链：技术驱动金融［M］．林华，等，译．北京：中信出版社，2016.

[3] 布莱福曼，贝克斯特朗．海星式组织：海星与蜘蛛重新定义组织模式［M］．李江波，译．北京：中信出版社，2019.

[4] 长铗，韩锋．区块链：从数字货币到信用社会［M］．北京：中信出版社，2016.

[5] 安东诺普洛斯．精通区块链编程：加密货币原理、方法和应用开发［M］．郭理靖，等，译．北京：机械工业出版社，2019.

[6] 莫肯．Oracle 区块链开发技术［M］．王静涛，译．北京：清华大学出版社，2020.

[7] 福尔，史蒂文斯．TCP/IP 详解 卷1：协议［M］．吴英，等，译．北京：机械工业出版社，2016.

[8] 袁勇，王飞跃．区块链理论与方法［M］．北京：清华大学出版社，2019.

[9] Jaag C，Bach C．Blockchain Technology and Cryptocurrencies：Opportunities for Postal Financial Services［M］．Swiss Economics，2016.

[10] 安东波罗斯，伍德．精通以太坊：开发智能合约和去中心化应用［M］．喻勇，等，译．北京：机械工业出版社，2019.

[11] 波尔顿．深入浅出 Docker［M］．李瑞丰，刘谦，译．北京：人民邮电出版社，2019.

[12] 徐茂智，游林．信息安全与密码学［M］．北京：清华大学出版社，2007.

[13] Schneier B．应用密码学：协议、算法与 C 源程序［M］．北京：机械工业出版社，2014.

[14] 丁勇．椭圆曲线密码快速算法理论［M］．北京：人民邮电出版社，2012.

[15] 谷利泽，郑世慧，杨义先．现代密码学教程［M］．2 版．北京：北京邮电大学出版社，2015.

[16] 杨波．现代密码学［M］．4 版．北京：清华大学出版社，2017.

[17] 斯廷森．密码学原理与实践［M］．冯登国，等，译．北京：电子工业出版

社，2009.

[18] 冯翔，刘涛，吴寿鹤，等．区块链开发实战：Hyperledger Fabric 关键技术与案例分析 [M]．北京：机械工业出版社，2018.

[19] 黄连金，吴思进，曹锋，等．区块链安全技术指南 [M]．北京：机械工业出版社，2018.

[20] 汉克森．椭圆曲线密码学导论 [M]．张焕国，等，译．北京：电子工业出版社，2005.

[21] Dobbertin H, Bosselaers A, Preneel B . RIPEMD-160：A Strengthened Version of RIPEMD [M]. Berlin：Springer, 1996.

[22] 沈鑫，裴庆祺，刘雪峰．区块链技术综述 [J]．网络与信息安全学报，2016，002 (011)：11-20.

[23] 倪远东，张超，殷婷婷．智能合约安全漏洞研究综述 [J]．信息安全学报，2020 (3).

[24] Gai K, Guo J, Zhu L, et al. Blockchain Meets Cloud Computing：A Survey [J]. IEEE Communications Surveys & Tutorials, 2020, 3 (22)：2009-2030.

[25] Gifford D K . Weighted Voting for Replicated Data [J]. Proc. acm Symp. operating Systems, 1979：150-162.

[26] Lamport L. Paxos made simple [J]. ACM Sigact News, 2001, 32 (4)：18-25.

[27] Junqueira F P, Reed B C, Serafini M . Zab：High-performance broadcast for primary-backup systems [C]. New York：IEEE, 2011.

[28] 陈明．分布系统设计的 CAP 理论 [J]．计算机教育，2013 (15)：109-112.

[29] Gai K, Qiu M, Zhong M, et al. Spoofing-Jamming Attack Strategy Using Optimal Power Distributions in Wireless Smart Grid Networks [J]. IEEE Transactions on Smart Grid, 2017, 8 (5)：2431-2439.

[30] 郑艳艳．分布式系统可靠性研究的问题和挑战 [J]．电脑与信息技术，2014，22 (06)：29-32.

[31] Zhu L, Wu Y, K Gai, et al. Controllable and trustworthy blockchain-based cloud data management [J]. Future Generation Computer Systems, 2018, 91 (FEB.)：527-535.

[32] Gai K, Qiu M, Zhao H, et al. Privacy-Aware Adaptive Data Encryption Strategy of Big Data in Cloud Computing [C]// IEEE International Conference on Cyber Security & Cloud Computing. IEEE, 2016：273-278.

[33] Gai K, Qiu M . Blend Arithmetic Operations on Tensor-Based Fully Homomorphic En-

cryption Over Real Numbers [J]. IEEE Transactions on Industrial Informatics, 2017, 8 (14): 3590-3598.

[34] 金海, 廖小飞. P2P 技术原理及应用 [J]. 中兴通讯技术, 2007, 13 (6): 1-5.

[35] 沈鑫, 裴庆祺, 刘雪峰. 区块链技术综述 [J]. 网络与信息安全学报, 2016, 2 (11): 11-20.

[36] Wang X. Cryptanalysis of the hash functions MD4 and RIPEMD [J]. Eurocrypt, 2005.

[37] Mendel F, Peyrin T, Schlffer M, et al. Improved Cryptanalysis of Reduced RIPEMD-160 [C]// Advances in Cryptology-asiacrypt. 2013.

[38] 李梦东, 邵鹏林, 李小龙. SHA-3 获胜算法: Keccak 评析 [J]. 北京电子科技学院学报, 2013 (02): 18-23.

[39] 徐一凡. 保障区块链中信息不可否认性的数字签名研究 [D]. 合肥: 安徽大学, 2019.

[40] 周晓. 区块链私密交易的设计优化与性能分析 [D]. 2018.

[41] Bünz B, Bootle J, Boneh D, et al. Bulletproofs: Short proofs for confidential transactions and more [C]//2018 IEEE Symposium on Security and Privacy (SP). IEEE, 2018: 315-334.

[42] Schnorr C P. Efficient signature generation by smart cards [J]. Journal of cryptology, 1991, 4 (3): 161-174.

[43] Bellare M, Rogaway P. Random oracles are practical: A paradigm for designing efficient protocols [C]//Proceedings of the 1st ACM conference on Computer and communications security. 1993: 62-73.

[44] Ben-Sasson E, Chiesa A, Tromer E, et al. Succinct non-interactive zero knowledge for a von Neumann architecture [C]//23rd {USENIX} Security Symposium ({USENIX} Security 14). 2014: 781-796.

[45] Gennaro R, Gentry C, Parno B, et al. Quadratic span programs and succinct NIZKs without PCPs [C]//Annual International Conference on the Theory and Applications of Cryptographic Techniques. Springer, Berlin, Heidelberg, 2013: 626-645.

[46] 胡磊, 李学俊, 鲁力. 基于身份的密码系统与椭圆曲线 Tate 对 [J]. 信息网络安全, 2005 (04): 62-64.

[47] Micali S, Rabin M, Vadhan S. Verifiable random functions [C]//40th annual symposium on foundations of computer science (cat. No. 99CB37039). IEEE, 1999: 120-130.

[48] Dodis Y, Yampolskiy A. A verifiable random function with short proofs and keys [C]//

International Workshop on Public Key Cryptography. Springer, Berlin, Heidelberg, 2005: 416-431.

[49] Raikwar M, Gligoroski D, Kralevska K. SoK of used cryptography in blockchain [J]. IEEE Access, 2019, 7: 148550-148575.

[50] Nakamoto S. Bitcoin: A peer-to-peer electronic cash system [R]. Manubot, 2019.

[51] Siim J. Proof-of-stake [C]//Research Seminar in Cryptography. 2017.

[52] Gai K, Wu Y, Zhu L, et al. Privacy-preserving energy trading using consortium blockchain in smart grid [J]. IEEE Transactions on Industrial Informatics, 2019, 15 (6): 3548-3558.

[53] Gai K, Wu Y, Zhu L, et al. Permissioned blockchain and edge computing empowered privacy-preserving smart grid networks [J]. IEEE Internet of Things Journal, 2019, 6 (5): 7992-8004.

[54] Castro M, Liskov B. Practical byzantine fault tolerance [C]//OSDI. 1999, 99 (1999): 173-186.

[55] Ongaro D, Ousterhout J. In search of an understandable consensus algorithm (extended version) [J]. 2013.

[56] Gai K, Guo J, Zhu L, et al. Blockchain meets cloud computing: a survey [J]. IEEE Communications Surveys & Tutorials, 2020, 22 (3): 2009-2030.

[57] Gai K, Wu Y, Zhu L, et al. Differential privacy-based blockchain for industrial internet-of-things [J]. IEEE Transactions on Industrial Informatics, 2019, 16 (6): 4156-4165.

[58] X Zhu, Y Badr. A Survey on Blockchain-Based Identity Management Systems for the Internet of Things [C]// 2018 IEEE International Conference on Internet of Things (iThings) and IEEE Green Computing and Communications (GreenCom) and IEEE Cyber, Physical and Social Computing (CPSCom) and IEEE Smart Data (SmartData). IEEE, 2019.

[59] Ghazizadeh E, Manan J L A, Zamani M, et al. A survey on security issues of federated identity in the cloud computing [C]// IEEE International Conference on Cloud Computing Technology & Science. IEEE, 2013.

[60] Wickramaarachchi G T, Qar Da Ji W H, Li N. An efficient framework for user authorization queries in RBAC systems [C]// Acm Symposium on Access Control Models & Technologies. ACM, 2009.

[61] Li F, Li Z, Zhao H. Research on the Progress in Cross-chain Technology of Block-

chains. Journal of Software, 2019.

[62] 叶生勤. 公钥密码理论与技术的研究现状及发展趋势 [J]. 计算机工程, 2006, 32 (17): 4-6.

[63] Pedersen, Torben P. Non-Interactive and Information-Theoretic Secure Verifiable Secret Sharing [J]. Proc of Crypto, 1991.

[64] 江志祥, 蔺志青. 椭圆曲线密码体制 [J]. 计算机研究与发展, 2008, 36 (11): 1281-1288.

[65] 唐春明, 刘卓军. 承诺方案的研究 [J]. 系统科学与数学, 2008 (08): 961-970.

参考文献